普通高等教育"十一五"国家级规划教材

水污染控制工程实践教程

第二版

彭党聪　主编

化学工业出版社

·北京·

本书包括实验、课程设计和毕业设计各实践环节的内容。实验部分包括实验数据整理、水污染控制的物理方法、化学及物理化学方法、生物化学方法及污水处理副产物（污泥）处理的相关实验的原理、方法、步骤及实验结果整理；课程设计部分主要介绍了离子交换法处理含铬废水和生物化学法处理啤酒废水；毕业设计部分主要介绍化学沉淀法处理电镀废水和城市污水。设计部分重点介绍了设计原理的方法，同时附有设计实例，供教学和学习参考。

本书为高等院校环境工程、环境科学专业的实践教程，也可供从事相关专业的教学、科研工作者参考。

图书在版编目（CIP）数据

水污染控制工程实践教程/彭党聪主编. —2 版.
—北京：化学工业出版社，2010.10（2023.8 重印）
普通高等教育"十一五"国家级规划教材
ISBN 978-7-122-09207-6

Ⅰ. 水… Ⅱ. 彭… Ⅲ. 水污染-污染控制-高等
学校-教材 Ⅳ. X52

中国版本图书馆 CIP 数据核字（2010）第 141874 号

责任编辑：王文峡　　　　　　　　　文字编辑：郑　直
责任校对：周梦华　　　　　　　　　装帧设计：刘丽华

出版发行：化学工业出版社（北京市东城区青年湖南街 13 号　邮政编码 100011）
印　　装：北京机工印刷厂有限公司
787mm×1092mm　1/16　印张 14¼　字数 350 千字　2023 年 8 月北京第 2 版第 6 次印刷

购书咨询：010-64518888　　　　　　售后服务：010-64518899
网　　址：http://www.cip.com.cn
凡购买本书，如有缺损质量问题，本社销售中心负责调换。

定　　价：48.00 元

第二版前言

实践教学是高等学校工程教育的重要内容。环境工程作为工程教育专业，水污染控制工程的实践教学是其重要组成部分。通过实验、实习、课程设计和毕业设计等实践环节教学，使学生进一步巩固所学水污染控制理论，加深对各种处理工艺的理解，掌握各种水污染控制构筑物的细部构造，为毕业后尽快独立承担水污染控制工程的设计、运行和管理打下良好的基础。正是在以上理念指导下，本书在保留了第一版原有特色的基础上，结合近年来水污染控制工程技术和实践教学的发展，力求将工程教育中的各个实践环节有机地结合起来，形成较为完整和系统的实践教学体系，使水污染控制工程这门环境工程专业课程的实践教学做到有章可循。在第二版中，对原书不规范的描述进行了修正完善；针对 SBR、二沉池和蛋形消化池等的工艺设计目前尚无规范的设计方法，编者依据多年的工程及教学实践经验，提出了自己的设计方法，供读者参考。

参加本书编写工作的有西安建筑科技大学张承中（第一章）、王磊（第二、三、四、五六章）、郭新超（第七、九、十二、十四章）、杨永哲（第八、十章）、彭党聪（第十一、十三章）和王怡（第十五章），由彭党聪任主编。

由于编者的水平有限，书中疏漏之处在所难免，敬请读者批评指正。

编　者
2010 年 6 月

第一版前言

本书系教育部世行贷款 21 世纪初高等教育教改项目"环境类专业实践诸环节的研究与实践"(1282806021)项目成果之一。

环境类专业实践教学诸环节的研究与实践，涉及社会、高等教育和大学师生等众多方面，具有长期性和艰巨性特点。本次出版的《环境监测与分析实践教程》、《大气污染控制实践教程》和《水污染控制实践教程》反映了我校环境类专业教师对实践环节教学改革的理解和探索，意在抛砖引玉，敬请同行、学者多多给予批评指正，以便就共同关注的问题展开讨论，为深化教学改革而共同努力。

实践教学环节是大学本科教学重要的教学环节之一。水污染控制工程作为环境工程专业的主干课程其实践教学环节在该课程的教学活动中占有十分重要的位置。水污染控制工程的实践教学包括实验、实习、课程设计和毕业设计四部分，本书主要介绍实验、课程设计和毕业设计。实验部分包括实验数据整理、化学及物理化学方法、生物化学方法及污水处理副产物（污泥）处理的相关实验原理、方法、步骤及试验结果整理；课程设计部分主要介绍离子交换法处理含铬废水和生物化学法处理啤酒废水；毕业设计部分主要介绍化学沉淀法处理电镀废水和城市污水处理。设计部分重点介绍设计原理和方法，同时附有设计实例，供教学和学习参考。

本书作者长期担任《水污染控制工程》的课堂教学和实践教学工作，结合作者参加的"教育部和联合国教科文组织（UNISCO）联合资助的环境类专业实践教学研究"课题，将多年来的实践教学心得和经验编写成册，供教学参考之用。其中：第一、二、三、四、五、六章由王磊编写，第八、十章、第十三章部分内容及附录由杨永哲编写，第七、九、十二、十四章由郭新超编写，第十、十二、十四章由彭党聪和王怡编写。全书由彭党聪审核。西安建筑科技大学环境与市政工程学院王志盈教授在本书的构思及撰写过程中，提出了宝贵的建议。

由于编者的水平有限，书中不妥之处在所难免，敬请读者批评指正。

编者
2004 年 3 月

目 录

第一篇　水污染控制工程实验

第二篇　水污染控制工程课程设计

第三篇　水污染控制工程毕业设计

第一章 绪 论

第一节 环境类专业实践教程编写目的和要求

一、编写目的

中国《高等教育法》规定："高等教育的任务是培养具有创新精神和实践能力的高级专门人才。"随着中国经济体制从计划经济向市场经济转变，社会就业单位对本科生的创新精神和解决实际问题能力提出了更高的要求。1998 年 7 月，教育部正式颁布《普通高等学校本科专业目录》，从 1999 年秋季招生开始实施。本科专业目录的修订，在拓宽专业口径和增强适应性方面采取了较大力度的改革，将原有本科专业调减一半以上。但环境类专业得到了较大的加强与拓宽，例如新的环境工程专业包含了原有 5 个专业，即环境工程、环境监测、环境规划与管理（部分）、水文地质与工程地质（部分）和农业环境保护（部分）。为了适应发展的需要，教育部高等学校环境科学与工程专业教学指导委员会，根据教育部对编制教学计划的"统一性和多样性相结合"的原则，制定了环境类专业本科培养方案和教学基本要求，鼓励各高校根据市场经济需求并结合各自特点，编制具体的教学计划，并强调加强基础教学，加强实践环节，努力提高环境类专业学生的创新精神和实践能力。

世行贷款 21 世纪初高等教育教改项目——"环境类专业实践教学诸环节的研究与实践"（1282B 06021），通过对国内外高校环境类专业实践环节教学现状调查分析表明，实践环节教学改革引起了国内各高校重视，并已得到不同程度的加强，实践性教学环节构成呈现多样性特点，各校实践教学改革正在向深度发展。调查分析结果还表明，与理论教学相比，实践环节教学相对比较薄弱，尚存在亟待研究解决的问题。比较突出的是缺乏实践教学环节教材和案例教材，实习经费较紧张，实习基地建设较困难，实践环节教学方式较落后等问题，这是当前制约培养学生具有创新精神和实践能力的主要障碍。

为此，"环境类专业实践教学诸环节的研究与实践"课题组在总结 26 年来创办环境类专业本科教学经验的基础上，注意认真吸取相关院校的办学经验，编写了环境类专业实践教程系列教材。本次出版的实践环节教材包括《大气污染控制工程实践教程》、《水污染控制工程实践教程》和《环境监测与分析实践教程》三种。本实践教程主要供高等学校环境类专业本科学生使用，亦可供从事环境类专业实践教学和相关研究的高校教师作为本科教学参考书，对于从事环境类专业的科研人员也具有一定参考价值。

二、基本思路

高等教育的实践教学包括实验、实习、课程设计、毕业设计和社会实践等诸多环节。实践教学的各个环节对于实现培养具有创新精神和实践能力的高级专门人才的目标，具有不可替代的重要作用。

环境类专业是一门综合性很强的学科。其所包含的环境工程和环境科学之间存在很多交叉内容，且与其他学科在内容上也有很多交叉，自身知识体系又十分庞大，涉及应用领域极其广泛。以主干课程建设为基础构建环境类专业实践教学体系，是我们的基本思路。

根据教育部高等学校环境科学与工程专业指导委员会所制定的本科培养方案中规定的主干课程，结合实际情况，确定以生态学、环境工程微生物学、环境监测、水污染控制、大气污染控制、固体废物处理处置等六门主干课程作为本实践环节教学研究的基本范围。

教学改革的基本单位是课程。课程建设的核心是解决"教什么"和"如何教"这两个问题。首要是解决"教什么"，即教育教学观念转变和课程教学内容优化；其次是"如何教"，即实践教学体系结构、实践环节学时，以及教学方式等问题。

教育教学观念转变在实践环节教学改革中起到主导作用，要转变传统的"授受"模式，激发学生主体性，面向市场需求，实施探究式教学策略，实现理论学习和实践学习结合，基础性实验和综合性、设计性实验结合，实习和社会实践结合，课程设计、毕业设计与市场需求结合，提高学生综合素质，培养具有创新精神和实践能力的环境类专业人才。

课程教学内容优化以知识点为单位，根据环境科技领域的发展动态和知识前沿，立足于市场需求，认真遴选主干课程知识点，以知识点之间的内在联系形成知识群。在此基础上，确定实践环节的能力培养目标和实践点，界定本科学习各阶段的实践环节构成，保证实践环节培养目标明确、层次有序，在知识结构上理工渗透、系统完整，在教学效果上促进学生专业知识和能力达到人才培养的规格。

环境类专业实践环节教学体系采用基础训练平台＋专业训练平台＋综合训练平台三个层次相结合的结构体系。基础训练平台的实践内容以公共基础课和专业基础课的实验为主，辅以社会调查、公益劳动等社会实践活动，着眼于培养本科生基本操作技能。专业训练平台着眼于本科生从事环境保护活动必需的工程技术、经济、法律和管理规划等方面的知识基础和能力基础，目的是为学生获取特定专业方向的知识技能建立一个宽阔和坚实的能力培养平台。该平台实践环节丰富，包括专业实验（三门主干课程共开设65个实验）、实习（认识实习、监测实习、生产实习、生态实习和毕业实习）、课程设计（水污染控制工程课程设计Ⅰ、Ⅱ，大气污染控制工程课程设计Ⅰ、Ⅱ，环保设备设计，环境规划设计Ⅰ、Ⅱ和环境影响评价共八门课程设计）和社会实践（区域环境生态调查、校园网监测、环保绿色组织活动等）。综合训练平台着眼于加强实践环节教学与注册环境工程师制度的联系，使就业岗位所需知识技能在实践环节教学中体现出来，满足拓宽环境类专业从业领域和范围，提高人才国际竞争力，具体内容包括毕业实习、毕业设计（论文）和ISO9000、ISO140001资质认证等社会实践活动。

增加实践环节教学学时和学分数量，提高其在教学计划中所占比例，是保证实践环节教学质量的重要措施。从2000年开始，在保证本科生知识结构完整性的前提下，西安建筑科技大学环境类专业将总理论教学时数控制在2500学时以下，实验、实习、课程设计、毕业设计等实践性教学环节总学时为45周，与理论教学周数之比达3∶8。

三、基本要求

对环境类专业实践教程的使用方面，拟从"教"与"学"两个层面出发，提出以下基本要求：

① 环境类专业实践环节教学体系确定后，优秀的实践性教材就成为提高专业教学质量

的关键。而现行的各种教材虽各有特色，但都有一定局限性。因此，教师应根据社会需求，结合各校特色来选择实践环节教学内容和组织教学，力求突出重点，合理衔接，精讲多练，注重能力培养。同时，加强人格培养，注重团队精神，也是实践环节教学的重要原则。

② 教学方法和教学手段的改进是提高实践环节教学效果的重要保证。利用多媒体、校园网、影像材料和典型案例，可以充实和拓展教学效果，调动学生的学习积极性。重要的是把握实践环节教学总体目标，强化课程各知识点之间的联系，强化实验、实习、课程设计、毕业设计等环节之间的联系，强化学校教育和社会需求的联系，努力促进学生形成专业基本知识体系，提高专业技能。

③ 学生在实践环节教学过程中，要树立实事求是的科学态度和严谨的工作作风，忠于自己所观察到的实验现象和调查数据，养成严肃、认真、细致、整洁的工作习惯，努力使实践环节教学成为学生主动参与、内因驱动、在实践中提高的学习过程。

④ 学生应独立完成实践教学诸环节的全过程，对各环节的工作重点、基本原理、操作程序、研究方法做到心中有数，在独立完成过程中，从环境科学角度进行创新思维并主动发展在实际工作中对所学知识的创造性应用能力。

第二节 实 验

实验教学的宗旨是培养学生理论与实际相结合的操作技能，实事求是、精益求精的科学态度，以及分析问题和解决问题的实践能力。实验教学改革是环境类专业教学改革的重要部分。对于环境类专业可以把实验部分单独设课或与理论教学合在一门课程里，安排方式可以不同，但实验教学内容的更新、教学方式的改革、实验条件的改善、教学管理的加强却是必不可少的。

一、构筑环境类专业实验教材新体系

目前，在实验环节教学中，主要存在实验教学内容陈旧，且多以基本操作和验证性实验为主，环境类专业主干课程缺乏实验教材等问题。实验环节教学改革的指导思想是逐步改变过去以基本操作和验证性实验为主的现状，坚持以应用性和面向社会需求为主，以培养学生创新精神的实践能力为主，增加思考性、设计性和综合性实验，并注意将反映环境科学新进展的内容转化为实验教学内容，重视多媒体和计算机技术在实验教学中的应用。

实验教学应加强基本技能训练，强化实际分析问题、解决问题能力和创新能力的培养。本实践教程中关于实验教学指导书的编写注重四方面的改革：一是注重理论教学与实验教学的紧密联系，认真遴选主干课程知识点和有利于学科交叉融合的切入点作为实验教学内容；二是注重面向社会需要，使知识技能结构合理，以反映环境科学与工程学科发展趋势的新成果来补充完善实验教学体系；三是注意从简单到复杂、循序渐进的培养原则来安排实验教学，如从天平使用操作学习到掌握排除常见故障的能力，从学习各种环境监测仪器的校准方法到掌握仪器误差分析技能等；四是注意基本训练型、综合应用型及设计创新型实验的合理结构比例，在本科实验教学阶段以基本训练型实验为主。

本次出版的环境类专业实践教程系列教材共选编了 65 个实验。其中《环境监测与分析实践教程》选编了水质及土壤监测、大气监测、生物监测及综合设计型四类 27 个实验项目；《大气污染控制工程实践教程》选编了环境空气监测、管道中烟气参数测定、粉尘物理性质测定、除尘器性能测定、气态污染物净化及机动车尾气测定六类 20 个实验项目；《水污染控制工程实践教程》选编了水污染控制的化学及物理化学方法、水污泥控制的生物化学方法及污泥处理四类 18 个实验项目。在这些实验项目中，编写了部分综合应用型和设计研究型实验，加强学生创新能力培养，其数量约为总数的 1/5。

二、加强实验环节教学管理

加强实验教学目标管理，重在对实验教学全过程的控制。坚持实验全过程控制的三段式管理制度，即实验前结合课堂教学，组织学生预习实验指导书，认识实验设备，写出实验预习报告的预习制度；实验过程中加强教师启发式指导和检查学生实验操作、验收实验数据相结合的过程管理制度；实验后实行学生提交实验报告，师生讲评实验结果的验收总结制度。

改革实验教学考试方式是实现全过程控制的重要保证。改变过去实验无单独考核成绩，或以批改学生提交的实验报告作为考核成绩等传统做法，坚持以调动学生实验积极性，正确处理好严格把关和减轻学生负担的关系为原则的考核方式。提出实验单设学分，单独考核，实验考核成绩由预习准备、实验操作和实验报告三个阶段成绩构成，促进实验教学全过程管理。

三、建设开放式环境类专业实验教学中心

实验室是本科生实验教学的重要基地，实验室建设是实践环节教学能力建设的重要内容。如西安建筑科技大学环境工程实验室是教育部和陕西省重点实验室，已有二十多年本科生教学实验经验。在该教改项目实施过程中，在原环境工程实验室的基础上组建了环境类专业实验教学中心，从体制上保证实验环节教学活动的组织；加强教师的参与，提高实验教学人员整体素质，从队伍结构上保证实验环节教学质量；改进实验装置，提高本科生教学实验的规范性，从实验条件上保证实验教学深化改革；施行开放性实验，调动学生积极性，加强师生交流，加强与国内外兄弟院校的交流，促进实验环节教改成果的示范辐射效果。

1. 建设环境类专业实验教学中心

为适应专业拓宽后对实验课教学的要求，对原有各专业实验室进行了调整，组建了宽口径的环境类专业实验教学中心。该中心主要承担环境类专业本科生专业实验教学，并配备专职人员管理实验教学全过程，与教师一起承担专业实验教学任务，从体制上为实验教学改革措施的落实提供保障。

2. 加强教师参与，提高实验人员整体素质

为加强实验环节教学队伍建设，要求理论课教师进实验室参加实验室建设和指导学生实验，并鼓励教授进实验室参与教学指导，这已成为一项制度并得到坚持。由于教师与实验人员的共同努力，促进了实验教学内容更新，实验装备水平提高，并增设了综合应用型和设计研究型教学实验项目，重编了实验教材。

3. 改进实验装置，规范本科教学实验

项目实施过程中，实验室共开发和更新实验装置 14 台，有效提高了本科教学实验的规

范性。同时已向国内 15 家高校提供使用。已开发的实验装置包括斜板（管）沉淀器、竖流式沉淀器、氧传递系数测试装置、活性污泥实验装置、生物转盘实验装置、离子交换实验装置、表面曝气实验装置、UASB 反应器实验装置、电除尘器伏安特性模拟实验装置、袋式除尘器实验装置、旋风除尘器实验装置、粉尘真密度测试装置、移液管粉尘粒径分布测试装置及吸气罩实验装置等。

4. 开放性实验室建设

环境类专业实验教学中心在完善开放条件和建立各项规章制度基础上，实现全面开放。实验室近年已接待设有环境类专业的兄弟院校本科生专业实验数十次，还陆续接待了国外高校的本科生（研究生）到校参观和参与实验。同时，实验室对校内本科生也实现开放，许多本科学生参加教师所承担的科研课题，在实验室组织学生研究训练（Student Research Training，SRT）计划。

第三节 实 习

实习是理工类高校实践教学的重要环节。国内高校环境类专业实习环节教学现状调查结果表明，由于企业生产经营机制的转变和学校实习经费不足，校内外实习基地建设困难，实习教材缺乏，实习目的要求不明确，导致实习难免走马观花，达不到应有实习效果。项目针对实习环节面临的问题，以建设实习基地为核心，加强"三个结合"，即理论教学与实习训练相结合，基本技能与综合训练相结合，个性化训练和团队精神培养相结合，促进了实习环节教学质量提高。

一、加强理论教学与实习训练有机结合，明确各类实习的教学功能

实习环节包括诸多形式，各类实习教学功能定位是实习环节教学改革的首要问题。应以六门主干课程教学目标实现作为各类实习功能定位的主要依据，加强理论教学与实践训练的有机结合，构建由校外实习和校内实习组成的环境类专业实习教学环节新体系。

校外实习包括认识实习、生态实习、生产实习和毕业实习诸环节。认识实习安排在专业课开课前，以了解主干专业课涉及的工艺设备、净化流程和净化装备为主要教学目的，实习形式以参观为主，实习时间一周。生态实习在国家级自然保护区开展生态学野外实验内容，满足拓宽后环境类专业的教学需要，实习时间一周，安排在《生态学》等主干课之后。生产实习时间四周，安排在第七学期。生产实习内容包括工业三废治理设施运行、检修和故障诊断，企业环境管理和规划，清洁生产综合利用，环保设备设计、加工和安装等内容。生产实习也可称为工厂实习，通过工厂实习，深化学生理解、消化课堂教学内容，了解现代化大工业生产的工艺和装备，培养观察事物、分析问题和解决问题的实践能力。毕业实习是学生完成全部课堂教学之后进行的最后一次实习，主要目的是结合毕业设计（论文）课题内容，为完成毕业设计（论文）任务奠定基础，并通过实习增长实际知识和技能，培养学生创新能力和解决实际问题的能力。毕业实习一般三周。

校内实习包括校园环境监测实习和社会实践活动。监测实习两周，每年两次对校园环境开展空气、生活污水和噪声等监测活动，并将监测结果在校园监测网定期公布。社会实践活动，例如大学生环保组织的科技活动，环境日宣传活动，大学生环境论坛等。另外，还可组织生态调查和流域污染调查等校外社会实践活动。

根据对各类实习教学功能定位，编写出各类实习大纲和教学指导书。《环境监测与分析实践教程》编入了环境监测实习大纲、实习教学任务书和指导书，并编入具体案例。目前已形成由认识实习、生态实习、生产实习、监测实习和毕业实习组成的总学时不少于 10 周的环境类专业实习教学新体系。

二、加强基本技能与综合训练相结合，建设各类实习基地

在明确各类实习教学功能基础上，以建设校内外实习基地为核心，重新整合实习内容，加强基本技能与综合训练相结合，突出实习重点，拓宽实习的教学功能，全面培养和提高学生的综合素质和创新意识。

目前，已建成的环境类专业校内外实习基地及其教学功能、实习地点、实习内容、组织形式如下图所示。

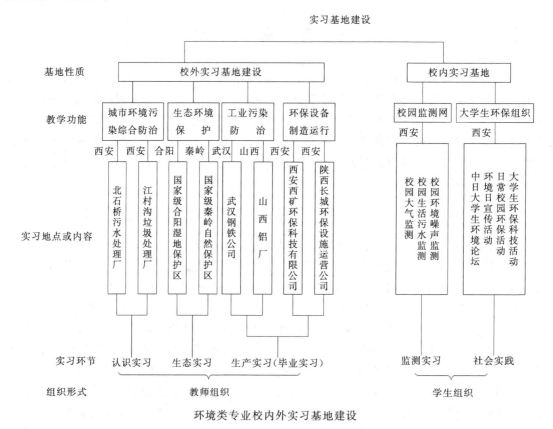

环境类专业校内外实习基地建设

三、加强个性化训练和团队精神培养相结合，改革实习教学方法

通过产学研结合，改革实习教学方法，加强个性化训练和团队精神培养，是提高实习教学质量的重要途径。改革实习内容程序单一化模式，增加实习类型多样化，突出个性化教育，增强教学互动性，实施实习内容标准化与个性化相结合，鼓励学生克服实习报告的"克隆"现象，指导学生大胆创新。学生通过接触和认识社会，了解社会对人才规格的需求，提高对实践能力和创新能力培养的自觉性。

青年学生由于缺乏对国情、社会、生产第一线的了解，思想中缺乏对国家、社会和集体的责任感，在实习中通过较长时间的社会实践，学习工人、农民的好品质，能增强纪律观

念、劳动观念和社会责任性。在实习中，鼓励和指导学生成立实习小组，协同完成实习任务，注意培养学生的团队精神。

第四节　课程设计

课程设计是课程教学的重要组成部分，是培养学生工程设计能力和创新能力的实践教学重要环节。明确课程设计教学目标，由对课程教学的补充转向对学生素质与能力的培养，以工程设计能力和科学研究能力培养为主线，开展多样化课程设计是适应拓宽后的环境类专业教学改革的重要内容。

一、实施多样化课程设计，强调创新能力培养的全面性

为了适应拓宽后的环境类专业发展需要，加强学生工程设计能力的训练，将原来开设的四个课程设计增加到八个，要求每个学生完成六个课程设计。课程设计题目涵盖了工程设计、设备设计、区域规划、企业管理、环境评价等多个学科方向，有利于环境类专业的理工渗透和交叉融合，有利于学生素质和能力的全面培养。

二、加强课程设计教材建设，增强实践技能训练的系统性

为适应课程设计环节教学改革需要，组织编写了八个课程设计任务书和教学指导书，以及案例教材。《大气污染控制工程实践教程》中编入了"颗粒污染物控制课程设计"和"气态污染物控制课程设计"的任务书、指导书和设计案例；《水污染控制工程实践教程》中编入了"离子交换法处理课程设计"、"化学沉淀法课程设计"、"啤酒废水处理课程设计"和"生活污水处理课程设计"的任务书、指导书和设计案例。

三、改革课程设计考核方式，提高课程设计教学效果

课程设计内容丰富而时间较短，一般每个课程设计为 1.5～2 周。各类课程设计内容各具特点，如何提高实际教学效果是指导教师关注的问题。以讲评方式替代传统的考核方式，组织学生讨论课程设计文件图纸，并由指导教师针对存在问题进行启发式讲评，开展生动活泼的考核，有利于促进教学效果的提高。

第五节　毕业设计（论文）

毕业设计（论文）教学过程是对本科生强化工程意识和创新意识、进行工程基本训练和提高科研实践能力培养的重要阶段，是把所学知识进行综合运用的具体实践，是对本科生进行综合素质教育，培养严肃认真的科学态度、优秀的思维品质和严谨的工作作风的重要途径。通过毕业设计教学，培养本科生勇于实践、勇于创新的精神，确定正确的设计思想和掌握现代设计研究方法，具备综合应用多学科理论、知识的能力和分析解决实际问题的能力。因此，毕业设计（论文）质量是评估高等学校教育质量的重要内容，也是本科生在进入社会前由宽口径专业进入具体工作岗位角色的一次模拟实践。在环境类专业毕业设计（论文）教学方面的改革，以选题、指导和管理为核心，进行了三个方面的改革尝试。

一、毕业设计（论文）选题原则

1. 选题的一般原则

① 选题应满足专业培养目标。选题内容应有适当的深度和广度，应符合拓宽后环境类专业的培养目标和教学基本要求，体现本专业的基本训练内容，使学生受到比较全面的锻炼。

② 选题应面向社会需求。选题应保证教学与生产实践的结合，在保证学生综合训练的基础上，提倡真题真做，"真刀真枪"地完成毕业设计，增强学生的责任感、紧迫感、市场观念和经济观念。

③ 选题应有益于学生创新能力的培养。选题应有益于学生综合运用多学科的理论知识和技能，有益于理工渗透融合，有益于教师与学生充分发挥自身优势，有益于激发学生独立工作能力。

④ 选题应体现专业特色。工科类环境工程专业应以工程设计型题目为主，理科类环境科学专业应以研究论文型题目为主。题目类型多种多样，便于学生根据各自兴趣和需要来选择。

2. 毕业设计题目来源

① 从指导教师承担的课题中选出适合教学要求的内容作为选题，真题真做。

② 指导教师根据教学需要，将生产实践和社会需求中收集的资料经剪裁组合的选题，假题真做。

③ 学生在社会实践基础上，结合实际需要或接受委托自立的选题。

3. 毕业设计题目安排

选题分配原则是一人一题，独立完成，突出个性化培养，有利于激发学生创新精神。选题分配实行双向选择，亦可根据学生预分配和就业情况进行定向选择，使学生在毕业设计阶段接触工作性质和内容接近的选题，有利于学生走上工作岗位后能迅速适应社会需求。

二、毕业设计指导的基本要求

① 本科毕业设计（论文）指导应注重对设计、绘图、实验、文献资料检索、专业外文翻译、国内外动态分析、说明书和论文撰写以及计算机应用等环节基本训练，力求规范。

② 环境类专业是多学科交叉渗透的边缘学科，设计研究应把握设计思想的科学性和设计过程的综合性，其综合性体现在工程技术特征和非工程技术特征的综合，体现工程技术、管理技术、技术经济分析和人文科学等多学科知识的综合。

③ 注重设计内容的新颖性，加强对学生创新能力的指导。鼓励应用智力激励法、提问追溯法、联想创造法、反向探求法、组合创新法等实用创新技术指导毕业设计（论文）。

④ 认真编写设计任务书和指导书。"两书"是指导学生高质量完成毕业设计任务的基础。本套实践教程中共编入了大气污染控制方面四个选题的"两书"和案例，编入了水污染控制方面的两个选题的"两书"和案例。

三、教学管理的主要措施

1. "三阶段"教学管理实施全过程控制

毕业设计（论文）教学管理可大致分为三个阶段 11 个步骤。"三阶段"教学管理强调阶段性检查，及时发现和改进存在的问题，实现全过程控制，详见下表所示。

毕业设计环节教学管理程序和内容

阶段和要求	时间	步骤和内容	设计文件	检查
（1）调查实践阶段 通过资料查阅，文献翻译，现场调研，了解市场需求和技术背景，确定设计研究目标和任务	2～3周	① 由指导老师和学生共同确定设计题目，指导老师下达设计任务书和指导书 ② 毕业实习、查阅文献、收集资料、现场调研 ③ 开题报告审查	外文资料翻译 实习报告 开题报告	开题报告审查
（2）方案设计阶段 分析设计任务的性质特点，寻求解决问题的各种途径和方法，提出各种设计方案，优化选择，使设计满足设计任务的基本要求	9～10周	① 方案选择设计 ② 设计计算，或试验装置建设 ③ 主要图纸绘制或试验装置运转	方案设计说明，主要设计图纸	方案设计审查（期中预答辩）
（3）总结检查阶段 将设计方案变成可实施的工程图纸，设计计算说明书或软件，论文撰写，完成全部任务	4～5周	① 绘制全套图纸或试验数据整理分析 ② 编写设计说明书或论文 ③ 指导教师批改 ④ 修改毕业设计 ⑤ 毕业答辩	论文或设计说明书，全套图纸，工程概算或经济分析	毕业答辩

2. 检查措施

针对"三阶段"管理制度，在重视开题报告审查的基础上，提出"期中预答辩、五分上大会"的检查措施，在中期召开预答辩，对已完成的设计方案开展重点检查，并指导下一步任务完成。要求拟评"优秀"的学生参加大会答辩，从严把关毕业设计质量。

3. 组建"三结合"答辩委员会，加强毕业答辩管理

为了加强与生产实际的联系，严格毕业答辩管理，聘请由指导老师、兄弟院校同行专家以及科研设计单位工程技术人员组成的"三结合"答辩委员会，促进了教学质量的提高。

第一篇

水污染控制工程实验

第二章

概 论

水污染控制工程是环境工程专业的主干课程之一，直接影响着本专业学生的培养质量。水污染控制工程的内容大都是在基本理论指导下，用实验的方法发展和完善起来的。在实际工程中，常需要用实验提供设计参数，并确定操作运行方式。因此，在水污染控制的教学中，重视培养学生的实验能力，对学生理解并学好基本理论，提高解决实际问题的能力和科研能力的训练非常重要。

一、实验目的及任务

人类的各种活动和自然界的变化都无时不在对水体的水质产生着影响。水质变化的复杂性决定了水污染控制工程永恒的课题是：不断地加强实验研究，掌握污染物的迁移转化规律，改进处理设备的能力，以及不断开发新的处理技术。因此，在课堂教学的同时，必须加强实验教学环节。水污染控制工程实验的目的是：通过实验操作、实验现象的观察和实验结果的分析，加深学生对基本概念和基本原理的理解，巩固课堂教学中学到的知识；学会常用实验仪器和设备的使用，培养学生实际动手能力和解决实际问题的能力；初步掌握水污染控制工程实验的基本方法，掌握收集、分析、归纳实验数据的能力和方法。通过水污染控制工程实验，为培养学生的创新能力打下一定的基础。

二、实验教学基本要求

水污染控制工程实验包括实验前的准备、实验过程、实验数据整理及实验报告的撰写等部分。

1. 实验准备

在实验准备阶段，要求学生做到以下几点：

① 认真阅读实验教材及教科书中指出的实验所涉及的相关知识点，掌握实验的原理和方法。

② 在教师指导下准备并熟悉实验用仪器、试剂及装置的性能，使用条件及方法。

③ 明确实验目的、步骤、内容和方法。

④ 准备好相关的试剂、药品及实验记录表格等。

⑤ 明确实验分工，做到责任明确，准确无误。

2. 实验过程

① 实验开始前，指导教师应检查实验准备情况，使学生进一步明确实验目的、内容及要求。

② 对特殊设备、仪器及其操作技术作详细讲解及示范。

③ 按实验步骤开始实验，观察实验现象，收集和记录实验数据。

④ 实验结束后，由指导老师审查记录，并按要求清洗设备和整理实验现场。

3. 数据整理和报告书撰写

① 实验数据分析主要包括实验误差分析、有效数据的取舍、实验数据整理等，并依此判断实验结果的好坏，找出不足之处，提出完善实验的措施。

② 实验报告是对实验的全面总结，要求结构清晰、语言简明、文字通顺、书写工整、图表完整、讨论分析有说服力、结果正确。

③ 实验报告应包含实验名称、实验目的、实验步骤、实验数据和分析讨论等。在分析讨论中，应运用所学知识对实验现象进行解释，对异常现象进行讨论，并提出改进思路和建议。

④ 实验报告由指导教师审阅并给出成绩，成绩不合格者要重做报告，或补做实验。

三、创新性实验

为了培养学生的创新能力，可以由学生提出在实验教学内容以外的实验。开设创新实验的学生应事先提出报告（包括实验目的、实验内容及步骤、实验设备以及实验结果等内容），经审查批准后方能进行。条件许可时，应配备一位有经验的教师指导。指导教师应对学生提出的实验进行分析，核查有关实验内容和要求，以证明实验的可行性及学生是否具备完成实验的能力，经实验室批准后进行实验的准备及实施。指导教师对实验结果进行检查和审核。

四、实验室安全

1. 实验纪律

① 遵守实验室制定的各项规章制度。

② 不迟到不早退，保持实验室清洁，严格按要求使用水、电、气、药品、试剂等，按要求操作实验设备和仪器。

③ 保持实验室的卫生，实验结束后清洗和整理好使用的仪器、设备，关闭电、水、气、门窗等。

④ 认真做好实验记录。

2. 实验安全

实验室的各项规章制度包括安全制度、操作制度、危险品的使用制度等，进入实验室的所有人员都必须严格遵守。学生在进入实验室前，应全面学习安全制度，掌握防火知识，掌握易燃、易爆、强氧化性物品的使用说明。

第三章 数据的误差与实验结果的分析处理

一、数据误差分析

实验研究需要一系列的测定并取得大量的数据。这些数据受到实验环境、实验水平、实验设备、实验方法等多种因素的影响，测定结果与实际真值总有差异。这就要求实验人员一方面通过分析研究，从实验数据中获得各种因素和指标间的内在联系和规律，进行误差分析、去伪存真，确定测定结果的可靠程度，对取得的数据给予合理的解释，采用必要的方式完善、充实数据。另一方面，应将所得数据整理归纳，用一定的方式表示出各数据之间的相互关系。实验误差分析和数据处理的目的在于：按实验目的合理地选择实验装置和仪器、实验条件和方法，以便在一定条件下尽可能得到接近真实值的最佳结果；合理确定实验结果误差，避免误差选取不当造成对实验结果的错误判断，造成人力、物力的浪费，通过正确的整理归纳（如绘成实验曲线或得出经验公式），得出正确的实验结论，并为验证理论分析提供条件。

1. 误差的几个基本概念

实验数据的误差分析是以实验数据的误差及其在运行中产生的影响为对象，评定实验的准确度。实验测定的准确度取决于总的研究方案和具体的研究条件，包括仪器及测试方法的先进性和实验方法的科学性，操作人员的经验及熟练程度等，通过对误差来源的研究，可以事先分析可能导致实验误差的最主要因素，以便指导实验的开展。物理量是在一定条件下客观存在的一定数值。这个客观存在的数值是物理量的真值，在通常情况下无法测得真值。所以实验时常用平均值代替真值，如对同一考察项目进行无限多次的测定，然后根据误差分布定律中正负误差出现的概率相等的概念，求得各测试值的平均值。在无系统误差（系统误差的含义请参阅本章"误差与误差的类型"）的情况下，此值为接近于真实的数值，由于测试的次数总是有限的，用有限测试次数求得的平均值，只能是真值的近似值。

常用的平均值有下列几种。

① 算术平均值；

② 均方根平均值；

③ 加权平均值；

④ 中位值（或中位数）；

⑤ 几何平均值。

计算平均值方法的选择，主要取决于一组观测值的分布类型。

（1）算术平均值　算术平均值是最常用的一种平均值，设 $x_1, x_2, \cdots, x_n$ 为各次的观测值，n 代表观测次数，则算术平均值为

$$\bar{x} = \frac{x_1 + x_2 + \cdots + x_n}{n} = \frac{1}{n}\sum_{i=1}^{n} x_i \tag{3-1}$$

（2）均方根平均值　均方根平均值应用较少，其表达式为

$$\bar{x} = \sqrt{\frac{x_1^2 + x_2^2 + \cdots + x_n^2}{n}} = \sqrt{\frac{\sum_{i}^{n} x_i^2}{n}} \tag{3-2}$$

式中符号意义同式（3-1）。

（3）加权平均值　若对同一事物用不同方法去测定，或者由不同的人去测定，计算平均值时，常用加权平均值。计算公式为

$$\bar{x} = \frac{w_1 x_1 + w_2 x_2 + \cdots + w_n x_n}{w_1 + w_2 + \cdots + w_n} = \frac{\sum_{i=1}^{n} w_i x_i}{\sum_{i=1}^{n} w_i} \tag{3-3}$$

式中，w_1，w_2，$\cdots$，w_n 代表与各观测值相应的权，其他符号同前。各观测值的权数 w，可以是观测值的重复次数、观测者在总数中所占的比例或者根据经验确定。

【例 3-1】　某印染厂各类废水的 BOD_5 测定结果见下表，试计算该厂污水平均浓度。

污水类型	BOD_5/(mg/L)	污水流量/(m³/d)	污水类型	BOD_5/(mg/L)	污水流量/(m³/d)
退浆污水	4000	15	印染污水	400	1500
煮布污水	10000	8	漂白污水	70	900

解　$\bar{x} = \dfrac{4000 \times 15 + 10000 \times 8 + 400 \times 1500 + 70 \times 900}{15 + 8 + 1500 + 900} = 331.4$（mg/L）

（4）中位值　中位值是指一组观测值按大小次序排列的中间值。若观测次数是偶数，则中位值为正中两个值的平均值。中位值的最大优点是求法简单。只有当观测值的分布呈正态分布时，中位值才代表一组观测值的中心趋向，近似于真值。

（5）几何平均值　几何平均值是一组 n 个观测值连乘，并开 n 次方所求得的值，计算公式为

$$\bar{x} = \sqrt[n]{x_1 \cdot x_2 \cdots x_n} \tag{3-4}$$

也可用对数表示

$$\lg \bar{x} = \frac{1}{n}\sum_{i=1}^{n} \lg x_i \tag{3-5}$$

【例 3-2】　某工厂测得污水的 BOD_5 数据分别为 100mg/L、110mg/L、130mg/L、120mg/L、115mg/L、190mg/L、170mg/L，求其平均浓度。

解　该厂所测数据大部分在 100～130mg/L 之间，少数数据的数值较大，此时采用几何平均值，可以较好地代表这组数据的中心趋向。故其平均浓度为

$$\bar{x} = \sqrt[7]{100 \times 110 \times 130 \times 120 \times 115 \times 190 \times 170} = 130.3 \text{（mg/L）}$$

2. 误差与误差的类型

（1）几种误差的概念　对某一指标进行测试后，观测值与其真值之间的差值称为绝对误差，即

绝对误差＝观测值－真值

用绝对误差反映观测值偏离真值的大小，其单位与观测值相同。由于真值不易测得，实际应用中常用观测值与平均值之差表示绝对误差。严格地说，观测值与平均值之差应称为偏差，在工程实践中将此偏差多称为误差。

在分析工作中，常把标准试样中的某成分的含量作为该组分的真值，以此为标准估计误差的大小。

绝对误差很难说明测定的准确程度，在不同情况下，相等的绝对误差会有不同的准确度，如称量两物体质量，绝对误差都是 1g，相对质量大的准确度高，相对质量小的准确度低，所以判断测定的准确度常用相对误差的概念。

绝对误差与平均值的比值称为相对误差，即

$$相对误差 = \frac{绝对误差}{平均值}$$

相对误差用于不同观测结果的可靠性的比较，常用百分数表示。

（2）误差的分类　误差分为以下三种。

① 系统误差。系统误差（恒定误差）是指在测定中由未发现或未确认的因素所引起的误差。这些因素使测定结果永远朝某一个方向发生偏差，其大小及符号在同一实验室中完全相同。系统误差不能用多次测量求平均值的方法来消除。产生系统误差的原因是：仪器不良，如刻度不准、砝码未校正等；环境的改变，如外界温度、压力和湿度的变化等；个人的习惯及偏向，如读数偏高或偏低等。这类误差可以根据仪器的性能、环境条件或个人偏差等加以校正，使之降低。

② 随机误差。这种误差无法控制，但它服从统计规律。单次测试时，观测值总是有些变化且变化不定，其误差时大、时小、时正、时负，多次测定后，其平均值趋于零，具有这种性质的误差称为随机误差。实验数据的精确度主要取决于随机误差。随机误差是由研究方案及研究条件总体所固有的一切因素引起的。这些因素包括实验者的熟练程度、观察感官的缺陷、外界条件的变化、测量仪器的完好程度等。

③ 过失误差。过失误差是由于操作人员不仔细、操作不正确等因素引起的，其数据与事实明显不符。这种误差是可以避免的。

3. 准确度和精密度

（1）准确度　准确度指测定值与真实值偏差的程度，它反映系统误差的大小，一般用相对误差表示，相对误差越小，说明测定值越接近真值，准确度越高。

（2）精密度　精密度（又称精确度）指在控制条件下用一个均匀试样反复测量，所得数值之间重复的程度，它反映随机误差的大小，是测定值与算术平均值的偏差程度。随机误差越小，数据的精确度越高。因此，评定观测数据的好坏，首先要考察精密度，然后考察准确度。一般情况下，无系统误差时，精密度越高，观测结果越准确。但若有系统误差存在，则精密度高，准确度不一定高。假如消除了系统误差，可能使测定值既精确又准确。实验分析时，常在试样中加入已知量的标准物质以考核测试方法的准确度和精密度。

二、实验结果误差分析

1. 直接测量值的误差分析

直接从仪器、仪表和设备读取的数值叫直接测量值，把直接测量值代入公式，经过计算得到的测量数值，则称为间接测量值。

（1）单项测量值的误差分析　影响水质的因素多，在净化实验中测试量大，许多实验过程受条件限制，难以做到精确的重复，对某些物理量的测量，往往只有一次，这些测量值的误差应根据具体情况进行修正。对于随机误差较小的测定值，可按仪器上注明的误差范围分析计算；当无法计算时，可按仪器上最小刻度的 1/2 作为单项测量的最大绝对误差。如仪器的最小刻度为 0.1，则其最大绝对误差为 0.05。若某测量数值为 3.24，则其相对误差为 0.05/3.24＝0.0154。

（2）多次重复测量值的误差分析　为了获得准确可靠的测量值，只要条件许可，应尽可能对某一测量值进行多次重复测量，用这些测量值的算术平均值来近似地代替测量值的真值，各测量值与算术平均值的差叫作偏差。该误差值的大小用算术平均误差表示。

设某实验的各测量值为 x_i（$i=1, 2, 3, \cdots, n$），其算术平均值 $\overline{x}$ 为

$$\overline{x} = \frac{1}{n} \sum_{i=1}^{n} x_i \tag{3-6}$$

各测量值的偏差为

$$\mathrm{d}x_i = x_i - \overline{x} \tag{3-7}$$

算术平均误差 Δx 为

$$\Delta x = \frac{1}{n} \sum_{i=1}^{n} |\mathrm{d}x_i| \tag{3-8}$$

其测量值的真值可表示为

$$a = \overline{x} \pm \Delta x \tag{3-9}$$

另外，在工程上多用均方根偏差 σ 表示误差的大小。其计算式为

$$\sigma = \sqrt{\frac{1}{n} \sum_{i=1}^{n} (x_i - \overline{x})^2} = \sqrt{\frac{1}{n} \sum_{i=1}^{n} (\mathrm{d}x_i)^2} \tag{3-10}$$

均方根偏差又称为标准偏差，在有限次的测量中，工程上常用下式计算标准偏差

$$\sigma_{n-1} = \sqrt{\frac{1}{n-1} \sum_{i=1}^{n} (x_i - \overline{x})^2} \tag{3-11}$$

工程中的均方根偏差也称为均方根误差，简称均方差，其真值表示为

$$a = \overline{x} \pm \sigma \tag{3-12}$$

【例 3-3】　某原水浊度经 10 次测量，分光光度计读数分别为 0.482，0.480，0.481，0.479，0.480，0.478，0.479，0.481，0.480，0.481，求算术平均值 $\overline{x}$、均方差 σ 及测量值的真值 a。

解　算术平均值为

$$\begin{aligned} \overline{x} = \frac{1}{n} \sum_{i=1}^{n} x_i &= \frac{1}{10}(0.482 + 0.480 + 0.481 + 0.479 + \\ &\quad 0.480 + 0.478 + 0.479 + 0.481 + 0.480 + 0.481) \\ &= 0.4801 \end{aligned}$$

均方差 σ 为

$$\sigma = \sqrt{\frac{1}{n} \sum_{i=1}^{n} (x_i - \overline{x})^2} = \sqrt{\frac{1}{10} \sum_{i=1}^{n} (x_i - \overline{x})^2} = 0.00179$$

则真值为

$$a = \bar{x} \pm \sigma = 0.4801 \pm 0.00179$$

所以测量值的真值在 0.4783 和 0.4819 之间。

2. 间接测量值的误差分析

间接测量值是将直接测量值代入公式计算出来的。直接测量值存在误差，间接测量值也必然存在误差。间接测量值误差的大小不仅取决于直接测量误差，还取决于公式的形式，即直接测量值与间接测量值之间的函数关系。

（1）间接测量值算术平均误差计算　按算术平均误差计算的间接测量值的误差，是在考虑各项误差同时出现的最不利情况时，各绝对误差相加而得的。

如果间接测量值和直接测量值之间的函数关系只含加减运算时，设 $y = A + B$ 或 $y = A - B$，计算式为

$$\Delta y = \Delta A + \Delta B \tag{3-13}$$

即只含和、差运算的间接测量值的绝对误差等于各项直接测得值绝对误差之和。

如果直接测量值和间接测量值之间函数关系含乘、除、乘方、开方时，其间接测量值的误差为：

设 $y = AB$ 或 $y = \dfrac{A}{B}$，则有

$$\frac{\Delta y}{y} = \frac{\Delta A}{A} + \frac{\Delta B}{B} \tag{3-14}$$

即乘除运算的相对误差等于各直接测量值相对误差之和。

综上所述，当间接测量值计算公式只含加减运算时，以先计算绝对误差后，再计算相对误差为宜；当间接测量值计算公式含有乘、除、乘方、开方时，应先计算相对误差，后计算绝对误差。

（2）间接测量值标准误差计算　在工程上，各项误差同时出现的可能性很小，采取各项绝对误差相加，是对间接误差的夸大，因此，实际中多采用标准误差、均方差来计算间接测量的误差。

如果间接测量值是一个直接测量值 x 的函数，x 的均方差为 σ_x，则间接测量值 y 的绝对误差 σ_y 为

$$\sigma_y = \pm f'(x)\sigma_x \tag{3-15}$$

如果间接测量值 y 是 n 个直接测量值 x_i（$i = 1, 2, \cdots, n$）的函数，则间接测量值 y 的绝对误差 σ_y 为

$$\sigma_y = \sqrt{\sum_{i=1}^{n} \frac{\partial f}{\partial x_i} \sigma_i} \tag{3-16}$$

式中，σ_i 为第 i 个直接测量值 x_i 的标准误差（均方差）。

上述两种情况的相对误差可用 $E = \dfrac{\sigma_y}{y}$ 表示。

实际实验中，并非对所有测量值都进行多次测量，这些计算得到的间接测量值误差，相对各直接测量值的误差均比标准误差算得的误差要大。

三、有效数字及运算

1. 有效数字

每一个实验都要记录大量的实验数据，还要利用原始数据进行各种必要的运算。为得到

准确的实验结果，不仅需要进行准确的测量，还需要进行正确的记录和运算，这就要求正确地处理测量值和计算值的有效数字。

有效数字是指准确测定量的数字加上最后一位估读数字（又称可疑数字）所得的数字。实验报告的每一位数字，除最后一位数可能有疑问外，其余各位数字都希望不带误差。可疑数字是两位以上，则其他一位或几位就应剔除。在剔除没有意义的位数时，采用四舍五入法。但"五入"时要把前一位数凑成偶数，如果前一位数已是偶数，则"5"应舍去。

实验中观测值的有效数字与仪器仪表的刻度有关，一般可根据实际可能估计到最小刻度的 1/10、1/5 或 1/2。例如滴定管的最小刻度是 1/10（即 0.1 mL），百分位上是估计值，故在读数时，可读到百分位，即其有效数字是到百分位为止。

2. 有效数字运算

在整理数据时，常要运算一些精密度不相同的数值，此时要按一定规则计算，常用的运算规则如下。

① 第一位准确数字前的"0"不能作为有效数字，最后一位准确数字后的"0"是可疑数字，有效数字后有无"0"，表示有效数字位数不同。如数字 4.23 和 4.230，前者有效数字是 3 位，"3"是可疑数字，后者有效数字是 4 位，"0"是可疑数字，又如 0.0038 和 0.00380，前者 2 位有效数字，"8"是可疑数字，后者是三位有效数字，"0"是可疑数字。

② 记录观测值时，只保留一位可疑数，其余数一律弃去。

③ 在加减运算中，运算后得到的数所保留的小数点后的位数，应与所给各数中小数点后位数最少的相同，多余的位数应四舍五入，如 3.83，0.1081，45.8435，0.004 四个数字相加，共结果等于 49.79。

④ 计算有效数字位数时，若首位有效数字是 8 或 9 时，则有效数字要多计 1 位，例如 9.35，虽然实际上只有三位，但在计算有效数字时可以按四位计算。

⑤ 在乘除运算中，运算后所得的商或积的有效数字与参加运算各有效数中位数最少的相同。

⑥ 计算平均值时，若为四个数或超过四个数相平均时，则平均值的有效数字位数可增加一位。

⑦ 乘方或开方结果的有效数字与其底的有效数字相同。如对数计算中，首数不是有效数字，如 lg300＝2.4771 中，有效数字有 4 位，"2"不是有效数字。

水污染控制工程中的一些公式的系数和参数不是用实验测得的，在计算中不应考虑其位数。

四、异常数据的取舍

在一组实验数据中，常会出现个别数据与其他数据偏差大，如果保留这样的数据可能会降低实验的准确度。如果舍去，可能得到精密度较高的结果，但理由不明确。因此，在整理数据时，必须有一个标准来决定异常数据的取舍。

异常数据取舍，实质上是区别异常数据究竟是由偶然误差还是系统误差造成的问题。如果是人为因素的偶然误差就应当舍去，如无足够理由证实是偶然过失造成的时候，应用下述的办法决定取舍。

对一组观测值中离群数据的检验方法有格拉布斯（Grubbs）检验法、狄克逊（Dixon）检验法、肖维涅（Chauvenet）准则等。下面介绍其中的两种方法。

1. 格拉布斯检验法

若实验测定值按从大到小排列为 x_1，x_2，x_3，$\cdots$，x_n，被怀疑最大值（x_1）或最小值（x_n）是异常数据，采用下列步骤进行判断。

① 选定信度 γ，γ 值是否定假设的概率，亦即判定错误的概率，一般取 5%，2.5%，1%。

② 计算观测值的算术平均值 $\bar{x}$ 和标准误差 σ。

③ 计算 T 值，如果最大值 x_1 是可疑的，则 $T = \dfrac{x_1 - \bar{x}}{\sigma}$；如果最小值 x_n 是可疑的，则 $T = \dfrac{\bar{x} - x_n}{\sigma}$。

④ 查 $T(n, \gamma)$ 值表，见表 3-1，如果 $T \geqslant T(n, \gamma)$，所怀疑数据在信度为 γ 时是异常的，应舍去。如果 $T < T(n, \gamma)$，则所怀疑数据在信度为 γ 时是正常的，不能舍去。

⑤ 舍去异常数据后，对剩下的数据重复上述过程。

由表 3-1 可以看出，当实验次数 n 一定时，γ 值越小，$T(n, \gamma)$ 值越大。如果信度 γ 值取得过小，将不是异常数据的值错判为异常数据的概率减小了，但同时也意味着将异常据判为非异常数据的概率增大了。从而犯错误的概率也增大了。所以信度 γ 值不宜取得过小。

【例 3-4】 有 16 个实测值按从大到小排列为 9.52，9.14，8.99，8.9，8.71，8.69，8.61，8.57，8.51，8.46，8.38，8.29，8.27，8.21，8.07，7.09。试用格拉布斯法分析其中有无异常数据。

表 3-1 $T(n, \gamma)$ 值表

n	γ			n	γ			n	γ		
	5%	2.5%	1%		5%	2.5%	1%		5%	2.5%	1%
3	1.15	1.15	1.15	12	2.29	2.41	2.55	21	2.58	2.73	2.91
4	1.46	1.48	1.49	13	2.33	2.46	2.61	22	2.60	2.76	2.94
5	1.67	1.71	1.75	14	2.37	2.51	2.66	23	2.62	2.78	2.96
6	1.82	1.89	1.94	15	2.41	2.55	2.71	24	2.64	2.80	2.99
7	1.94	2.02	2.10	16	2.44	2.59	2.75	25	2.66	2.82	3.01
8	2.03	2.13	2.22	17	2.47	2.62	2.79	30	2.75	2.91	—
9	2.11	2.21	2.32	18	2.50	2.65	2.82	35	2.82	2.98	—
10	2.18	2.29	2.41	19	2.53	2.68	2.85	40	2.87	2.04	—
11	2.23	2.36	2.48	20	2.56	2.71	2.88				

解 首先怀疑最大值 9.52 和最小值 7.09 是异常数据。

① 选定信度 $\gamma = 5\%$。

② 计算 $\bar{x}$、σ 及 T 值。

$$\bar{x} = \frac{1}{16} \sum_{i=1}^{16} x_i = 8.53$$

$$\sigma = \sqrt{\frac{1}{15} \sum_{i=1}^{15} (x_i - \bar{x})^2} = 0.536$$

$$T_1 = \frac{x_1 - \bar{x}}{\sigma} = \frac{9.52 - 8.53}{0.536} = 1.85$$

$$T_2 = \frac{\overline{x} - x_{16}}{\sigma} = \frac{8.53 - 7.09}{0.536} = 2.69$$

③ 判断。由计算值首先怀疑 $x_{16} = 7.09$ 是异常数据，查表 3-1，当 $n = 16$，$\gamma = 5\%$ 时，$T(n, \gamma) = 2.44$，因 $T = 2.69 > 2.44$，所以 7.09 为异常数据应舍去。

④ 舍掉 7.09 后，还剩下 15 个测定值，再按 $n = 15$ 计算 T 值。

$$\overline{x} = \frac{1}{15} \sum_{i=1}^{15} x_i = 8.62$$

$$\sigma = \sqrt{\frac{1}{14} \sum_{i=1}^{14} (x_i - \overline{x})^2} = 0.388$$

$$T = \frac{x_1 - \overline{x}}{\sigma} = \frac{9.52 - 8.62}{0.388} = 2.31$$

查表 3-1，当 $n = 15$，$\gamma = 5\%$ 时，$T(15, 5\%) = 2.41$，因为 $T = 2.31 < 2.41$，所以，9.52 不是异常数据，应保留。

2. 肖维涅准则

本方法是借助于肖维涅数据取舍标准表来决定可疑值的取舍。其方法如下。

① 求出实测数据的算术平均值 $\overline{x}$ 及标准误差 σ。

② 由表 3-2 查出测定次数为 n 时对应的极限误差值 k。

③ 计算出可疑数据的 $\frac{|x_i - \overline{x}|}{\sigma}$，将 $\frac{|x_i - \overline{x}|}{\sigma}$ 与 k 比较，当 $k > \frac{|x_i - \overline{x}|}{\sigma}$ 时，保留。反之，舍去。

④ 舍去异常数据，对剩下的数据重新分析。

【例 3-5】 已知条件同【例 3-4】，用肖维涅法决定异常数据 7.09 的取舍。

解 ① 计算 $\overline{x}$、σ 值。

$$\overline{x} = \frac{1}{16} \sum_{i=1}^{16} x_i = 8.53$$

$$\sigma = \sqrt{\frac{1}{15} \sum_{i=1}^{15} (x_i - \overline{x})^2} = 0.536$$

② 判断。

$$\frac{|7.09 - \overline{x}|}{\sigma} = \frac{1.44}{0.536} = 2.69$$

表 3-2 n 与 k 值对应表

n	k	n	k	n	k
4	1.53	11	1.99	19	2.25
5	1.65	12	2.04	20	2.28
6	1.73	13	2.06	25	2.32
7	1.80	14	2.11	30	2.39
8	1.87	15	2.12	40	2.50
9	1.91	16	2.16	50	2.57
10	1.97	18	2.21		

查表 3-2，当 $n = 16$ 时，$k = 2.16 < 2.69$，所以数据 7.09 应舍去。

五、实验数据的表示与分析

处理实验数据的目的是充分利用实验所得的信息，利用数据统计知识，分析各个因素对实验结果的影响及影响的主次，寻找各变量间相互影响的规律。

整理实验数据最常用的方法是制表法和图形法，也就是将实验所得结果制成各种表格，或将数据绘在坐标图上，以直观地表现实验结果各个因素之间的关系。

1. 列表表示法

将实验记录表中的原始记录数据，经过分析、整理、归纳和计算，表示成各变量之间关系的表格，即为列表表示法。

实验记录表应根据实验时考虑因素的多少，制成不同类型的空格表，并注明时间、记录人、变量的单位、固定因素的量（如温度、pH 值、时间、浓度等）、环境条件等，并装订成册，供实验时用。制定各种表格时应注意以下几点：

① 标题应简单、清楚。

② 单位写在表格名称栏内，若数字过大或过小，应将数字写成 $N \times 10^n$ 形式，并写于表头或名称栏内。

③ 表内记录数字应注意有效数字位数相同。

④ 表中数字要清晰、准确，不能随意涂改。

实验所测量的数据一般都是离散的、不连续的，有时需要的数据可能在其中查不到，这时需用内插或外延的方法求得所需数据，常用的内插或外延法有线性插值法和拉格朗日多项式插值法，需要时可参考有关资料。

2. 作图表示法

在作出各变量之间的关系表格后，为了使实验结果更直观、更清楚，还需要作出各变量之间的依从关系曲线图。由实验数据作曲线图必须遵守一些原则，才能得到与实验点位置的偏差最小，而且光滑贴切的曲线。在用作图法表示实验结果时应注意以下几点。

① 坐标轴要准确、完整、能清楚地表示变量间的变化规律，设计坐标时，做到：

a. 图形标题尽可能完全，并说明实验条件；

b. 坐标轴上注明标度尺寸的单位，标尺上注明的数据应与测量值精确度对应。

② 作图方法

a. 选择合适坐标，坐标有直角坐标、对数坐标等，根据研究变量间的关系及要表达的图线形式进行选择。

b. 一般横轴为自变量，纵轴为因变量。

c. 坐标分度划分得当，与测量的有效数字对应。

d. 为使绘图线在坐标图居中位置，纵横轴两个变量的变化范围在长度上应相差不大。

e. 将自变量与因变量一一对应的数据点在坐标图内，不同关系的图线应有不同的符号，并注明符号定义。

f. 根据实验点的分布，连成直线或光滑曲线，连线一定要使实验点均匀分布于图线的两侧。

3. 实验数据的回归分析

列表法具有简单易做、使用方便的优点，但对客观规律表示不明确，不便于理论分析；作图法具有简明直观、便于比较、变化规律易显示等优点，但也不便理论分析和计算。为了理论分析和计算的方便，也经常对变量之间的关系进行数学回归分析，用数学表达式反映变量之间的关系。

（1）一元线性回归　一元线性回归处理的是两个变量之间的关系，若变量 x 与 y 之间线性相关，那么就可以通过一组观测数据 $(x_i，y_i)(i=1，2，\cdots，n)$，用最小二乘法算出参数 a 和 b，建立回归直线方程。

$$y=a+bx \tag{3-17}$$

（2）二元线性回归　如果影响因素不止一个，这类问题的回归就是多元线性回归，多元线性回归的原理与一元线性回归分析相同，只是计算比较复杂。在多元线性回归中，常用的二元线性回归表达式为

$$y=a+b_1x_1+b_2x_2 \tag{3-18}$$

式中　　y——因变量；

x_1，x_2——自变量；

b_1，b_2——回归系数；

a——常数。

实验数据的分析处理是从大量实验数据中，用数学的方法求得其中的规律，所以一个实验完成后，都要经过实验误差分析，数据整理、处理与分析等过程，特别是实验数据的分析处理常用到一些数学原理与方法，需要时注意参考其他文献。

第四章

水污染控制的化学及物理化学方法实验

第一节 混凝实验

1. 实验目的

① 观察混凝现象，加深对混凝理论的理解。

② 确定最佳混凝工艺条件。

③ 了解影响混凝过程（或效率）的相关因素。

2. 实验设备及材料

① 六联搅拌器（1台）。

② 光电浊度仪（1台）。

③ 酸度计（1台）。

④ 烧杯（1000mL，500mL，200mL各6个）。

⑤ 移液管（1mL，2mL，5mL，10mL各4支）。

⑥ 注射针筒（50mL）。

⑦ 温度计。

⑧ 硫酸铝 $Al_2(SO_4)_3 \cdot 18H_2O(10g/L)$。

⑨ 三氯化铁 $FeCl_3 \cdot 6H_2O(10g/L)$。

⑩ 盐酸 HCl（10%）。

⑪ 氢氧化钠 NaOH（10%）。

⑫ 聚丙烯酰胺（1g/L）。

3. 实验步骤

（1）混凝剂的确定　在硫酸铝、三氯化铁、聚丙烯酰胺三种混凝剂中，确定一种混凝效果最佳的混凝剂。

① 确定原水特征，即测定原水的浊度、温度、pH 值，记录在表 4-1 中。

② 用 3 只 500mL 的烧杯，分别取 200mL 原水，将装有水样的烧杯置于浊度仪上。

③ 分别向 3 只烧杯中加入 $FeCl_3$、$Al_2(SO_4)_3$、聚丙烯酰胺，并每次投加量为 0.5mL，同时进行搅拌（转速 150r/min，5min），直到其中一个试样出现矾花，这时记录下每个试样中混凝剂的投加量，并记录在表 4-1 中。

④ 停止搅拌，静止沉淀 10min。

⑤ 用 50mL 注射针筒抽取上清液，用浊度仪测出三个水样的浊度，记录在表 4-1 中。

⑥ 根据测得的浊度确定出最佳混凝剂。

（2）确定混凝剂的最佳投量

① 用 6 个 1000mL 烧杯，分别取 800mL 原水，将装有水样的烧杯置于浊度仪上。

② 采用步骤（1）中选定的最佳混凝剂，按不同的投量（依次按 25%～100% 的剂量）分别加入到 800mL 原水样中，利用均分法确定此组实验的 6 个水样的混凝剂投加量，记录在表 4-2 中。

③ 启动搅拌机，快速搅拌 0.5min（约 300r/min），中速搅拌 5min（约 150r/min），慢速搅拌 10min（约 70r/min）。

④ 搅拌过程中注意观察"矾花"的形成过程、大小及密实程度。

⑤ 停止搅拌，静置沉淀 10min，然后用 50mL 注射针筒分别抽取上清液，测定剩余浊度，记录在表 4-2 中。

（3）最佳 pH 值的影响

① 用 6 只 1000mL 的烧杯，分别取 800mL 原水，将装有水样的烧杯置于混凝仪上。

② 调整原水 pH 值，用移液管依次向 1#、2#、3# 装有原水的烧杯中，分别加入 2.5mL，1.5mL，1.0mLHCl，再向 4#、5#、6# 装有原水的烧杯中，分别加入 0.2mL，0.7mL，1.2mL NaOH。

③ 快速搅拌（300r/min）0.5min，随后停机，从每只烧杯取 50mL 水样，依次用 pH 仪测定各水样的 pH 值，记录在表 4-3 中。

④ 用移液管依次向装有原水烧杯中加入相同剂量的混凝剂，投加剂量按步骤（2）得出的最佳投加量确定。

⑤ 快速搅拌 0.5min（约 300r/min），中速搅拌 10min（约 150r/min），慢速搅拌 10min（约 70r/min）。

⑥ 静置沉淀 10min，用 50mL 注射针筒抽取上清液（共抽 3 次约 150mL）放入 200mL 烧杯中，测定剩余浊度，每个水样测 3 次，记录在表 4-3 中。

4. 实验相关知识点

在进行混凝沉淀实验时，宜加强对胶体的特性、混凝原理、混凝过程及影响因素等相关知识的学习和预习。

混凝处理的对象主要是水中悬浮物和胶体杂质。混凝效果对后续处理，如沉淀、过滤影响很大。天然水中存在着大量悬浮物，而且形态各不相同，大颗粒悬浮物可在自身重力作用下沉降；而较小悬浮物和胶体颗粒，依靠自然沉降是不能除去的，这是水产生浑浊的重要原因。水中的胶体颗粒主要是带负电的黏土颗粒，胶粒间存在的静电斥力、胶粒的布朗运动、胶粒表面的水化作用等，使胶粒具有分散稳定性，其中以静电斥力影响最大，若向水中投加混凝剂（提供大量的正离子），能加速胶体的凝结和沉降。压缩胶团的扩散层，使电位转变为不稳定因素，也有利于胶粒的吸附凝聚。水化膜中的水分子阻碍胶粒直接接触，若投加混凝剂降低 ξ 电位，有可能使水化作用减弱。混凝剂水解后形成的高分子物质（直接加入水中的高分子物质一般具有链状结构），在胶粒与胶粒之间起着吸附架桥的作用，即使 ξ 电位没有降低或降低不多，胶粒不能相互接触，通过高分子链状物吸附胶粒，也能形成絮凝体。

消除或降低胶体颗粒稳定因素的过程叫脱稳。脱稳后的胶粒，在一定的水力条件下，才能形成较大的絮凝体，俗称矾花。直径较大且较密的矾花容易下沉，自投加混凝剂直至形成矾花的过程叫混凝。

混凝过程的关键是确定最佳混凝工艺条件，包括混凝剂种类、投加量和水力条件等。因混凝剂的种类较多，例如，有机混凝剂、无机混凝剂、人工合成混凝剂（阴离子型、阳离子型、非离子型）、天然高分子混凝剂（淀粉、树胶、动物胶）等，所以，混凝条件较难确定；pH 值对确定混凝剂及其投加量有重要影响，pH 值过低（小于 4）则所投的混凝剂的水解受到限制，其主要产物中没有足够的羟基（OH）进行桥联作用，也就不容易生成高分子物质，絮凝作用较差；pH 值过高（大于 9 时），它又会溶解生成带负电荷的配合离子而不能很好地发挥混凝作用。

投加了混凝剂的胶体颗粒，在逐步形成大的絮凝体过程中，水流速度梯度及沉淀时间起着重要作用，在实际工程中，也需要考虑。本实验条件下，搅拌速度及沉淀时间对絮凝体长大的影响可不予考虑。

5. 实验数据及结果整理

实验数据及结果整理见表 4-1～表 4-3。

表 4-1 原始数据及三种混凝剂浊度测定数据记录表

项　目		原水浊度：_____		原水温度：_____		原水 pH 值：_____	
混凝剂名称		$Al_2(SO_4)_3$		$FeCl_3$		聚丙烯酰胺	
矾花形成时混凝剂最佳投量/mL							
浊度/NTU	1		1		1		
	2		2		2		
	3		3		3		
	平均		平均		平均		

表 4-2 某种混凝剂投加量的最佳选择数据记录表

水样编号		1	2	3	4	5	6	7	8	9	10
混凝剂加注量/mL											
浊度/NTU	1										
	2										
	3										
	4										

表 4-3 pH 值最佳值的选择数据记录表

水样编号		1	2	3	4	5	6
1%的 HCl/mL		2.5	1.5	1.0			
1%的 NaOH/mL					0.2	0.7	1.2
pH 值							
混凝剂投加量/mL							
浊度/NTU	1						
	2						
	3						
	平均						

思　考　题

1. 根据实验结果以及实验中所观察到的现象，简述影响混凝的几个主要因素。

2. 试分析投药量对混凝效果的影响。在最大投药量时，混凝效果不一定好，为什么？

3. pH 值对混凝效果有什么影响？

第二节 沉 淀 实 验

一、颗粒自由沉淀

1. 实验目的

① 掌握颗粒自由沉淀的实验方法。

② 了解和掌握自由沉淀的规律，根据实验结果绘制时间-沉淀率（t-E）、沉淀速度-沉淀率（u-E）和沉淀速度-残余颗粒百分比（u-P）的关系曲线。

2. 实验装置及材料

实验装置如图 4-1 所示。

① 沉淀管、储水箱、水泵、空压机、秒表、转子流量计等。

② 测定悬浮物的设备：分析天平、具塞称量瓶、烘箱、滤纸、漏斗、量筒、烧杯等。

③ 水样：实际工业废水或粗硅藻土等配制水样。

3. 实验步骤

① 打开沉淀管的阀门将污水注入沉淀管，然后打开进气阀，曝气搅拌均匀。

② 关闭进气阀，此时取水样 100mL（测得悬浮物浓度 c_0），同时记下取样口高度，开启秒表，记录沉淀时间。

③ 当时间为 1min、3min、5min、10min、15min、20min、40min、60min 时，分别取样 100mL，测其悬浮物浓度（c_i）。记录沉淀柱内液面高度。

④ 测定每一沉淀时间的水样悬浮性固体量。悬浮性固体的测定方法如下：首先调烘箱至（105±1）℃，叠好滤纸放入称量瓶中，打开盖子，将称量瓶放入 105℃的烘箱烘至恒重。然后将已恒重好的滤纸取出放在玻璃漏斗中，过滤水样，并用蒸馏水冲净，使滤纸上得到全部悬浮性固体，最后将带有滤渣的滤纸移入称量瓶，烘干至恒重。

⑤ 悬浮性固体计算

$$悬浮性固体含量 c = \frac{(w_2 - w_1) \times 1000 \times 10}{V} \quad (mg/L) \quad (4-1)$$

式中　w_1——称量瓶＋滤纸质量，g；

　　　w_2——称量瓶＋滤纸＋悬浮性固体的质量，g；

　　　V——水样体积，100mL。

⑥ 实验数据记入表 4-4。

表 4-4　颗粒自由沉淀数据记录表

沉淀时间/min	滤纸编号	称量瓶编号	称量瓶＋滤纸的质量/g	取样体积/mL	瓶纸＋SS 质量/g	水样 SS 质量/g	c_0/(mg/L)	c_i/(mg/L)	沉淀高度 H/cm
0									
1									
3									

沉淀时间/min	滤纸编号	称量瓶编号	称量瓶+滤纸的质量/g	取样体积/mL	瓶纸+SS 质量/g	水样 SS 质量/g	c_0/(mg/L)	c_i/(mg/L)	沉淀高度 H/cm
5									
10									
15									
20									
40									
60									

4. 实验相关知识点

沉淀是借重力作用从液体中去除固体颗粒的一种过程。根据液体中固体物质的浓度和性质,可将沉淀过程分为自由沉淀、絮凝沉淀、成层沉淀和压缩沉淀等四类。本实验对污水中非絮凝性固体颗粒自由沉淀的规律进行研究探讨。实验用装置见图 4-1,设水深为 h,在 t 时间能沉到 h 深度颗粒的沉速 $u=h/t$。根据给定的时间 t_0,计算出颗粒的沉速 u_0。凡是沉淀速度等于或大于 u_0 的颗粒,在 t_0 时都可全部去除。设原水中悬浮物浓度为 c_0(mg/L),则与沉淀历时 t 相对应的悬浮物沉淀效率百分率为

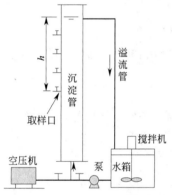

图 4-1 自由沉淀试验装置

$$E=\frac{c_0-c_i}{c_0}\times100\% \tag{4-2}$$

其中不同沉淀时间 t 时,沉淀柱残余悬浮物百分比为

$$P_i=\frac{c_i}{c_0}\times100\% \tag{4-3}$$

沉淀实验时,可算出 H 对应的时间 t 的颗粒沉速为

$$u_i=\frac{H_i}{t}\quad(\text{mm/s}) \tag{4-4}$$

从而可绘制出 t-E、u-E 及 u-P 的曲线,其形式见图 4-2。

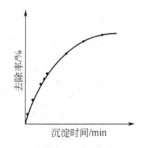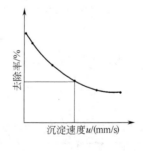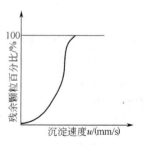

图 4-2 自由沉淀试验曲线

5. 实验数据及结果整理

(1) 实验基本参数整理

实验日期　　　　　　　　　　　水样性质及来源

沉淀柱内直径 $D=$　　　　　　　有效水深 $H=$

水温/℃   原水 SS 浓度（mg/L）

沉淀柱管及管道连接草图

（2）实验数据整理

将实验数据按表 4-5 整理。

表 4-5 颗粒自由沉淀数据整理表

沉淀高度/cm								
沉淀时间/min	1	3	5	10	15	20	40	60
实测水样 SS/(mg/L)								
计算用 SS/(mg/L)								
残余颗粒百分比								
沉速 u/(mm/s)								

思 考 题

根据实验所得曲线，分析推导相应于沉淀时间 t 的悬浮固体去除百分率。

$$E = (1 - P_0) + \int_0^{P_0} \frac{u_i}{u_0} dP$$

二、絮凝沉淀实验

1. 实验目的

① 加深对絮凝沉淀基本概念及沉淀规律的理解。

② 掌握絮凝沉淀实验方法，并用实验数据绘制絮凝沉淀等去除率曲线。

2. 实验设备与材料

实验装置见图 4-3。

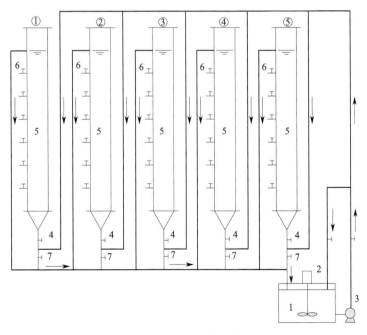

图 4-3　絮凝沉淀实验装置

1—水槽；2—搅拌机；3—水泵；4—进水阀；5—沉淀管；6—取样阀；7—排水阀

① 沉淀柱：有机玻璃沉淀柱，内径 D 大于 100mm，高为 3.6m，沿不同高度设有取样口。

② 配水及投配系统：进水槽、搅拌装置、水泵、配水管等。

③ 取样设备：定时器、烧杯、移液管、瓷盘等。

④ 悬浮物分析所需设备及用具：分析天平（感量 0.1mg）、带盖称量瓶、干燥皿、烘箱等。

⑤ 水样：城市污水或人工配水等。

3. 实验步骤

① 将欲测水样倒入进水槽进行搅拌，待搅均匀后取样测定原水悬浮物浓度（SS）。

② 开启水泵及各沉淀池的进水阀。

③ 依次令 1～5 沉淀柱进水，当水位达到溢流孔时，关闭进水阀门，同时记录沉淀时间。5 根沉淀柱的沉淀时间分别是 20min、40min、60min、80min、120min。

④ 当达到各柱的沉淀时间时，沿柱面自上而下依次取样，测定水样悬浮物浓度。

⑤ 将实验数据记入表 4-6，计算结果记入表 4-7。

表 4-6　絮凝沉淀实验数据记录表

柱　号	沉淀时间 /min	取样点编号	SS /(mg/L)	SS 平均值 /(mg/L)	取样点有效水深 /m	备注
1	20	1-1				
		1-2				
		1-3				
		1-4				
		1-5				
2	40	2-1				
		2-2				
		2-3				
		2-4				
		2-5				
3	60	3-1				
		3-2				
		3-3				
		3-4				
		3-5				
4	80	4-1				
		4-2				
		4-3				
		4-4				
		4-5				
5	120	5-1				
		5-2				
		5-3				
		5-4				
		5-5				

表 4-7　各取样点悬浮物去除率 E 值计算表

沉　淀　柱	1	2	3	4	5
沉淀时间/min 沉淀水深/m	20	40	60	80	120
0.6					
1.2					
1.8					
2.4					
3.0					

4. 实验相关知识点

悬浮物浓度不太高，一般在 $600 \sim 700 \text{mg/L}$ 以下的絮凝颗粒，在沉降过程中颗粒之间会发生相互碰撞而产生絮凝作用的沉淀称为絮凝沉淀。给水工程中的混凝沉淀、污水处理中初沉池内的悬浮物沉淀均属此类。

絮凝沉淀过程中由于颗粒相互碰撞，使颗粒粒径和质量凝聚变大，从而沉降速度不断加大，因此，颗粒沉降实际是一个变速沉降过程。在实验中所说的絮凝沉淀颗粒的沉速是该颗粒的平均沉淀速度。絮凝颗粒在平流沉淀池中的沉淀轨迹是一条曲线，不同于自由沉淀的直线运动。在沉淀池内颗粒去除率不仅与颗粒沉速有关，而且与沉淀有效水深有关。因此在沉淀柱内，不仅要考虑器壁对悬浮颗粒沉淀的影响，还要考虑沉淀柱高对沉淀效率的影响。

实验装置如图 4-3 所示。每根沉淀柱在高度方向每隔 $500 \sim 600 \text{mm}$ 开设一取样口，柱上部设溢流孔。将悬浮物浓度及水温已知的水样注入沉淀柱，搅拌均匀后开始计时，每隔 20min、40min、60min……分别在每个取样口同时取样 $50 \sim 100 \text{mL}$，测定其悬浮物浓度并利用下式计算各水样的去除率。

$$E = \frac{c_0 - c_i}{c_0} \times 100\% \qquad (4\text{-}5)$$

以取样口高度为纵坐标，以取样时间为横坐标，将同一沉淀时间与不同高度的去除率标注在坐标内，将去除率相对的各点连成去除曲线，绘制絮凝沉淀等去除率曲线。

静沉中絮凝沉淀颗粒去除率的计算基本思路和自由沉淀一致，但方法有所不同。自由沉淀采用累积曲线计算法，而絮凝沉淀采用的是纵深分析法，根据絮凝沉淀等去除率曲线，应用图解法近似求出不同时间、不同高度的颗粒去除率，图解法就是在絮凝沉淀曲线上作中间曲线，计算见图 4-4。去除率分为两部分。

① 全部被去除的悬浮颗粒。即指在指定的停留时间 T 及给定的沉淀池有效水深 H_0 两直线相交点的等去除率线所对应的 E 值，它只表示 $u \geqslant u_0 = \dfrac{H_0}{T}$ 的那部分完全可以去除颗粒的去除率。

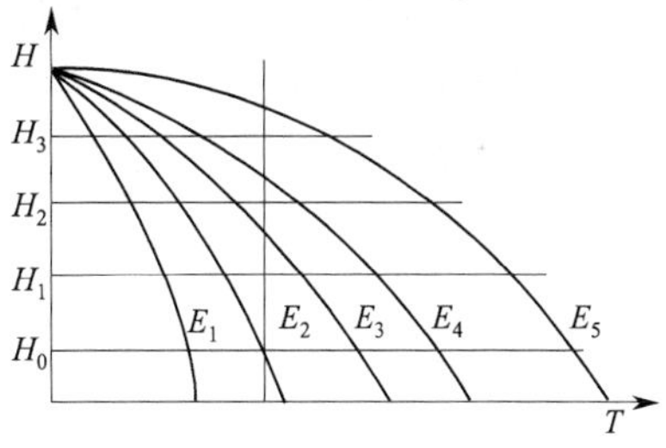

图 4-4　图解法求颗粒总去除率示意图

② 部分被去除的悬浮颗粒。悬浮物沉淀时，虽然有些颗粒小，沉速小，不可能从池顶沉到池底，但处在池

体的某一高度时，在满足 $\dfrac{h_i}{u_i} < \dfrac{H_0}{u_0}$ 时就可以被去除。这部分颗粒是指沉速 $u < \dfrac{H_0}{T}$ 的那些颗粒。这部分颗粒的沉淀效率也不相同，其中颗粒大的沉速快。其计算方法、原理和分散颗粒沉淀一样，用图解法，因中间曲线对应的不同去除率的水深度分别为 h_1、h_2、h_i、…，则 $\dfrac{h_i}{H_0}$ 近似地代表了这部分颗粒中所能沉到池底的比例。这样可将分散颗粒沉淀中的 $\displaystyle\int_0^{P_0} \dfrac{u_s}{u_0}\mathrm{d}P$ 用

$$\dfrac{h_1}{H_0}(E_2-E_1)+\dfrac{h_2}{H_0}(E_3-E_2)+\dfrac{h_3}{H_0}(E_4-E_3)+\cdots 代替。$$

综上所述，总去除率用下式计算。

$$E=E_r+\dfrac{h_1}{H_0}(E_{t+1}-E_t)+\dfrac{h_2}{H_0}(E_{t+2}-E_{t+1})+\cdots+\dfrac{h_i}{H_0}(E_{t+n}-E_{t+n-1}) \tag{4-6}$$

5. 实验结果整理

① 实验基本参数整理

实验日期	水样性质及来源

沉淀柱内直径 $D=$ 　　　　　　　　　有效水深 $H=$

水温/℃ 　　　　　　　　　　　　　原水悬浮物浓度 $SS_0/(\mathrm{mg/L})$

绘制沉淀柱及管路连接图

② 实验数据整理。将实验数据进行整理，并计算各取样点的去除率 E。

③ 以沉淀时间 T 为横坐标，以深度 H 为纵坐标，将各取样点的去除率填在各取样点的坐标上。

④ 在上述基础上，用内插法绘制等去除率曲线。E 最好是以 5% 或 10% 为一间距，如 25%、35%、45% 或 20%、25%、30%。

⑤ 选择某一有效水深 H，过 H 做 x 轴平行线与各去除率曲线相交，再根据式（4-6）计算不同沉淀时间的总去除率。

⑥ 以沉淀时间 t 为横坐标，E 为纵坐标，绘制不同有效水深 H 的 E-H 关系曲线及 E-u 曲线。

6. 注意事项

① 令沉淀柱进水时，速度要适中，既要防止悬浮物由于进水速度过慢而絮凝沉淀；又要防止由于进水速度过快，沉淀开始后柱内还存在紊流，影响沉淀效果。

② 由于同时从每个柱的 5 个取样口取样，人员分工、烧杯编号等准备工作要做好，以便能在较短的时间内从上至下准确地取出水样。

③ 测定悬浮物浓度时，一定要注意两平行水样的均匀性。

④ 注意观察，描述颗粒沉淀过程中自然絮凝作用及沉速的变化。

思 考 题

1. 观察絮凝沉淀现象，并叙述与自由沉淀现象有何不同，实验方法有何区别。

2. 两种不同性质污水经絮凝实验后，所得同一去除率的曲线之曲率不同，试分析其原因，并加以讨论。

第三节　滤池过滤与反冲洗实验

1. 实验目的

① 了解过滤设备的组成与构造。

② 观察过滤及反冲洗现象，了解过滤及反冲洗原理。

③ 掌握实验的操作方法。

④ 掌握滤池主要技术参数的测定方法。

2. 实验装置及材料

① 过滤与反冲洗实验装置见图 4-5。

② 酸度计（1 台）。

③ 浊度仪（1 台）。

④ 烧杯（200mL）。

⑤ 硫酸铝（质量分数 1%）；

⑥ 聚丙烯酰胺（质量分数 0.1%）

⑦ 三氧化铁（质量分数 1%）。

3. 实验步骤

在实验中要控制滤料层上的工作深度保持不变。仔细观察绒粒（微絮凝体）进入滤料层深度及绒粒在滤料层中的分布情况。

① 对照工艺图，了解实验装置及构造。

② 测量并记录原始数据，填入表 4-8 中。

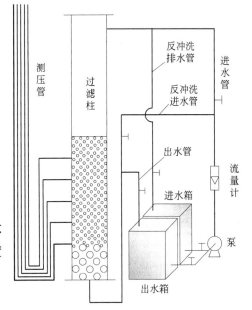

图 4-5　过滤及反冲洗实验装置

③ 配制原水，使其浊度大致在 20~40NTU 范围内，以最佳投药量将混凝剂 $Al_2(SO_4)_3$ 或者 $FeCl_3$ 投入原水箱中，经过搅拌，开启水泵进行过滤实验。

④ 每隔半小时测定或校对一次运行参数，填入表 4-9 中。

⑤ 观察杂质绒粒进入滤层深度情况。

⑥ 不同滤管采用不同滤速进行平行实验，滤速分别为：$1^\#$，5m/h；$2^\#$，8m/h；$3^\#$，12m/h；$4^\#$，16m/h。

表 4-8　原始数据记录表

滤管编号	滤管直径/mm	滤管面积/m²	滤管高度/m	滤料名称	滤料厚度/m
$1^\#$					
$2^\#$					
$3^\#$					
$4^\#$					

⑦ 反冲洗实验

a. 了解实验装置；

b. 列表测量并记录各参数，填入表4-10中；

c. 做膨胀率 $e = 20\%$，40%，80%时的反冲洗强度 q 的实验；

d. 打开反冲洗水泵，调整膨胀率 e，测出反冲洗强度值；

e. 测量每个反冲洗强度时，应连续测3次，并取平均值计算。

表4-9 过滤实验记录表

项　目						备　注
原水浊度/NTU						
原水投药量/(mg/L)						
流量/(L/min)						
流速/(m/s)						
水头损失/cm						
工作水深/m						
绒粒穿入深度/cm						
滤后水浊度/NTU						

表4-10 滤池反冲洗实验记录表

原始条件 滤管编号	滤管直径 /mm	滤层面积 F /m²	滤料名称	滤料粒径 /mm	滤料厚度 h /m
			石英砂		
			无烟煤		

项　目 实验次数	流量 Q/(L/s)	L /cm	ΔL /cm	$e = \dfrac{\Delta L}{L} \times 100\%$	$q = \dfrac{Q}{F}$ /[L/(s·m²)]	水温 /℃	e 平均	q 平均
1								
2								
3								
4								
...								

4. 实验相关知识点

（1）水过滤原理　过滤一般是指以石英砂等颗粒状滤料层截留水中悬浮杂质，从而使水达到澄清的工艺过程。过滤是水中悬浮颗粒与滤料颗粒间黏附作用的结果。黏附作用主要决定于滤料和水中颗粒的表面物理化学性质，当水中颗粒迁移到滤料表面上时，在范德华力和静电力以及某些化学键和特殊的化学吸附力作用下，它们黏附到滤料颗粒的表面上。此外，某些絮凝颗粒的架桥作用也同时存在。经研究表明，过滤主要还是悬浮颗粒与滤料颗粒经过迁移和黏附两个过程来完成去除水中杂质的过程。

（2）影响过滤的因素　在过滤过程中，随着过滤时间的增加，滤层中悬浮颗粒的量也会随之不断增加，这就必然会导致过滤过程水力条件的改变。当滤料粒径、形状、滤层级配和厚度及水位一定时，如果孔隙率减小，则在水头损失不变的情况下，必然引起滤速减小。反之，在滤速保持不变时，必然引起水头损失的增加。就整个滤料层而言，上层滤料截污量多，下层滤料截污量小，因此水头损失的增值也由上而下逐渐减小。此外，影响过滤的因素还有水质、水温以及悬浮物的表面性质、尺寸和强度等。

（3）滤料层的反冲洗　过滤时，随着滤层中杂质截留量的增加，当水头损失增至一定程度，滤池产水量锐减，或由于滤后水质不符合要求时，滤池必须停止过滤，进行反冲洗。反冲洗的目的是清除滤层中的污物，使滤池恢复过滤能力。反冲洗时，滤料层膨胀起来，截留于滤层中的污物，在滤层孔隙中的水流剪力以及滤料颗粒相互碰撞摩擦的作用下，从滤料表面脱落下来，然后被冲洗水流带出滤池。反冲洗效果主要取决于滤层孔隙水流剪力。该剪力既与冲洗流速有关，又与滤层膨胀率有关。冲洗流速小，水流剪力小；而冲洗流速较大时，滤层膨胀度大，滤层孔隙中水流剪力又会降低，因此，冲洗流速应控制在适当的范围。高速水流反冲洗是最常用的一种形式，反冲洗效果通常由滤床膨胀率 e 来控制，即

$$e = \frac{L - L_0}{L} \times 100\% \tag{4-7}$$

式中　L——砂层膨胀后的厚度，cm；

　　　L_0——砂层膨胀前的厚度，cm。

通过长期实验研究，e 为 25% 时反冲洗效果即可以为最佳。

5. 实验数据及结果整理

① 根据过滤试验结果，归纳出 4 根滤管的水头损失、水质、绒粒分布随过滤时间变化的情况，在图 4-6 的坐标内绘制出水剩余浊度与时间的关系曲线图。

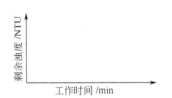

图 4-6　出水剩余浊度与时间的关系

② 在图 4-7 内绘出（h-v）变化曲线，总结四根滤管不同流速与水头损失的变化规律，理解滤速 v 与水头损失 h 之间的关系。

③ 根据反冲洗试验记录结果，在图 4-8 的坐标系内绘制一定温度下的反冲洗强度与膨胀率的关系曲线，并比较不同反冲洗强度下膨胀率的变化。

图 4-7　流速与水头损失的关系曲线　　　　图 4-8　反冲洗强度与膨胀率的关系

6. 注意事项

① 在过滤实验前，滤层中应保持一定水位，以免过滤实验时测压管中积有空气。

② 反冲洗过滤时，应缓慢开启进水阀，以防滤料冲出柱外。

③ 反冲洗时，为了准确地量出砂层厚度，一定要在砂面稳定后再测量，并在每一个反冲洗流量下连续测量 3 次。

第四节 加压溶气气浮实验

1. 实验目的
① 加深对基本概念及原理的理解。
② 掌握加压溶气气浮实验方法，并能熟练操作各种仪器。
③ 通过对实验系统的运行，掌握加压溶气气浮的工艺流程。

2. 实验装置及材料
(1) 实验装置 加压溶气气浮实验装置如图 4-9 所示。

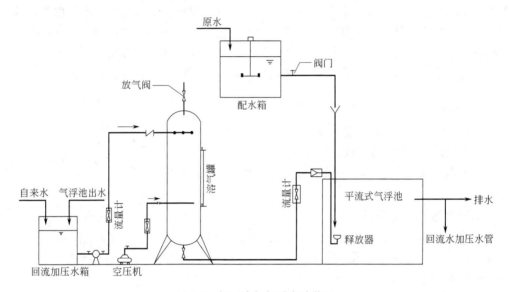

图 4-9 加压溶气气浮实验装置

(2) 材料
① 硫酸铝 [$Al_2(SO_4)_3$]。
② 废水，工业废水（如造纸废水等）或人工配水。
③ 水质（SS）分析所需的器材及试剂。

3. 实验步骤
① 首先检查气浮实验装置是否完好。
② 把自来水加到回流加压水箱与气浮池中，至有效水深的 90% 高度。
③ 将含有悬浮物或胶体的废水加到废水配水箱中，投加 $Al_2(SO_4)_3$ 等混凝剂后搅拌混合（投药量由混凝实验确定）。
④ 先开动空压机加压，加压至 3MPa。
⑤ 开启加压水泵，此时加压水量按 2～4L/min 控制。
⑥ 待溶气罐中的水位升至液位计中间高度，缓慢地打开溶气罐底部的闸阀，其流量与加压水量相同，即 2～4L/min 左右。
⑦ 待空气在气浮池中释放并形成大量微小气泡时，再打开废水配水箱，废水进水量可按 4～6L/min 控制。
⑧ 开启空压机加压至 3MPa（并开启加压水泵）后，其空气流量可先按 0.1～0.2L/min

控制，但考虑到加压溶气罐及管道中难于避免的漏气，其空气量可按水面在溶气罐内的液面中间部分控制即可。多余的空气可以通过其顶部的排气阀排除。

⑨ 测定废水与处理水的水质（SS）变化。

⑩ 改变进水量、溶气罐内的压力、加压水量等，重复步骤⑤～⑧，测定处理水的水质。

4. 实验相关知识点

气浮是一种固液分离技术。它是将水、污染杂质和气泡这样一个多相体系中含有的疏水性污染粒子，或者附有表面活性物的亲水性污染粒子，有选择地从废水中吸附到气泡上，以泡沫形式从水中分离去除的一种操作过程。水中的杂质有些是亲水性的，而有些是疏水性的。亲水性的杂质不易于被气泡所吸附，即使能够吸附，形成的气泡杂质混合体也不牢固；而疏水性杂质易于被气泡所吸附，形成牢固而稳定的气泡杂质混合体，从而可以分离去除。因此，气浮法处理废水（或处理含藻类等饮用水）的实质是：气泡和粒子间进行物理吸附，并形成气浮体（气泡＋粒子）上浮分离。加压溶气气浮是将空气在加压条件下溶入水中（在溶气罐内进行），而在常压下析出（在气浮中进行），与污染粒子一起形成气浮体上浮分离。加压气浮是国内外最常用的气浮分离法。

5. 实验结果分析

① 根据实验设备尺寸与有效容积，以及水和空气的流量，分别计算溶气时间、气浮时间、气固比等参数。

② 观察实验装置运行是否正常，气浮池内的气泡是否很微小，若不正常，是什么原因？如何解决？

③ 计算不同运行条件下、废水中污染物（以悬浮物表示）的去除率，以去除率为纵坐标，以某一运行参数（如溶气罐的压力、气浮时间或气固比等）为横坐标，画出污染物去除率与其运行参数之间的定量关系曲线。

第五节　活性炭吸附实验

1. 实验目的

① 了解活性炭的吸附工艺及性能。

② 掌握用实验方法（含间歇法、连续流法）确定活性炭吸附处理污水的设计参数的方法。

2. 实验装置及材料

（1）间歇式活性炭吸附装置　间歇式吸附采用锥形瓶，在烧杯内放入活性炭和水样进行振荡。

（2）连续式活性炭吸附装置　连续式吸附采用有机玻璃柱 $D25mm \times 1000mm$，柱内有 $500 \sim 750mm$ 高烘干的活性炭，上、下两端均用单孔橡皮塞封牢。各柱下端设取样口。装置具体结构如图 4-10 所示。

（3）间歇与连续流实验所需的实验器材

① 振荡器（1 台）。

② 有机玻璃柱（3 根 $D25mm \times 1000mm$）。

③ 活性炭。

④ 锥形瓶（2 个，500mL）。

⑤ COD 测定装置。

⑥ 配水及投配系统。

⑦ 酸度计（1台）。

⑧ 温度计（1只）。

⑨ 漏斗（6个）。

⑩ 定量滤纸。

3. 实验步骤

（1）间歇式吸附实验

① 将活性炭放在蒸馏水中浸泡 24h，然后在 105℃烘箱内烘 24h，再将烘干的活性炭研碎成能通过 270 目的筛子（0.053mm 孔眼）的粉状活性炭。

② 测定预先配制的废水水温、pH 值和 COD。

③ 在 5 个锥形瓶中分别加入 100mg、200mg、300mg、400mg、500mg 粉状活性炭。

④ 在每个烧瓶中分别加入同体积的废水进行搅拌。一般规定，烧瓶中废水 COD（mg/L）与活性炭浓度（mg/L）比值为 0.5～5.0。

⑤ 将上述 5 个锥形瓶放在振荡器上振荡，当达到吸附平衡时即可停止振荡（振荡时间一般为 30min 以上）。

⑥ 过滤各锥形瓶中废水，并测定 COD 值。

上述原始资料和测定结果记入表 4-11。

（2）连续流吸附实验

① 配制水样或取自实际废水，使原水样中含 COD 约 100mg/L，测出具体 COD、pH 值、水温等数值。

② 打开进水阀门，使原水进入活性炭柱，并控制为 3 个不同的流量（建议滤速分别为 5m/h，10m/h，15m/h）。

③ 运行稳定 5min 后测定各活性炭出水 COD 值。

④ 连续运行 2～3h，每隔 30min 取样测定各活性炭柱出水 COD 值一次。

将原始资料和测定结果记入表 4-12。

4. 实验相关知识点

活性炭具有良好的吸附性能和稳定的化学性质，是目前国内外应用比较多的一种非极性吸附剂。与其他吸附剂相比，活性炭具有微孔发达、比表面积大的特点。通常比表面积可以达到 $500 \sim 1700 m^2/g$，这是其吸附能力强、吸附容量大的主要原因。

活性炭吸附主要为物理吸附。吸附机理是活性炭表面的分子受到不平衡的力，而使其他分子吸附于其表面上。当活性炭在溶液中的吸附处于动态平衡状态时称为吸附平衡，达到平衡时，单位活性炭所吸附的物质的量称为平衡吸附量。在一定的吸附体系中，平衡吸附量是吸附质浓度和温度的函数。为了确定活性炭对某种物质的吸附能力，需进行吸附实验。当被吸附物质在溶液中的浓度和在活性炭表面的浓度均不再变化，此时被吸附物质在溶液中的浓度称为平衡浓度。活性炭的吸附能力以吸附量 q 表示，即

$$q = \frac{V(c_0 - c)}{m} \tag{4-8}$$

式中　q——活性炭吸附量，即单位质量的吸附剂所吸附的物质量，g/g；

　　　V——污水体积，L；

c_0, c——分别为吸附前原水及吸附平衡时污水中的溶质（COD）浓度，g/L；

m——活性炭投加量，g。

在温度一定的条件下，活性炭的吸附量 q 与吸附平衡时的浓度 c 之间关系曲线称为吸附等温线。在水处理工艺中，通常用的等温线有 Langmuir 和 Freundlich 等。其中 Freundlich 等温线的数学表达式为

$$q = kc^{\frac{1}{n}} \tag{4-9}$$

式中　k——与吸附剂比表面积、温度和吸附质等有关的系数；

n——与温度、pH 值、吸附剂及被吸附物质的性质有关的常数；

q, c——同前。

K 和 n 可通过间歇式活性炭吸附实验测得。将上式取对数后变换为

$$\lg q = \lg k + \frac{1}{n}\lg c \tag{4-10}$$

将 q 和 c 相应值绘在双对数坐标上，所得直线斜率为 $\frac{1}{n}$，截距为 k。

由于间歇式静态吸附法处理能力低，设备多，故在工程中多采用活性炭进行连续吸附操作。连续流活性炭吸附性能可用博哈特（Bohart）和亚当斯（Adams）关系式表达，即

$$\ln\left[\frac{c_0}{c_B} - 1\right] = \ln\left[\exp\left(\frac{KN_0H}{v}\right) - 1\right] - Kc_0t \tag{4-11}$$

因 $\exp\left(\frac{KN_0H}{v}\right) \gg 1$，所以上式等号右边括号内的 1 可忽略不计，则工作时间 t 由上式可得

$$t = \frac{N_0}{c_0 v}\left[H - \frac{v}{KN_0}\ln\left(\frac{c_0}{c_B} - 1\right)\right] \tag{4-12}$$

式中　t——工作时间，h；

v——流速，即空塔速度，m/h；

H——活性炭层高度，m；

K——速度常数，$m^3/(mg \cdot h)$ 或 $L/(mg \cdot h)$；

N_0——吸附容量，即达到饱和时被吸附物质的吸附量，mg/L；

c_0——入水溶质（COD）浓度，mol/m^3 或（mg/L）；

c_B——允许流出溶质（COD）浓度，mol/m^3 或（mg/L）。

在工作时间为零的时候，能保持出流溶质浓度不超过 c_B 的炭层理论高度称为活性炭层的临界高度 H_0。其值可根据上述方程当 $t = 0$ 时进行计算，即

$$H_0 = \frac{v}{KN_0}\ln\left(\frac{c_0}{c_B} - 1\right) \tag{4-13}$$

在实验时，如果取工作时间为 t，原水样溶质浓度为 c_{01}，用三个活性炭柱串联（见图 4-10），第一个柱子出水为 c_{B1}，即为第二个活性炭柱的进水 c_{02}，第二个活性炭柱的出水为 c_{B2}，就是第三个活性炭柱的进水 c_{03}，由各柱不同的进出水浓度可求出流速常数 K 值及吸

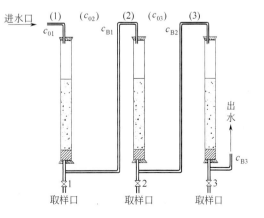

图 4-10　活性炭柱串联工作图

附容量。

5. 实验数据及结果整理

（1）间歇式吸附实验

① 根据表 4-11 记录的数据以 $\lg \dfrac{c_0 - c_B}{m}$ 为纵坐标，$\lg c_B$ 为横坐标，得出 Freundlich（费兰德利希）吸附等温线图，该线的截距为 $\lg K$，斜率为 $\dfrac{1}{n}$。或利用 q、c 相应数据和式（4-9）经回归分析，求出 K、n 值。

② 求出 K、n 值代入 Freundlich 吸附等温线，则

$$q = \frac{c_0 - c_B}{m} = Kc^{\frac{1}{n}} \tag{4-14}$$

表 4-11　间歇式吸附实验记录表

编号	原 水 性 状				出 水 性 状		活性炭投加量 m/g	吸附量 $\dfrac{c_0 - c_B}{m}$
	水样体积 /mL	COD 浓度 c_0 /(mg/L)	水温 /℃	pH 值	出水 COD 浓度 c_B/(mg/L)	pH 值		
1								
2								
3								
4								
5								

（2）连续流吸附实验

① 实验测定结果按表 4-12 填写。

原水 COD 浓度 $c_0 = $＿＿＿＿＿ mg/L，水温＿＿＿＿＿℃，pH 值＿＿＿＿＿，

活性炭吸附容量 $q = $＿＿＿＿＿ mg/mg 活性炭。

表 4-12　连续流吸附实验记录表

工作时间 t/min	1#柱			2#柱			3#柱			出水 c_B /(mg/L)
	c_{01} /(mg/L)	H_1 /m	v_1 /(m/h)	c_{02} /(mg/L)	H_2 /m	v_2 /(m/h)	c_{03} /(mg/L)	H_3 /m	v_3 /(m/h)	

② 由表 4-12 中所得 t-H 直线关系的截距，即为式（4-12）中的 $\dfrac{1}{Kc_0}\ln\left(\dfrac{c_0}{c_B}-1\right)$，应用 $\dfrac{1}{Kc_0}\ln\left(\dfrac{c_0}{c_B}-1\right)$ 关系式求出 K 值。然后推算出 $c_B = 10$mg/L 时活性炭柱的工作时间。

③ 根据间歇吸附实验所求得的 q 即为 N_0 值，把上表的 c_0、v 代入下式中求得吸附时间

与吸附层高度的关系

$$t=\frac{N_0}{c_0 v}H-\frac{1}{Kc_0}\ln\left(\frac{c_0}{c_B}-1\right)\tag{4-15}$$

6. 注意事项

① 间歇吸附实验中所求得的 q，如出现负值，则说明活性炭明显地吸附了溶剂，此时，应调换活性炭或原水样。

② 连续流吸附实验中，如果第一个活性炭柱出水中 COD 值很小，小于 20mg/L，则可增大流量或停止后继吸附柱进水。反之，如果第一个吸附柱出水 COD 与进水浓度相差甚小，可减少进水量。

思 考 题

1. 吸附等温线有什么实际意义，做吸附等温线时为什么要用粉状活性炭？

2. 间歇式吸附与连续式吸附相比，吸附容量 q 是否一样？为什么？

3. Freundlich 吸附等温线和 Bohart-Adams 关系式各有何实际意义？

第六节　离子交换法处理含铬废水实验

1. 实验目的

① 加强理解离子交换法的基本原理和理论。

② 掌握离子交换法设备的操作。

③ 掌握离子交换法处理含铬废水的工艺。

2. 实验装置及设备

(1) 实验装置　离子交换法处理含铬废水的实验装置如图 4-11 所示。

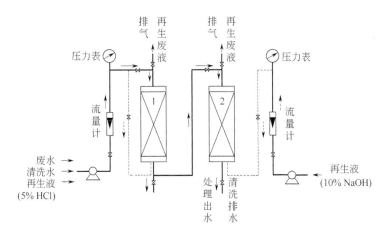

图 4-11　离子交换法处理含铬废水实验装置图

1—阳离子交换柱；2—阴离子交换柱

(2) 仪器设备及器材

① 温度计（1 支）；

② 电导仪（1 台）；

③ 滴定管和架（50mL 酸式或碱式各一套）；

④ 量筒（100mL、50mL 各一只）；

⑤ 烧杯（500mL、50mL 各一只）；

⑥ 移液管（50mL、25mL 各一只）；

⑦ 三角烧瓶（250mL 一只）；

⑧ 容量瓶（500mL、50mL 各一只）；

⑨ 分光光度计、50mL 比色管。

3. 实验用试剂及分析方法

① 重铬酸钾标准液（按标准分析方法配制）。

② 重铬酸钾使用液（需在指导老师指导下配制）。

③ 显色剂（按标准方法配制）。

④ 分析方法（详见有关资料）。

4. 实验步骤

（1）交换过程

① 含铬废水以 5L/h 进入阳离子交换柱（阳柱）和阴离子交换柱（阴柱）。

② 阳、阴柱充水后，开启阴柱下的出水阀。

③ 调整实验系统平衡，观察出水流量，测定原水、不同时间出水的 pH 值、电导率、Cr^{3+} 和 Cr^{6+} 浓度。

④ 改变流速分别测定上述指标。并记入表 4-13。

⑤ 交换过程结束，关闭所有阀门。

（2）反冲洗过程　反冲洗用自来水，同样以 5L/h 的流速反冲洗 15min。反冲洗后将水面保持淹没树脂 15cm。

（3）再生过程

① 以 5％ HCl 再生阳柱，10％NaOH 再生阴柱。

② 用阀门开启度调节再生流速到 3L/h 左右，稳定再生时间取 15min。再生完毕将树脂浸没在再生液内数分钟。

（4）清洗过程　清洗过程用自来水以 5L/h 的流量分别对阳柱和阴柱同时清洗，稳定清洗 15min。及时监测柱内树脂层变化及出水 pH 值。清洗结束后关闭各种阀门。

5. 实验相关知识点

在熟悉教材中离子交换原理的基础上，对含铬废水应掌握以下知识。

含铬废水主要含有以 CrO_4^{2-}、$Cr_2O_7^{2-}$ 形态存在的六价铬和少量三价铬离子。经预处理后，可用阳树脂去除三价铬离子和其他阳离子，用阴树脂去除六价铬离子。其交换反应如下。

三价铬的交换

$$3RH + Cr^{3+} \longrightarrow R_3Cr + 3H^+$$

六价铬的交换

$$2ROH + CrO_4^{2-} \longrightarrow R_2CrO_4 + 2OH^-$$

$$2ROH + Cr_2O_7^{2-} \longrightarrow R_2Cr_2O_7 + 2OH^-$$

经阳柱、阴柱处理后，废水中的三价铬和六价铬转移到树脂上，树脂上的 H^+ 和 OH^- 被置换下来结合成水。

树脂失效后，阳柱用一定浓度的 HCl 或 H_2SO_4 再生，阴柱可用一定浓度的 NaOH 再生，反应式如下。

$$R_3Cr + 3HCl \Longrightarrow 3RH + CrCl_3$$

$$R_2CrO_4 + 2NaOH \Longrightarrow 2RH + Na_2CrO_4$$

$$R_2Cr_2O_7 + 4NaOH \Longrightarrow 2ROH + 2Na_2CrO_4 + H_2O$$

若欲回收铬酸，可把再生阴树脂得到的再生洗脱液通过 H 型树脂进行脱钠，即可得铬酸，反应式为

$$4RH + 2Na_2CrO_4 \Longrightarrow 4RNa + H_2Cr_2O_7 + H_2O$$

脱钠柱失效后，可用 HCl 再生，反应式如下

$$RNa + HCl \Longrightarrow RH + NaCl$$

6. 实验数据及结果整理

① 填写实验记录表（见表 4-13）及原始数据。

柱子直径（cm）_____；阳树脂高度（cm）_____；阴树脂高度（cm）_____；废水原始浓度 c_0（mg/L）_____；pH 值_____；再生液 NaOH 浓度（%）_____；再生液 HCl 浓度（%）_____；再生时间（min）_____；各自的流量和流速_____。

② 绘制不同交换流速与出水 Cr^{3+}、Cr^{6+} 浓度的变化曲线。

③ 绘制不同交换流速与出水电导率的变化曲线。

④ 比较在含铬废水中电导率与 Cr^{3+}、Cr^{6+} 浓度的相关特点。

表 4-13　离子交换法处理含铬废水实验记录表

编号	交换器类别	Cr^{3+} 浓度/(mg/L)	Cr^{6+} 浓度/(mg/L)	pH 值	电导率/(μS/cm)
1	H 型				
	OH 型				
2	H 型				
	OH 型				
3	H 型				
	OH 型				
4	H 型				
	OH 型				
5	原水水质（H 型）				
	原水水质（OH 型）				

思　考　题

1. 用离子交换法去除水中由钙、镁盐产生的硬度时，选择树脂并表示交换过程。

2. 反冲洗时流量的大小对反冲洗有何影响？

第七节　电渗析处理含镍废水实验

1. 实验目的

① 掌握电渗析法处理废水的特性与规律。

② 了解与熟悉工艺流程及操作方法。

2. 实验装置及流程

电渗析法处理含镍废水实验流程如图 4-12 所示。

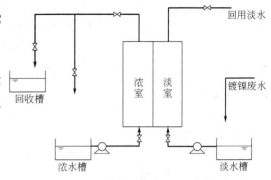

图 4-12　电渗析处理镀镍废水流程图

3. 实验用水样

可采用镀镍生产车间排出的清洗废水做实验，也可用化学试剂与自来水配制。采用人工配制时，水质应符合以下要求。

① 浊度：≤1NTU。

② Ni^{2+}：50～150mg/L。

③ 高锰酸盐指数：<2mg/L。

④ 含铁总量：<0.3mg/L。

⑤ 含锰总量：<0.1mg/L。

⑥ 色度：<20°。

⑦ 水温：5～40℃。

4. 实验步骤

① 旋启废水槽出水阀门。

② 启动水泵。先打开电渗析器出水阀门，再慢慢打开流量计进水阀门，调整极室水量为 20L/h，浓室、淡室水量分别为 50L/h。

③ 通电后，转动整流器电压旋钮，慢慢升高电压，约 2min 使电压升到 50V。再依次调电压至 80V、110V、140V、170V。每调一次电压均需稳定运行 10min 后分别取浓室、淡室出水两个水样，分别测定电导率、pH 值及 Ni^{2+} 浓度。取样的同时记录电压、电流。

④ 结束实验。注意必须逐步降低电压，约用 5min 将电压降至零，切断电源。最后，关闭水泵及进、出水阀门等。

5. 实验相关知识点

电渗析器的离子交换膜具有选择透过性。阳离子交换膜（简称阳膜）的固定交换基团带负电荷，允许水中的阳离子通过，并阻挡阴离子；相反，阴离子交换膜（简称阴膜）允许水中阴离子通过而阻挡阳离子。电渗析就是利用离子交换膜的这种选择透过性，在外加直流电场的作用下，使废水中的离子得到分离与浓缩，从而达到废水净化的目的（参见图 4-13）。

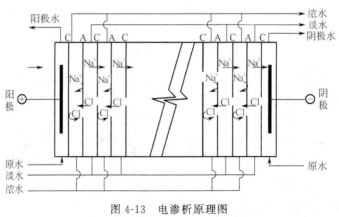

图 4-13　电渗析原理图
A—阴膜；C—阳膜

6. 实验数据与结果整理

① 认真填写实验记录表（见表 4-14）。

表 4-14　实验数据与结果记录表

隔板尺寸/cm（长×宽×厚）	隔板流程长度/cm	膜对数	组装形式	废水含镍浓度/(mg/L)	废水 pH 值

废水电导率	浓室流量/(L/h)	极室流量/(L/h)	淡室流量/(L/h)	极限电压/V	极限电流/A

序号	电压/V	电流/A	出水电导率		出水 pH 值		出水含镍浓度/(mg/L)		去除率/%	电流密度/(mA/cm²)	膜对电压/mV
			浓室	淡室	浓室	淡室	浓室	淡室			

② 计算并绘出淡水电导率、废水中 Ni^{2+} 的去除率与电流密度的关系曲线。

③ 分析废水的去除率与电流强度的关系。

④ 通过实验，比较离子交换和电渗析的区别及共同之处。

7. 注意事项

① 一定要先进水，调整好水量后再通电。

② 实验过程中出水带电，需注意安全。

③ 注意电渗析器内部构造，水流通道及连接管路。

第八节　折点加氯消毒实验

1. 实验目的

① 掌握折点加氯消毒原理及实验技术。

② 通过实验，探讨某含氨氮水样与不同氯量接触一定时间（2h）的情况下，水中游离性余氯、化合性余氯及总余氯量与投氯量的关系。

2. 实验设备及材料

① 水箱或水桶 1 个。

② 20mL 玻璃瓶 1 个。

③ 50mL 比色管 20 多根。

④ 100mL 比色管 40 多根。

⑤ 1000mL 烧杯 10 个。

⑥ 1mL 及 5mL 移液管各数支。

⑦ 10mL 及 50mL 量筒各几个。

⑧ 1000mL 量筒数个。

⑨ 温度计 1 支。

3. 实验步骤

（1）药剂制备

① 配制1%的氨氮溶液100mL。称取3.819g干燥过的无水氯化铵（NH_4Cl）溶于不含氨的蒸馏水中，稀释至100mL，其氨氮浓度为1%，即10g/L。

② 氨氮标准溶液1000mL。吸取上述1%浓度氨氮溶液1mL，用蒸馏水稀释至1000mL，其氨氮浓度为10mg/L。

③ 酒石酸钾钠溶液100mL。称取50g化学纯酒石酸钾钠（$KNaC_4H_4O \cdot 4H_2O$），溶于100mL蒸馏水中，煮沸，使溶液体积约减少20mL或到不含氨为止。冷却后，用蒸馏水稀释至100mL。

④ 碘化汞钾溶液1L。溶解100g分析纯碘化汞（HgI_2）和70g分析纯碘化钾（KI）于少量蒸馏水中，将此溶液加到500mL已冷却的含有160g氢氧化钠（NaOH）的溶液中，并不停搅拌，用蒸馏水稀释至1L，贮存于棕色瓶中，用橡皮塞塞紧，遮光保存。

⑤ 1%浓度漂白粉溶液500mL。称取漂白粉5g溶于100mL蒸馏水中调成糊状，然后稀释至500mL即得。其有效氯含量约为2.5g/L。取漂白粉溶液1mL，用蒸馏水稀释至200mL，参照本实验所述测余氯方法可测出余氯量。

⑥ 邻联甲苯胺溶液1L。称取1g邻联甲苯胺，溶于5mL含20%的盐酸水溶液中（浓盐酸1mL稀释至5mL），将其调成糊状，加150~200mL蒸馏水使其完全溶解，置于量筒中补加蒸馏水至505mL，最后加入20%盐酸495mL，共1L。此溶液放在棕色瓶内置于冷暗处保存，温度不得低于0℃，以免产生结晶影响比色，也不要使用橡皮塞。

⑦ 亚砷酸钠溶液1L。称取5g亚砷酸钠溶于蒸馏水中，稀释至1L。

⑧ 磷酸盐缓冲溶液4L。将分析纯的无水磷酸氢二钠（Na_2HPO_4）和分析纯无水磷酸二氢钾（KH_2PO_4）放在105~110℃烘箱内，2h后取出放在干燥器内冷却，前者称取22.86g，后者称取46.14g。将此二者同溶于蒸馏水中，稀释至1L。至少静置4d，等其中沉淀物析出后过滤。取滤液800mL加蒸馏水稀释至4L，即得磷酸盐缓冲液4L。此溶液的pH值为6.45。

⑨ 铬酸钾-重铬酸钾溶液1L。称取4.65g分析纯干燥铬酸钾（$K_2Cr_2O_4$）和1.55g分析纯干燥重铬酸钾（$K_2Cr_2O_7$）溶于磷酸盐缓冲溶液中，并用磷酸盐缓冲溶液稀释至1L即得。

⑩ 余氯标准比色溶液。按表4-15所需的铬酸钾-重铬酸钾溶液，用移液管加到100mL比色管中，再用磷酸盐缓冲溶液稀释至刻度，记录其相当于氯的浓度（mg/L），即得余氯标准比色溶液。

（2）水样制备　取自来水20L加入1%浓度氨氮溶液2mL，混匀，即得实验用原水，其氨氮浓度约1mg/L或略高于1mg/L。

（3）测原水水温及氨氮含量　结果记入表4-16。测氨氮用直接比色法，测氨氮步骤如下。

① 于50mL比色管中加入50mL原水。

② 另取50mL比色管18支，分别注入氨氮标准溶液0mL、0.1mL、0.2mL、0.4mL、0.8mL、1.2mL、1.6mL、2.0mL、2.5mL、3.0mL、3.5mL、4.0mL、4.5mL、5.0mL、5.5mL、6.0mL、6.5mL、8.0mL，并用蒸馏水稀释至50mL。

③ 向水样及氨氮标准溶液管内分别加入1mL酒石酸钾钠溶液，混匀，再加1mL碘化汞钾溶液，混匀后放置10min，进行比色。

表 4-15　余氯标准比色溶液的配制

氯/(mg/L)	铬酸钾-重铬酸钾溶液/mL	缓冲溶液/mL	氯/(mg/L)	铬酸钾-重铬酸钾溶液/mL	缓冲溶液/mL
0.01	0.1	99.9	0.70	7.0	93.0
0.02	0.2	99.8	0.80	8.0	92.0
0.05	0.5	99.5	0.90	9.0	91.0
0.07	0.7	99.3	1.00	10.0	90.0
0.10	1.0	99.0	1.50	15.0	85.0
0.15	1.5	98.5	2.00	19.7	80.3
0.20	2.0	98.0	3.00	29.0	71.0
0.25	2.5	97.5	4.00	39.0	61.0
0.30	3.0	97.0	5.00	48.0	52.0
0.35	3.5	96.5	6.00	58.0	42.0
0.40	4.0	96.0	7.00	68.0	32.0
0.45	4.5	95.5	8.00	77.5	22.5
0.50	5.0	95.0	9.00	87.0	13.0
0.60	6.0	94.0	10.00	97.0	3.0

表 4-16　折点加氯实验记录表

原水水温/℃：						氨氮含量/(mg/L)：						
漂白粉溶液含氯量/(mg/L)：												
水样编号	1	2	3	4	5	6	7	8	9	10	11	12
漂白粉溶液投加量/mL												
加氯量/(mg/L)												
比色测定结果/(mg/L) A												
比色测定结果/(mg/L) B_1												
比色测定结果/(mg/L) B_2												
比色测定结果/(mg/L) C												
余氯计算 总余氯/(mg/L) $D=C-B_2$												
余氯计算 游离性余氯/(mg/L) $E=A-B_1$												
余氯计算 化合性余氯/(mg/L) $D-E$												

$$氨氮(以 N 计)=\frac{1mg/L×相当于氨氮标准溶液用量(mL)×10}{水样体积(mL)} \quad (mg/L) \quad (4-16)$$

（4）进行折点加氯实验

① 在 12 个 1000mL 烧杯中各盛原水 1000mL。

② 当加氯量为 1mg、2mg、4mg、6mg、8mg、10mg、12mg、14mg、16mg、18mg、20mg 时，计算 1% 浓度的漂白粉溶液的投加量（mL）。

③ 将 12 个盛有 1000mL 原水的烧杯（注明编号 1，2，…，12），依次投加 1% 浓度的漂白粉溶液，其投氯量分别为 0mg/L、1mg/L、2mg/L、4mg/L、6mg/L、8mg/L、10mg/L、12mg/L、14mg/L、16mg/L、18mg/L 及 20mg/L，快速混匀 2h 后，立即测各烧杯水样的游离性余氯、化合性余氯及总余氯的量，结果记入表 4-16。各烧杯水样余氯测定方法相同，均采用邻联甲苯胺亚砷酸盐比色法，可分组进行。以 3 号烧杯水样为例，测定步骤如下。

a. 取 100mL 比色管三支，标注 3甲、3乙、3丙。

b. 吸取 3 号烧杯 100mL 水样投加于 3甲 管中，并立即投加 1mL 邻联甲苯胺溶液，立刻混合，迅速投加 2mL 亚砷酸钠溶液，混匀，越快越好；2min 后（从邻联甲苯胺溶液混匀后算起），立刻与余氯标准比色溶液比色，记录结果（A）。A 表示该水样游离氯与干扰性物质迅速混合所产生的颜色。

c. 吸取 3 号烧杯 100mL 水样投加于 3乙 管中，立刻投加 2mL 亚砷酸钠溶液，混匀，迅速加入 1mL 邻联甲苯胺溶液，混匀，2min 后立刻与余氯标准比色溶液比色，记录结果（B_1）。待相隔 15min（从加入邻联甲苯胺溶液混匀后算起）后，再取 3乙 管水样与余氯标准比色溶液比较，记录结果（B_2）。B_1 代表干扰物质迅速混合所产生的颜色。B_2 代表干扰物质混合 15min 后所产生的颜色。

d. 吸取 3 号烧杯水样 100mL 加于 3丙 管中，立刻加入 1mL 邻联甲苯胺溶液，立刻混匀，静置 15min，再与余氯标准比色溶液比色，记录结果（C）。C 代表总余氯与干扰性物质混合 15min 后所产生的颜色。

4. 实验相关知识点

水中加氯有三种作用。

① 当原水中只含细菌不含氨氮时，向水中投氯能够生成次氯酸（HClO）及次氯酸根（ClO^-），反应式如下。

$$Cl_2 + H_2O \Longrightarrow HClO + H^+ + Cl^-$$

$$HClO \Longrightarrow H^+ + ClO^-$$

次氯酸及次氯酸根均有消毒作用，但前者消毒效果较好，因细菌表面带负电，而 HOCl 是中性分子，可以扩散到细菌内部破坏细菌的酶系统，导致细菌由于新陈代谢而死亡。

② 当水中含有氨氮时，加氯后能生成次氯酸和氯胺，它们都有消毒作用，反应式如下

$$Cl_2 + H_2O \Longrightarrow HClO + HCl$$

$$NH_3 + HClO \Longrightarrow NH_2Cl + H_2O$$

$$NH_2Cl + HClO \Longrightarrow NHCl_2 + H_2O$$

$$NHCl_2 + HClO \Longrightarrow NCl_3 + H_2O$$

从上述反应得知，次氯酸（HClO）、一氯胺（NH_2Cl）、二氯胺（$NHCl_2$）和三氯胺（NCl_3，又名三氯化氮）在水中都可能存在。它们在平衡状态下的含量比例决定于氨氮的相对浓度、pH 值和温度。

当 pH 为 7~8，反应生成物不断消耗时，1mol 的氯与 1mol 的氨作用能生成 1mol 的一氯胺，此时氯与氨氮（以 N 计，下同）的质量比为（71:14）≈（5:1）。

当 pH 为 7~8，2mol 的氯与 1mol 的氨作用能生成 1mol 的二氯胺，此时氯与氨氮的质量比约为 10:1。

当 pH 为 7~8，氯与氨氮质量比大于 10:1 时，将生成三氯胺（三氯胺很不稳定）和出现游离氯。随着投氯量的不断增加，水中游离氯将越来越多。

水中有氯胺时，依靠水解生成次氯酸起消毒作用，从氯胺水解的化学反应式可见，只有当水中 HClO 因消毒或其他原因消耗后，反应才向左进行，继续生成 HClO。因此当水中余氯主要是氯胺时，消毒作用比较缓慢。氯胺消毒的接触时间不应小于 2h。

水中 NH_2Cl、$NHCl_2$ 和 NCl_3 称化合性氯。化合性氯的消毒效果不如游离性氯。

③ 氯还能与含碳物质、铁、锰、硫化氢以及藻类等起氧化作用。水中含有氨氮和其他消耗氯的物质时，投氯量与余氯量的关系见图 4-14。

图中 *OA* 段投氯量太少，投加的氯全部被消耗，故余氯量为 0，*AB* 段的余氯主要为一氯胺，*BC* 段随着投氯量的增加，一氯胺与次氯酸作用，部分转化为二氯胺，部分被转化为氮气。

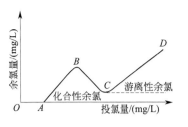

图 4-14　投氯量与余氯量关系图

$$2NH_2Cl + HClO \longrightarrow N_2\uparrow + 3HCl + H_2O$$

反应结果，*BC* 段一氯胺及余氯（即总余氯）均逐渐减少，二氯胺逐渐增加。*C* 点余氯值最小，称为折点。*C* 点后出现三氯胺和游离性氯。按大于出现折点的量来投氯称折点加氯。折点加氯的优点：可以去除水中大多数产生臭和味的物质；有游离性余氯，消毒效果较好。

图 4-14 曲线的形状和接触时间有关，接触时间越长，氯化程度就深一些，化合性余氯则少一些，折点的余氯有可能接近于零。折点后新加的氯几乎全是游离性氯。

5. 实验结果整理

根据比色测定结果进行余氯计算，绘制游离性余氯、化合性余氯及总余氯与投氯量的关系曲线。

6. 注意事项

① 各水样加氯的接触时间应尽可能相同或接近，以利互相比较。

② 比色测定需在光线均匀的地方或灯光下，不宜在阳光直射下进行。

③ 漂白粉应密闭存放，避免受热受潮。

思　考　题

1. 水中含有氨氮时，投氯量-余氯量关系曲线为何出现折点？

2. 哪些因素影响投氯量？

3. 本实验原水如采用折点加氯消毒，投氯量应为多少？

第五章
水污染控制的生物化学方法实验

第一节　废水好氧可生物降解性实验

1. 实验目的

① 熟悉瓦氏呼吸仪的基本构造及操作方法。

② 理解内源呼吸线及生化呼吸线的基本含义。

③ 分析不同浓度的含酚废水的生物降解性及生物毒性。

2. 实验装置及材料

① 瓦氏呼吸仪一台（如图 5-1 所示）。

② 离心机一台。

③ 活性污泥培养及驯化装置一套。

④ 测酚装置一套。

⑤ 苯酚。

⑥ 硫酸铵。

⑦ 磷酸氢二钾。

⑧ 碳酸氢钠。

⑨ 氯化铁。

⑩ 布劳第（Brodie）溶液。

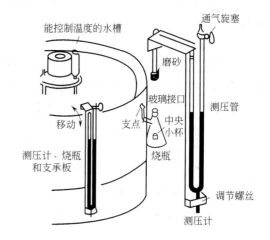

图 5-1　瓦氏呼吸仪

3. 实验步骤

（1）活性污泥的培养、驯化及预处理

① 以正常运行污水厂活性污泥或带菌土壤为菌种，以含酚（实际废水或人工配水）废水为营养在间歇式培养瓶中进行曝气，以培养活性污泥。

② 每天停止曝气 1h，沉淀后去除上清液，加入新鲜含酚废水，并逐步提高含酚浓度，以达到驯化活性污泥的目的。

③ 当活性污泥浓度足够，且对酚具有相当的去除能力（去除率大于 80%）后，即认为活性污泥的培养和驯化已告完成（该过程大约需要 10~20d）。停止投加营养，空曝 24h，使活性污泥处于内源呼吸阶段。

④ 将已培养好的活性污泥在 3000r/min 的离心机上离心 10min，倾去上清液，加入蒸馏水洗涤，在电磁搅拌器上搅拌均匀后再离心，反复三次，用 pH＝7 的磷酸盐缓冲溶液稀释，配制成所需浓度的活性污泥悬浊液。

（2）不同浓度的含酚废水配制　配制五种不同浓度的含酚废水，见表 5-1。

（3）生化反应液的配制　取清洁干燥的反应瓶及测压管 14 套，测压管中装好布劳第（Brodie）溶液备用，反应瓶中按表 5-2 要求加入各种溶液。布劳第（Brodie）溶液配法是：在 500mL 蒸馏水中，溶解 32g NaCl、5g 牛胆酸钠、0.1g 伊文蓝或酸性品红等染料，此溶

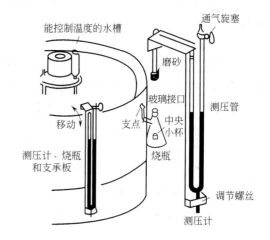（图中标注：能控制温度的水槽、移动、测压计、烧瓶和支承板、支点、中央小杯、烧瓶、玻璃接口、磨砂、通气旋塞、测压管、调节螺丝、测压计）

液相对密度为 1.033。若相对密度偏高或偏低，可用水或 NaCl 调节。另加麝香草酚酒精溶液数滴用以防腐。

表 5-1 不同浓度的含酚废水配制表

苯酚/(mg/L)	75	150	450	750	1500
COD/(mg/L)	157.5	315	945	1575	3150
硫酸铵/(mg/L)	22	44	130	217	435
K_2HPO_4/(mg/L)	5	10	30	51	102
$NaHCO_3$/(mg/L)	75	150	450	750	1500
$FeCl_3$/(mg/L)	10	10	10	10	10

表 5-2 生化反应液的配制表

反应瓶编号	反应瓶内溶液体积/mL							中央小杯中10%KOH溶液体积/mL	液体总体积/mL	备注
	蒸馏水	活性污泥悬浮物	含 酚 废 水 浓 度							
			75mg/L	150mg/L	450mg/L	750mg/L	1500mg/L			
1,2	3							0.2	3.2	
3,4	2	1						0.2	3.2	温度
5,6		1	2					0.2	3.2	压力
7,8		1		2				0.2	3.2	对照
9,10		1			2			0.2	3.2	内源
11,12		1	2			2		0.2	3.2	呼吸
13,14		1	2				2	0.2	3.2	

注：1. 应先向中央小杯加入 10%KOH 溶液，并将折成皱褶状的滤纸放在杯口，以扩大对 CO_2 的吸收面积，但不得使 KOH 溢出中央小杯之外。

2. 加入活性污泥悬浮液及合成废水的动作尽可能迅速，使各反应瓶开始反应的时间不致相差太多。

（4）测定步骤

① 在测压管磨砂接头上涂上羊毛脂，塞入反应瓶瓶口，以牛皮筋拉紧使之密封，然后放入瓦氏呼吸仪的恒温水槽中（水温预先调好至 20℃）使测压管闭管与大气相通，振摇 5min，使反应瓶内温度与水浴一致。

② 调节各测压管闭管中检压液的液面至刻度 150mm 处，然后迅速关闭各管顶部的三通，使之与大气隔断，记录各测压管中检压液液面读数（此值应在 150mm 附近），再开启瓦氏呼吸仪振摇开关，此时刻为呼吸耗氧实验的开始时刻。

③ 在开始实验后的 0h，0.25h，0.5h，1.0h，2.0h，3.0h，4.0h，5.0h，6.0h，关闭振摇开关，调整各测压管闭管液面至 150mm 处，并记录开/关液面读数。

④ 停止实验后，取下反应瓶及测压管，擦净瓶口及磨塞上的羊毛脂，倒去反应瓶中液体，用清洗液冲洗后置于肥皂水中浸泡，再用清水冲洗后以清洗液浸泡过夜，洗净后置于 55℃烘箱内烘干后待用。

4. 实验相关知识点

微生物处于内源呼吸阶段时，耗氧的速率恒定不变。微生物与有机物接触后，其呼吸耗氧的特性反映了有机物被氧化分解的规律。耗氧量大、耗氧速率高，即说明该有机物易被微生物降解，反之亦然。

　　测定不同时间的内源呼吸耗氧量及与有机物接触后的生化呼吸耗氧量，可得内源呼吸线及生化呼吸线，通过比较即可判定废水的可生化性。当生化呼吸线位于内源呼吸线上时，废水中有机物可被微生物氧化分解；当生化呼吸线与内源呼吸线重合时，有机物可能不能被微生物降解，但它对微生物的生命活动尚无抑制作用；当生化呼吸线位于内源呼吸线下时则说明有机物对微生物的生命活动产生了明显的抑制作用。

　　瓦氏呼吸仪的工作原理是：在恒温及不断搅拌的条件下，使一定量的微生物与废水在定容的反应瓶中接触反应，微生物耗氧将使反应瓶中氧的分压降低（释放的二氧化碳用氢氧化钾溶液吸收）。测定分压的变化，即可推算消耗的氧量。

5. 实验数据及结果整理

　　① 根据实验中记录下的测压管读数（液面高度）计算耗氧量。主要计算公式如下。

$$\Delta h_i = \Delta h_i' - \Delta h \tag{5-1}$$

式中　Δh_i——各测压计算的 Brodie 溶液液面高度变化值，mm；

　　　Δh——温度压力对照管中 Brodie 溶液液面高度变化值，mm；

　　　$\Delta h_i'$——各测压管实验的 Brodie 溶液液面高度变化值，mm。

$$X_i' = K_i \Delta h_i \quad \text{或} \quad X_i = 1.429 K_i \Delta h_i \tag{5-2}$$

式中　X_i'，X_i——各反应瓶不同时间的耗氧量，前者单位为 μL，后者为 μg；

　　　K_i——各反应瓶的体积常数（已由教师事先测得，测定及计算方法从略）；

　　　1.429——氧的容重，g/L。

$$G_i = \frac{X_i}{S_i} \tag{5-3}$$

式中　G_i——各反应瓶不同时刻单位质量活性污泥的耗氧量，mg/g；

　　　X_i——同前；

　　　S_i——各反应瓶中的活性污泥质量，mg。

　　② 上述计算宜列表进行。表格形式如表 5-3 及表 5-4。

表 5-3　瓦氏呼吸仪实验基本条件及记录表

实验日期：　　　年　　月　　日

项目	反应瓶号	营养投量/mL	营养液投量/mL	污泥量/mg	测压管读数及 Δh 值	时　　间/h									预处理条件
						0	0.25	0.5	1	2	3	4	5	6	7	
温压计			0		测压管读数											
					压力差 Δh_1											
			0		测压管读数											
					压力差 Δh_2											
					温压计平均数 $\Delta h = \dfrac{\Delta h_1 + \Delta h_2}{2}$											

项目	反应瓶号	营养投量/mL	营养液投量/mL	污泥量/mg	测压管读数及 Δh 值	0	0.25	0.5	1	2	3	时 间 /h 4	5	6	7	预处理条件
内源呼吸			1		测压管读数											
					压力差											
					实际压力差 Δh											
			0		测压管读数											
					压力差											
					实际压力差 Δh											
		2	1		测压管读数											
					压力差											
					实际压力差 Δh											
		2	1		测压管读数											
					压力差											
					实际压力差 Δh											

表 5-4　瓦氏呼吸仪实验计算表

实验日期：　　　年　　月　　日

项目	反应瓶号	K×1.429	污泥量/mg	计算	0.25	0.5	1	2	时 间/h 3	4	5	6	7	计算项目 ∑ Δh			
内源呼吸				Δh/mm													
				X_i													
				G_i													
				$\sum G_i$													
				Δh/mm													
				X_i													
				G_i													
				$\sum G_i$													
				Δh/mm													
				X_i													
				G_i													
				$\sum G_i$													
				Δh/mm													
				X_i													
				G_i													
				$\sum G_i$													

③ 以时间为横坐标，G_i 为纵坐标，绘制内源呼吸线及不同含酚浓度废水的生化呼吸线，进行比较分析酚对生化呼吸过程的影响及生化处理可允许的含酚浓度。

6. 注意事项

读数及记录操作应尽可能迅速，作为温度及压力对照的 2、1 两瓶应分别在第一个及最后一个读数，以修正操作时间的影响（即从测压管 2 开始读数，然后 3、4、5、…最后是测压管 1）。读数、记录全部操作完成即迅速开启振摇开关，使实验继续进行，待测压管读数降至 50mm 以下时，需开启闭管顶部三通放气，再将闭管液位调至 150mm，并记录此时开管液位高度。

思 考 题

1. 利用瓦氏呼吸仪测定废水可生化性是否可靠？有何局限性？
2. 在实验过程中曾发现哪些异常现象？试分析其原因及解决办法。
3. 了解其他鉴定可生化性的方法。

第二节　废水厌氧可生物降解性实验

1. 实验目的

① 了解和掌握废水厌氧可生物降解性实验方法。

② 分析葡萄糖和苯酚的厌氧可生物降解性及生物抑制性。

2. 实验装置及材料

① 废水发酵实验装置如图 5-2 所示。

② 血清瓶（可用盐水瓶代替）。

③ COD 和苯酚测定装置。

④ 葡萄糖、苯酚、碳酸氢钠、磷酸氢二钾等。

⑤ 厌氧污泥。

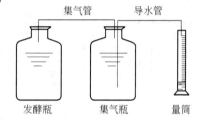

图 5-2　废水发酵实验装置

3. 实验步骤

① 含酚废水的配制：用脱 O_2 蒸馏水配制 5 种不同浓度的含酚废水，见表 5-1。

② 含葡萄糖废水的配制：用脱 O_2 蒸馏水配制 5 种不同浓度的含葡萄糖废水，见表 5-5。

表 5-5　不同浓度的含葡萄糖废水配制表

葡萄糖/(mg/L)	75	150	450	750	1500
COD/(mg/L)	80	160	480	800	1600
$(NH_4)_2SO_4$/(mg/L)	22	44	130	217	435
K_2HPO_4/(mg/L)	5	10	30	51	102
$NaHCO_3$/(mg/L)	75	150	450	750	1500
$FeCl_3$/(mg/L)	10	10	10	10	10

③ 接种污泥：取城市污水处理厂消化污泥或其他工业废水厌氧处理系统的污泥，经筛选（<20 目）后测定 VSS 含量，作为接种污泥。

④ 在恒温室，安装如图 5-2 所示装置 11 套，检查管路是否密封，并编号待用。

⑤ 在各发酵瓶中分别加入 250mL 接种污泥。然后，在 1～5 号发酵瓶中分别加入 5 种葡萄糖废水各 250mL；在 6～10 号发酵瓶中加入 5 种含酚废水各 250mL；在 11 号发酵瓶中

加入脱 O_2 蒸馏水。密封放入恒温室。

⑥ 每日计量各发酵系统的排水量（即产气量），并将结果记入表 5-6 中。集气瓶中的水随着氧气量的增加将逐渐减少，应定期补加。有条件时，应将发酵瓶置于振荡器上，使基质与污泥充分混合；无条件时，应每天定时人工摇动发酵瓶 2～4 次。

⑦ 待产气停止时，终止实验，同时测定发酵瓶中的 COD 或酚的浓度。通常约 30d 左右。

4. 实验相关知识点

废水厌氧生物处理的原理是利用厌氧微生物在厌氧条件下（没有分子氧、硝酸盐和硫酸盐）将废水中的有机污染物（底物或基质）转化为甲烷和二氧化碳。表征废水厌氧生物处理程度的指标之一就是废水的厌氧生物降解性。通过累积产气量大小的测定可直接进行判断（如图 5-3 所示）。

由图 5-3 可以看出，葡萄糖由于能被厌氧微生物利用，因此，产气量大于对照组（内源呼吸），且葡萄糖浓度越高，累积产气量越大；而对于苯酚，微生物在起始阶段存在着适应和驯化，累积产气量较小当微生物适应后，产气量逐渐加大，直至完全降解。苯酚浓度越高，适应时间越长，且最终累积产气量越大，当苯酚浓度太大时，则微生物被完全抑制，累积产气量将小于内源呼吸，甚至不产气。因此根据累积产气量曲线的形状也可判断微生物对基质的适应时间及快慢。

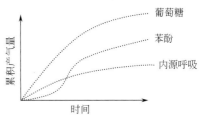

图 5-3　累积产气量

5. 实验数据与结果整理

① 将每天的产气量记入表 5-6 中。

表 5-6　实验记录表

项目		葡萄糖					苯酚				
投加浓/(mg/L)	0		150		300		...	150		300		...
时间/d	日产气量	累积产气量	日产气量	累积产气量	日产气量	累积产气量	...	日产气量	累积产气量	日产气量	累积产气量	...
1											
2											
3											
...											

注：产气量单位，L。

② 以时间为横坐标，累积产气量为纵坐标，绘出内源呼吸及各种不同投加浓度下的葡萄糖和苯酚的累积产气量曲线。

③ 依据产气量曲线分析，判断苯酚的可降解特性。

6. 注意事项

① 实验在恒温室中（或恒温水浴中）进行，注意维持反应温度在 33～35℃。

② 注意实验装置，尤其是发酵瓶的密封。否则数据将产生很大误差。

第三节　氧传递系数测定实验

本实验分别针对不含耗氧微生物的污水和含耗氧微生物的污水进行曝气充氧实验，测定充氧修正系数 α 和 β，并了解两种情况下氧转移过程的区别。

一、不含耗氧微生物的污水曝气充氧修正系数 α、β 值的测定

1. 实验目的
① 了解污水生物曝气中充氧修正系数 α 和 β 的意义。
② 掌握不含耗氧微生物污水的曝气充氧修正系数 α 和 β 的测定方法。

2. 实验装置及材料
① 实验装置如图 5-4 所示。

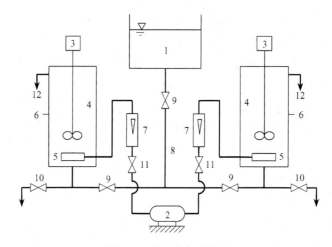

图 5-4　曝气筒实验装置
1—高位水槽；2—空压机；3—搅拌机；4—混合反应器；5—微孔曝气头；
6—取样口；7—气体流量计；8—进水管；9—进水阀门；
10—排水阀门；11—进气阀门；12—溢流管

② 空气压缩机。
③ 转子流量计、温度计、秒表（计时器）。
④ 碘量法测定溶解氧所需药品及容器（有条件的地方可采用溶解氧测定仪及记录仪）。
⑤ 实验用水样（城市污水处理厂初沉池出水或自行配制）。
⑥ 脱氧剂：无水亚硫酸钠。
⑦ 催化剂：氯化钴 0.1mg/L。

3. 实验步骤
① 将待曝气污水和清水分别注入混合反应器中。
② 分别从两个混合反应器取样测定溶解氧浓度，计算脱氧剂无水亚硫酸钠和催化剂氯化钴的投加量。
③ 将所称得的脱氧剂用温水化开，加入混合反应器中，并加入一定量的催化剂充分混合，反应大约 10min 左右。

④ 待反应器内溶解氧降为 0 后，打开空压机，调节气量，同时向两个混合反应器内曝气，并开始计时间，当时间为 1min，2min，3min，4min，5min，7min，9min，11min，13min，15min…时，取样测定溶解氧浓度，直至溶液中溶解氧浓度稳定（即饱和）为止，并将清水及污水中的饱和值分别记为 c_s、c_s'。

⑤ 记录数据至表 5-7 中。

表 5-7　曝气对比实验数据记录

| 项目 | 瓶号 | 时间/min | 滴定的药量 | | (V_2-V_1)/mL | 溶解氧浓度/(mg/L) |
			V_1/mL	V_2/mL		
清水实验						
污水实验						
清水饱和溶解氧浓度 c_s/(mg/L)						
污水饱和溶解氧浓度 c_s'/(mg/L)						

4. 实验相关知识点

影响氧转移的主要因素有：①曝气水水质；②曝气水水温；③氧分压；④气液之间的接触面积和接触时间；⑤水的紊流程度等。

而曝气水的水质对氧转移造成的影响主要表现在以下两个方面。

① 由于待曝气充氧的污水中含有各种各样杂质，如表面活性剂、油脂、悬浮固体等，它们会对氧的转移产生一定的影响，特别是表面活性物质这类两亲分子会集结在气、液接触面上，阻碍氧的扩散。相对于清水，污水曝气充氧得到的氧转移系数 K_{La}' 会比清水中的氧总转移系数 K_{La} 低，为此引入修正系数 α。

$$\alpha = \frac{K_{La}'}{K_{La}} \tag{5-4}$$

式中　K_{La}——清水中氧总转移系数，L/min；

　　　K_{La}'——在相同曝气设备，相同条件下，污水中氧总转移系数，L/min。

② 由于污水中含有大量盐分，它会影响氧在水中的饱和度，相对于相同条件的清水而

言，污水中氧的饱和浓度 c_s' 要比清水中氧的饱和浓度 c_s 低，为此引入修正系数 β。

$$\beta = \frac{c_s'}{c_s} \tag{5-5}$$

式中　c_s——清水中氧的饱和浓度，mg/L；

　　　c_s'——相同曝气设备、相同条件下，污水中氧的饱和浓度，mg/L。

转移速度可以由下式表示，即

$$\frac{\mathrm{d}c}{\mathrm{d}t} = K_{La}'(c_s' - c) \tag{5-6}$$

式中　c——任意时刻溶解氧浓度；

K_{La}'、c_s' 意义同上。

本实验将采用间歇非稳态实验方法，即在相同条件下按照对清水实验的方法，分别对清水和污水进行充氧实验，利用实验得出的数据应用公式计算出 α 和 β 值。应当指出的是，由于是对比实验，所以要严格控制清水实验和污水实验的基本实验条件，如水温、氧分压、水量、供气量等，以保证数据可靠。

5. 实验数据及结果整理

① 将实验数据分别列于表 5-8 中，绘制半对数曲线 $\ln\frac{c_s-c_0}{c_s-c_t}-t$ 及 $\ln\frac{c_s'-c_0}{c_s-c_t}-t$，利用图解法求出 K_{La} 及 K_{La}'。

表 5-8　曝气实验系统测定的计算数据

项目	t/min	c_t	$\ln\frac{c_s-c_0}{c_s-c_t}$	项目	t/min	c_t	$\ln\frac{c_s-c_0}{c_s-c_t}$
清水实验				清水实验			
污水实验				污水实验			

② 应用公式计算 α

$$\alpha = \frac{K_{La}'}{K_{La}}$$

③ 应用公式计算 β

$$\beta = \frac{c_s'}{c_s}$$

思　考　题

1. 简述 α 和 β 的意义。

2. α和β各受哪些因素的影响？为什么？

二、含耗氧微生物的污水曝气充氧修正系数 α、β 值的测定

1. 实验目的

① 了解不含耗氧生物污水和含耗氧微生物污水氧转移过程的差别。

② 掌握确定含耗氧微生物污水充氧修正系数 α、β 值的实验方法。

2. 实验装置及材料

① 实验装置如图 5-5 所示。

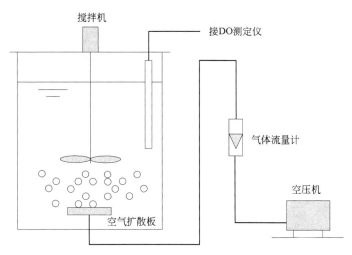

图 5-5　含耗氧微生物的污水曝气充氧修正系数测定装置

② 曝气罐尺寸：25cm×25cm×25cm；容积约 15L，内部设曝气装置。

③ 空气压缩机。

④ 转子流量计。

⑤ 溶解氧测定仪。

⑥ 搅拌器（若采用进口的无相对流速的溶解氧测控仪，则搅拌器可省去）。

⑦ 脱氧剂：无水亚硫酸钠。

⑧ 催化剂：氯化钴。

3. 实验步骤

实验同前，采用间歇非稳态的测试法。

（1）清水充氧试验

① 校准溶解氧测定仪。

② 曝气罐内加入清水至 15cm 处。

③ 打开搅拌器，调节转速以满足溶解氧测定仪探头所需相对流速（通常为 20～30cm/s），测定溶液中溶解氧浓度，计算脱氧剂无水亚硫酸钠和催化剂氯化钴的投加量，然后投加等量的脱氧剂，去除溶液中的溶解氧。

④ 当溶解氧为零时，打开空气压缩机，调整气量，对溶液开始曝气充氧。

⑤ 从溶解氧测定仪为零启动开始计时，直到溶解氧达到饱和指针不动为止，记下溶解氧的饱和浓度 c_s。

⑥ 记录数据于表 5-9 中。

表 5-9　溶解氧测定实验数据记录表

时间/min								
溶解氧浓度								
溶解氧饱和浓度 c_s/(mg/L)								

（2）曝气罐混合液充氧实验

① 校准溶解氧测定仪。

② 向曝气罐中注入污水至 15cm 处。

③ 开动空气压缩机向溶液中充氧，直至溶解氧浓度稳定后停止曝气，并计时。

④ 在有搅拌的条件下，记录溶解氧的变化，将数据记录在表 5-10 中。

表 5-10　活性污泥耗氧速率数据记录表

序号	时间/min	罐内溶解氧浓度/(mg/L)
1		
2		
3		
4		
5		
6		
7		

⑤ 当溶解氧浓度降至 1~2mg/L 时，重新开始曝气计时，记录不同时间的溶解氧浓度，记录在表 5-11 中。

表 5-11　曝气罐溶解氧浓度实验数据记录表

序号	时间/min	溶解氧浓度/(mg/L)
1		
2		
3		
4		
5		
6		
7		
8		

4. 实验相关知识点

污水中会含有各种类型的杂质，如果污水中不含有耗氧的微生物，曝气充氧的转移过程可以由下式描述，即

$$\frac{\mathrm{d}c}{\mathrm{d}t} = K'_{La}(c'_s - c_0) \tag{5-7}$$

式中 $\dfrac{\mathrm{d}c}{\mathrm{d}t}$——氧的变化速率（氧的转移率）；

    K'_{La}——污水中氧的总转移系数，L/min；

    c'_s——污水溶解氧的饱和浓度，mg/L；

    c_0——液相主体中氧的浓度，mg/L。

    但是曝气污水中若含有耗氧的微生物，就会在曝气充氧的过程中始终存在耗氧的过程。比如在活性污泥混合液曝气充氧过程中，由于活性污泥微生物的存在，它要不断消耗氧气，进行新陈代谢来降解水中有机物，所以，这类污水曝气充氧的过程，氧的变化率应该是氧的转移率与氧的消耗率之差，即

$$\frac{\mathrm{d}c}{\mathrm{d}t}=K'_{La}(c'_s-c_0)-R \tag{5-8}$$

式中 $\dfrac{\mathrm{d}c}{\mathrm{d}t}$——氧的变化速率；

    K'_{La}——污水中氧的总转移系数，L/min；

    c'_s——污水中溶解氧饱和浓度，mg/L；

    c_0——液相主体中氧浓度，mg/L；

    R——耗氧速率。

    对于清水的曝气充氧实验与"一、不含耗氧微生物的污水曝气充氧修正系数 α、β 的测定"方法相似。不同之处是曝气池中混合液曝气充氧实验要根据式(5-8)进行测定。

    首先向曝气罐中曝气至稳定，打开搅拌器，由于没有曝气，所以氧的转移速率应为0，即

$$\frac{\mathrm{d}c}{\mathrm{d}t}=-R \tag{5-9}$$

也就是说此时曝气罐中溶解氧的降低完全是由活性污泥、微生物的耗氧所造成的。

    式（5-9）积分整理得

$$c_t=c'-Rt \tag{5-10}$$

式中 c_t——t 时刻溶解氧浓度，mg/L；

    c'——停止曝气时溶解氧浓度，mg/L；

    R——同前；

    t——时间，min。

    根据式（5-10）绘制曲线，如图 5-6 所示，可通过图解法确定 R 值。

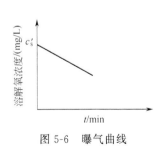
图 5-6　曝气曲线

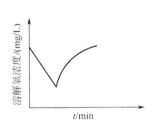
图 5-7　溶解氧变化曲线

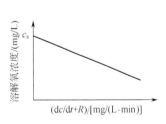
图 5-8　c_t-$(\mathrm{d}c/\mathrm{d}t+R)$ 曲线

    当曝气池内溶解氧浓度降到 $1\sim2$mg/L 时，重新开始曝气，绘制溶解氧浓度随时间变化

曲线如图 5-7 所示。

在图 5-7 曲线部分至少取 5 个点（越多越好），用图解法计算出过所取点的曲线切线斜率，即 $\dfrac{\mathrm{d}c}{\mathrm{d}t}$ 值，将式（5-10）变形得到

$$c_t = c'_s - \left(\frac{\mathrm{d}c}{\mathrm{d}t} + R\right)\frac{1}{K'_{La}} \tag{5-11}$$

建立以 c_t 为纵坐标，以 $\left(\dfrac{\mathrm{d}c}{\mathrm{d}t} + R\right)$ 为横坐标的坐标系，绘制曲线，图解法求 K'_{La} 及 c'_s，见图 5-8。

5. 实验数据及结果整理

① 图解法求清水曝气充氧实验中氧总转移系数 K'_{La}，方法同前。

② 绘制停止曝气且只存在耗氧时，溶解氧浓度随时间变化曲线，并利用图解法求 R 值。

③ 重新曝气后，绘制溶解氧浓度随时间变化曲线，在曲线上至少取出 5 个点，利用图解法得过曲线上所选点曲线切线的斜率，即 $\dfrac{\mathrm{d}c}{\mathrm{d}t}$。

④ 以溶解氧浓度为纵坐标，以 $\left(\dfrac{\mathrm{d}c}{\mathrm{d}t} + R\right)$ 为横坐标，绘制曲线，图解法求得 K'_{La} 及 c'_s。

⑤ 利用公式计算 α 和 β 值。

思 考 题

1. 分析污水中含有微生物和不含微生物时，曝气充氧氧转移有何区别？
2. 分析曝气池中混合液及上清液为水样测出 α、β 值是否相同，为什么？

第四节　不同影响条件下活性污泥形态及生物相的观察

1. 实验目的

① 通过显微镜直接观察活性污泥菌胶团和原生动物，掌握用形态学的方法来判别菌胶团的形态、结构，并据此判别污泥的性状。

② 掌握识别原生动物的种属以及用原生动物来间接评定活性污泥质量和污水处理效果的方法。

2. 实验设备及材料

① 有条件情况下，本实验应尽量在活性污泥法污水处理系统厂进行。若无条件，必须在实验室进行时，应建立相应的活性污泥系统，包括曝气池、沉淀池、曝气系统、污泥回流系统和进出水系统。

② 普通光学显微镜、温度自动控制仪、载玻片、盖玻片等。

③ 酸度计。

④ 溶解氧测定仪。

3. 实验步骤

对不同条件下污泥形态及生物相分别进行实验，每次采取污泥不同，但操作方法相同。

① 首先确认活性污泥处理系统的运行状况，测定或记录活性污泥系统的相关参数，如污泥负荷、溶解氧、温度、pH值等。

② 调试显微镜。

③ 从曝气池中取少许混合液，沉淀后取一滴加到干净的载玻片的中央，盖上盖玻片，加盖玻片时应使其中央接触到水滴后才放下，以避免在片内形成气泡，影响观察。

④ 把载玻片放在显微镜的载物台上，将标本放到圆孔的正中央，转动调节器，对准焦距，进行观察。

⑤ 观察生物相全貌，注意污泥絮粒的大小、结构的松紧程度、菌胶团和丝状菌比例及生长情况，并加以记录和必要描述，观察微型动物种类、活动状况。

进一步观察微型动物的结构特征。如纤毛虫的运动情况、菌胶团细菌的胶原薄厚及色泽、丝状菌菌丝的生长情况等，画出所见原生动物和菌胶团等微生物形态草图。

4. 相关知识

在活性污泥法中起主要作用的是由各种微生物组成的混合群体——菌胶团。细菌是菌胶团的主体。活性污泥的净化能力和菌胶团的组成和结构密切相关，而水温、pH值、溶解氧浓度、营养物等环境因素也对微生物的新陈代谢有着重要的影响。微生物在好氧条件下的代谢模式如图 5-9 所示。

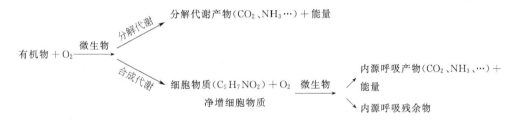

图 5-9　微生物好氧代谢模式图

活性污泥菌胶团的微生物中除细菌外，还有真菌、原生动物和后生动物等多种微生物群体。当运行条件和环境因素发生变化时，原生动物种类和形态亦随之发生变化。若游泳型或固着型的纤毛虫类（如循纤虫、盖纤虫、钟虫等）大量出现时，说明处理系统运行正常。因此，原生动物在某种意义上可以用来指示活性污泥系统的运行状况和处理效果。原生动物通过一般的光学显微镜就可以观察。通过观察菌胶团的形状、颜色、密度以及是否有丝状菌存在，还可以判断有无污泥膨胀的倾向等。因此，用显微镜观察菌胶团是监测处理系统运行的一项重要手段。本实验就是通过测定曝气池中的溶解氧浓度、pH值、温度，通过观察菌胶团的特征考察不同条件下活性污泥形态及生物相的变化。

5. 实验数据及结果整理

① 测定活性污泥系统的溶解氧、pH值、温度，并记录。

② 记录观察所取污泥的形状、结构，有无丝状菌、原生动物的情况。

③ 分析环境因素对污泥形态及生物相的影响。

思　考　题

1. 观测曝气池中的环境因素和生物相有何意义？

2. 丝状菌的大量繁殖对活性污泥处理系统有何危害？

第五节　污泥沉降比（SV）和污泥体积指数（SVI）的测定

1. 实验目的

① 掌握表征活性污泥沉淀性能的指标——污泥沉降比和污泥体积指数的测定和计算方法。

② 明确污泥沉降比、污泥体积指数和污泥浓度三者之间的关系，以及它们对活性污泥法处理系统的设计和运行控制的重要意义。

③ 加深对活性污泥的絮凝及沉淀特点和规律的认识。

2. 实验装置及材料

① SV 及 SVI 测定装置如图 5-10 所示。

② 活性污泥法处理系统。

③ 过滤器、烘箱、马弗炉、天平、称量瓶等。

④ 虹吸管、吸球等提取污泥的器具。

⑤ 100mL 量筒、定时器（秒表）等。

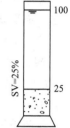

图 5-10　SV 及
SVI 测定装置

3. 实验步骤

① 将虹吸管吸入口放入曝气池的出口处，用吸球将曝气池的混合液吸出，并形成虹吸。

② 通过虹吸管将混合液置于 100mL 量筒中，至 100mL 刻度处。并从此时开始计算沉淀时间。

③ 将装有污泥的 100mL 量筒静置，观察活性污泥絮凝和沉淀的过程和特点，在第 30min 时记录污泥界面以下的污泥容积。

④ 将经 30min 沉淀的污泥和上清液一同倒入过滤器中，测定其污泥干重。

⑤ 计算测定的污泥浓度。

4. 实验相关知识点

二次沉淀池是活性污泥系统的重要组成部分。二次沉淀池的运行状态，直接影响处理系统的出水质量和回流污泥的浓度。实践表明，出水的 BOD 中相当一部分是由于出水中悬浮物引起的，在二次沉淀池构造合理的条件下，影响二次沉淀池沉淀效果的主要因素是混合液（活性污泥）的沉降情况。活性污泥的沉降性能用污泥沉降比和污泥指数来表示。污泥沉降比（sludge volume，SV）为曝气池出水的混合液在 100mL 的量筒中静置沉淀 30min 后，沉淀后的污泥体积和混合液的体积（100mL）之比值（%），如图 5-10 所示。污泥体积指数（SVI），即曝气池出口处混合液经 30min 静沉后，1g 干污泥所占的容积（以 mL 计）。即

$$SVI = \frac{混合液静沉\ 30min\ 后污泥体积（mL/L）}{污泥干重（g/L）}$$

$$= \frac{SV \times 10}{MLSS}\ (mL/g) \tag{5-12}$$

污泥沉降比是评价活性污泥的重要指标之一，在一定程度上反映了活性污泥的沉降性能，而且测定方法简单、快速、直观。当污泥浓度变化不大时，用污泥沉降比可快速反映出活性污泥的沉降性能以及污泥膨胀等异常情况。当处理系统水质、水量发生变化或受到有毒

物质的冲击影响或环境因素发生变化时，曝气池中的混合液浓度或污泥指数都可能发生较大的变化，单纯地用污泥沉降比作为沉降性能的评价指标则很不充分，因为污泥沉降比中并不包括污泥浓度的因素。这时，常采用污泥体积指数（SVI）来判定系统的运行情况。简单地说，污泥体积指数是经 30min 沉淀后的污泥密度的倒数，因此它能客观地评价活性污泥的松散程度和絮凝、沉淀性能，及时地反映出是否有污泥膨胀的倾向或已经发生污泥膨胀。SVI 越低，沉降性能越好。对城市污水，一般认为

SVI＜100mL/g 污泥沉降性能好

100mL/g＜SVI＜200mL/g 污泥沉降性能一般

200mL/g＜SVI＜300mL/g 污泥沉降性能较差

SVI＞300mL/g 污泥膨胀

正常情况下，城市污水 SVI 值在 100～150mL/g 之间。此外，SVI 大小还与水质有关，当工业废水中溶解性有机物含量高时，正常的 SVI 值偏高；而当无机物含量高时，正常的 SVI 值可能偏低。影响 SVI 值的因素还有温度、污泥负荷等。从微生物组成方面看，活性污泥中固着型纤毛类原生动物（如钟虫、盖纤虫等）和菌胶团细菌占优势时，吸附氧化能力较强，出水有机物浓度较低，污泥比较容易凝聚，相应的 SVI 值也较低。

5. 实验数据及结果分析

① 根据测定污泥沉降比（SV）和污泥浓度（MLSS），计算污泥体积指数（SVI）。

② 通过所得到的污泥沉降比和污泥体积指数，评价该活性污泥法处理系统中活性污泥的沉降性能，是否有污泥膨胀的倾向或已经发生膨胀，并分析其原因。

思 考 题

1. 污泥沉降比和污泥体积指数二者有什么区别和联系？

2. 活性污泥的絮凝沉淀有什么特点和规律？

第六章

水污染控制副产物（污泥）处理实验污泥比阻的测定

1. 实验目的

① 通过实验进一步理解比阻的概念，并掌握污泥比阻的测定方法。

② 通过比阻测定评价污泥脱水性能。

③ 确定污泥脱水的混凝剂种类、浓度、投加量。

2. 实验装置及材料

① 实验装置如图 6-1 所示。

② 秒表；滤纸。

③ 烘箱。

④ $FeCl_3$、$Al_2(SO_4)_3$。

⑤ 布氏漏斗。

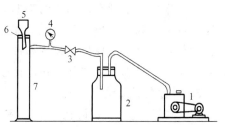

图 6-1　比阻实验装置图

1—真空泵；2—抽滤瓶；3—真空度调节阀；

4—真空表；5—布氏漏斗；

6—抽滤垫；7—计量管

3. 实验步骤

① 测定污泥的含水率，求出其固体浓度 c_0。

② 配制 $FeCl_3$（10g/L）混凝剂或聚丙烯酰胺（0.3%）絮凝剂。

③ 调节污泥（每组加一种混凝剂），采用 $FeCl_3$ 混凝剂时加量分别为干污泥质量的 0（不加混凝剂）、2%、4%、6%、8%、10%；采用聚丙烯酰胺时，投加量分别为干污泥质量的 0、0.1%、0.2%、0.5%。

④ 在布氏漏斗上（直径 65～80mm）放置滤纸，用水润湿，贴紧周边。

⑤ 开动真空泵，调节真空压力，大约比实验压力小 1/3 ［实验时真空压力采用 266mmHg（35.46kPa）或 532mmHg（70.93kPa）］时关掉真空泵。

⑥ 加入 100mL 需实验的污泥于布氏漏斗中，开动真空泵，调节真空压力至实验压力；开始启动秒表，并记下开动时计量管内的滤液量 V_0。

⑦ 每隔一定时间（开始过滤时可每隔 10s 或 15s，滤速减慢后可隔 30s 或 60s）记下计量管内相应的滤液量。

⑧ 一直过滤至真空破坏，如真空长时间不破坏，则过滤 20min 后即可停止。

⑨ 关闭阀门，取下滤饼放入称量瓶内称量。

⑩ 称量后的滤饼于 105℃ 的烘箱内烘干称量。

⑪ 计算出滤饼的含水率，求出单位体积滤液的固体量 ω。

4. 相关知识点

(1) 污泥脱水　将污泥的含水率降低到 85% 以下的操作叫污泥脱水。污泥经脱水后具有固体特性（成块或饼状），便于运输和最终处置。常用的脱水方法有真空过滤、压滤、离心等。污泥机械脱水是以过滤介质两面的压差作为动力，达到泥水分离和污泥浓缩的目的。

影响污泥脱水的因素较多，主要有：

① 污泥浓度（或含水率）；

② 污泥种类及性质；

③ 污泥预处理方法；

④ 压力差；

⑤ 过滤介质种类、性质。

过滤基本方程式为

$$\frac{t}{V} = \frac{\mu r \omega}{2pA^2}V \tag{6-1}$$

式中　t——过滤时间，s；

V——滤液量，m^3；

p——真空度，Pa；

A——过滤面积，m^2 或 cm^2；

μ——滤液的动力黏滞系数，Pa·s；

ω——滤过单位体积的滤液在过滤介质上截留的固体质量，kg/m^3；

γ——比阻，s^2/g 或 m/kg。

过滤基本方程给出了在压力一定的条件下，滤液的体积与时间 t 的函数关系，指出了过滤面积 A，真空度 p，污泥性能 μ、r 值对过滤的影响。

（2）污泥比阻及其测定方法　污泥比阻 r 是表示污泥过滤特性的综合性指标，它的物理意义是单位质量的污泥在一定压力下过滤时在单位过滤面积上产生的阻力，即单位过滤面积上滤饼单位干重所具有的阻力。求此值的作用是比较不同的污泥（或同一种污泥加入不同量的混凝剂后）的过滤性能。污泥比阻愈大，过滤性能愈差。

将过滤基本方程改写为

$$\frac{t}{V} = bV \tag{6-2}$$

则

$$r = \frac{2pA^2}{\mu} \times \frac{b}{\omega} \tag{6-3}$$

以抽滤实验为基础，测定一系列的 t-V 数据，即测定不同过滤时间 t 时滤液量 V，并以滤液量 V 为横坐标，以 t/V 为纵坐标，所得直线斜率为 b。然后由式（6-3）即可计算出新测污泥的比阻 r。

ω 的求法，根据所设定义有

$$\omega = \frac{(Q_0 - Q_y)c_b}{Q_y} \quad （g\ 滤饼干重/mL\ 滤液） \tag{6-4}$$

式中　Q_0——过滤污泥量，mL；

Q_y——滤液量，mL；

c_b——滤饼固体浓度，g/mL。

一般认为比阻在 $10^9 \sim 10^{10}\ s^2/g$ 的污泥难以过滤，比阻小于 $0.4 \times 10^9\ s^2/g$ 的污泥容易过滤。

在污泥脱水中，往往要进行化学调理，即采用向污泥中投加混凝剂的方法降低污泥的比

阻 r 值，改善污泥脱水性能。所以，污泥的性质，混凝剂的种类、浓度、投加量以及反应时间等均影响化学调理的效果。在相同实验条件下，选择不同的药剂、投加量和反应时间，通过污泥比阻实验确定最佳的脱水条件。

5. 实验数据及结果整理

① 测定并记录实验基本参数，记录格式如下。

实验日期_____年___月___日；

原污泥的含水率（％）_____；原污泥的固体浓度（mg/L）_____；

不加混凝剂的滤饼的含水率（％）_____；加混凝剂滤饼的含水率（％）_____；

实验真空度（mmHg❶）_____；

② 将布氏漏斗实验所得数据按表 6-1 记录并计算。

表 6-1　布氏漏斗实验所得数据记录表

时间/s	计量管滤液量 V'/mL	滤液量 $V=V'-V_0$/ mL	$\dfrac{t}{V}$/(s/mL)	备　注
0	V_0			

③ 以 $\dfrac{t}{V}$ 为纵坐标，V 为横坐标作图，其直线斜率为 b。

④ 根据原污泥的含水率及滤饼的含水率求出 ω。

⑤ 列表计算比阻值（表 6-2 为比阻值计算表）。

⑥ 以比阻为纵坐标，混凝剂投加量为横坐标，作图求最佳投加量。

表 6-2　比阻值计算表

污泥含水率/%	污泥固体浓度/(g/cm³)	混凝剂用量/%	b 值/(s/cm⁶)	$K=\dfrac{2pA^2}{\mu}$						皿+滤纸质量/g	皿+滤纸滤饼湿质量/g	皿+滤纸滤饼干质量/g	滤饼含水率/%	单位体积滤液的固体量/(g/cm³)	比阻值 r/(s²/g)
				布氏漏斗 d/cm	过滤面积 A/cm²	面积平方 A^2/cm⁴	滤液黏度 /[g/(cm·s)]	真空度 p/(g/cm²)	K 值/(s·cm³)						

注：混凝剂为 $FeCl_3$。

---

❶　1mmHg—133.322Pa，下文同。

6. 注意事项

① 检查计量管与布氏漏斗之间是否漏气。

② 滤纸称量烘干，放到布氏漏斗内，要先用蒸馏水湿润，而且用真空泵抽吸一下，滤纸要贴紧不能漏气。

③ 污泥倒入布氏漏斗内时，有部分滤液流入计量筒，所以正常开始实验后记录量筒内滤液体积。

④ 污泥中加混凝剂后应充分混合。

⑤ 在整个过滤过程中，真空度确定后始终保持一致。

思 考 题

1. 判断生污泥、消化污泥脱水性能好坏，分析其原因。

2. 测定污泥比阻在工程上有何实际意义？

第二篇

水污染控制工程课程设计

第七章
离子交换法处理含铬废水工艺设计

电镀、石化、制药是当今全球三大污染工业。电镀废水所含污染物成分复杂,主要含重金属、无机类及有机类毒物,治理手段以物化法为主。以典型的电镀含铬工业废水的污染治理作为环境工程专业水污染控制工程课程设计的题目(物化法部分),具有代表性。通过设计,使学生能够对电镀废水的水质和水量等特点有初步的认识,了解电镀含铬废水处理的一般方法,熟悉电镀含铬废水离子交换处理工艺的特殊要求,能够运用所学知识,正确查阅相关资料,确定合理的设计参数,并锻炼工程绘图能力。

本章主要介绍电镀含铬废水处理站工艺设计的程序、内容、方法和工艺计算。

第一节 废水处理站设计的一般程序

一、设计基础资料的收集

学生在接到设计任务后,应认真阅读有关设计文献,独立收集有关设计基础资料。设计基础资料通常由建设单位提供,设计部门加以核实。本次课程设计所用设计基础资料由指导教师提供,所缺资料由学生自己查阅补充。

设计基础资料主要有如下内容。

1. 电镀工艺方面的资料

包括镀种、镀液配方、工艺规范、产品产量、原材料消耗等。

2. 水质水量方面的资料

(1)废水流量 包括各种废水的平均流量和流量变化情况。废水流量决定了设计规模。

(2)废水水质 包括各种废水的全分析资料和主要污染物的浓度变化规律。废水水质影响处理工艺的确定。

3. 处理程度

废水处理后所要达到的要求,一般为国家各级环保部门制定的标准规范所规定。同时生产企业也可能有一些特殊的要求,如水回用率或其他有明显经济价值物质的回收利用等。

4. 自然环境资料及厂区平面规划

包括气象、水文、地质资料和厂区总平面图。气象资料与处理系统的布局、构筑物及管道的埋深有关。水文资料是废水排放口设计和确定排水方案的重要依据。地质资料供处理构筑物的形式选择及有关地基基础设计之用。厂区总平面图包括厂内建筑物的布局、排水体制、给排水管线布置及厂区总体规划。

二、处理方案的确定

在教师的指导下，根据拟处理废水的规模、水质特点及处理程度的要求，通过方案比较，确定技术成熟可靠，经济可行的处理工艺。

本次设计的电镀废水离子交换处理系统，除了离子交换及再生系统外，还包括废水的输送与调节，废水的预处理及洗脱液的后处理，以及再生液的处置等部分。

三、处理工艺设计计算

包括单体构筑物设计、设备选型、系统水力计算、平面及高程布置等。

四、编写说明书、绘制图纸

按编制规范编写设计说明书，按工程制图要求绘制一定数量的图纸。

第二节 电镀废水的来源和性质

一、废水来源

电镀是利用电化学的方法对金属表面或非金属表面进行处理的工艺。电镀不仅可以装饰和保护许多工业产品，而且某些特殊的功能性镀层能满足电子等工业和尖端技术的需要。

电镀工艺分为三个阶段，分别为镀前表面预处理、电镀和镀后镀层装饰，三个阶段依据镀种及工艺不同，均产生大量废水。镀前表面预处理，主要是把镀件表面的污物（油、锈等）清洗干净，使金属表面平整、光滑以便进行电镀。表面预处理分为机械处理和化学处理。机械处理有喷砂、切削、磨光等，一般不直接产生废水；而化学处理则是利用化学方法对金属表面进行处理，如除油、浸蚀除锈等，在该过程中产生大量的废水。电镀完成后，要对镀件表面的镀液进行清洗，这一过程产生的废水为镀件清洗废水。镀后一般要对镀件表面镀层进行精加工处理，如钝化、出光等，也会产生一定量废水。

按来源不同，电镀废水可分为四大类。

（1）预处理废水　预处理废水的主要污染因子为油、表面活性物质和酸碱类物质等。

（2）镀件清洗废水　清洗废水是电镀废水最主要的来源，占电镀废水总量的80%以上，废水中绝大多数污染物是由镀件表面的附着液在清洗时带入的，其成分与镀液相同，主要为重金属离子、氰化物等。

（3）镀液过滤和废镀液　镀液使用一定时间后性质会发生不利于电镀的变化，此时应该对镀液进行部分或全部更换，更换时尽量对镀液进行回收利用，但有的浓溶液难以处理回收，便会排入废水当中，虽然这种情况不经常发生，但会造成电镀废水污染物浓度的剧增。

（4）其他废水　其他废水主要包括电镀车间地面冲洗水、极板刷洗水以及管理操作不当引起的跑、冒、滴、漏废水等。

二、水量及水质

电镀废水就其总量来说，比造纸、印染、石油化工、农药废水小。但是由于电镀厂（或车间）分布广，废水中所含高毒物质种类多、危害性大，如果不加处理直接排入河道或渗入地下将会造成严重的环境污染。据不完全统计，中国电镀厂家约 1 万家，年排电镀废水约 40 亿立方米，而 1999 年，全国工业废水和城市生活污水排放总量为 401 亿立方米，其中工业废水排放量 197 亿立方米。由此可见，电镀废水的排放量约占废水总排放量的 10%，占工业废水排放量的 20%。

电镀清洗废水是电镀废水的最主要来源。清洗方法不同，处理同一部件或制品产生的废水量也不同。清洗方法有单级清洗、多级并联清洗、多级逆流清洗和喷淋清洗。一般认为要将镀件表面残留液洗净，在单级清洗时需要残留液 1000 倍的水量，而在三级逆流清洗时，用水量仅为前者的百分之一。采用单级清洗，排水量大，给废水处理带来许多困难。因此，电镀生产中应采用先进清洗工艺，尽量减少清洗用水。清洗水的排放方式也非常重要。将所有的清洗水混合在一起，会给废水处理带来困难。因为目前的处理方法多数适用于单一废水，并且混合废水不利于资源的回收。

由于电镀产品种类繁多，采用的工艺千差万别，因此产生的废水水质十分复杂，成分不易控制，但其中主要含有铬、镍、锌、铅、铜、金、银、镉等重金属离子和氰化物等毒物，对人类危害极大；其次是酸类和碱类物质，如硫酸、盐酸、硝酸、磷酸、氢氧化钠、碳酸钠等；有些电镀液还使用了有机类颜料等物质；镀件基材在预处理过程中漂洗下来的油脂、氧化铁皮、尘土等杂质也会带入电镀废水中。

按废水水质特点，电镀废水可分为四大类。

(1) 酸碱废水　酸碱废水主要来源于镀前表面准备以及镀后出光工序，约占整个电镀车间总用水量的 20%。若有化学或电化学除油，排出的废水多呈碱性，原因是除油液多为碱性物质，浓度高，使用频繁，使排水带出的碱性物质多。而酸洗除锈工艺排出的废水呈酸性。将酸性和碱性废水混合在一起时，混合水一般呈酸性。

(2) 含氰废水　含氰废水来源于氰化电镀工艺，是电镀生产中毒性极大的废水。由于氰具有良好的络合、表面活性和活化性能，因而在镀铜、镀锌、镀铜锌合金、镀金、镀银过程中，氰化电镀被大量采用。虽然无氰电镀也有应用，某些镀种工艺已经成熟，但目前氰化电镀在工艺上仍有一定优势，镀件质量一般比无氰电镀要好，镀液质量稳定，而且操作管理较为方便，因此，近年来氰化电镀有逐步增加的趋势。由于氰化物有剧毒，因此含氰废水必须重点治理。

(3) 含重金属废水　电镀中要用到多种重金属化合物，它们具有不同程度的毒性，重金属污染是电镀废水的水质特点。电镀废水中重金属离子主要有铬、镍、锌、铜、铅、金、银、镉等。不同镀种，不同电镀工艺，都会影响电镀废水中所含重金属离子的种类和浓度。由于含铬废水的发生量较大，以及含铬废水的危害性严重，因此含铬废水在电镀废水中尤其受到重视。

镀铬本身是电镀中的一个主要镀种，镀铬过程中会产生含铬废水。镀锌在整个电镀业中约占一半，而镀锌后的镀件一般进行钝化处理，钝化绝大多数采用铬酸盐，因此镀锌也产生含铬废水。在铜件酸洗、镀铜层的退除、铝件钝化、铝件电化学抛光以及铝件氧化后的钝化等作业中也广泛使用铬酸盐。因此，含铬废水是电镀中的主要废水，是电镀废水治理的重点。

将电镀车间各种废水集中在一起称为混合废水，但含氰废水、含铬废水一般需要经过单独预处理后再与其他废水混合。

三、含铬废水的危害

六价铬的毒性比三价铬强一百倍。含铬废水中六价铬含量多，毒性大，对人体健康有较大的危害。六价铬能引起肺癌已被国内外所公认。六价铬阻碍土壤的硝化作用，影响农作物产量。水体一旦受到六价铬污染，将会对人体健康和动植物的生长造成极大危害。因此国家规定生活饮用水六价铬不得超过 0.05mg/L，地表水六价铬含量不得超过 0.1mg/L，污水综合排放六价铬不得超过 0.5mg/L。但电镀废水中六价铬含量一般都超过国家规定的排放标准数十倍至数百倍，如果不经处理直接排放，一方面会对水体造成污染，另一方面电镀液中约 1/3～1/4 的铬酐随废水排放，资源浪费严重。

第三节　电镀废水处理方法简介

电镀含铬废水的处理方法有十余种，物理化学方法具有工艺成熟、处理设施简单、投资小、维护方便等特点，已经成为含铬废水处理的主要方法。物理化学法对电镀含铬废水的处理归纳起来主要有两方面的工艺路线，一是将六价铬还原成低毒的三价铬，然后沉淀除去；二是将六价铬作为资源回收，再应用于电镀生产或其他部门。我国对电镀含铬废水的治理始于 20 世纪 60 年代中期，大多采用化学沉淀法，如 FeS 还原法、$FeSO_4$ 还原法、石灰沉淀法等，会产生大量污泥。其后用 $BaCrO_4$ 沉淀法，因沉淀收集困难，应用得较少。20 世纪 70 年代，化学法有了新进展，电解还原法、离子交换法由线外处理转向线内处理，减少了污泥量，占地面积和投资都减少，部分漂洗水可回用。但电解法的含铁、铬污泥也无法进一步处理，且该法对设备腐蚀严重，电能消耗大，推广应用困难。欧洲和美国有不少工厂采用离子交换法处理电镀含铬废水，主要应用于净化镀槽铬酸液、处理镀铬清洗废水和处理电镀混合废水三个方面。日本在 1977 年以前多以化学法为主，在 1977～1983 年，大力发展水回收循环利用系统，主要采用离子交换法。由于离子交换工艺具有自动化程度高，铬酸可回收和出水水质好可回用等优点，曾被认为是治理电镀含铬废水的标准方法，但实践证明该法投资大，操作复杂，回收的重金属难以直接回用。20 世纪 80 年代，有反渗透法、电渗析法、薄膜蒸发法、气浮法、活性炭法、铁氧体法和萃取法等相继出现，电解法和离子交换法也有新的发展。20 世纪 90 年代，许多电镀厂又使用 $FeSO_4$ 还原沉淀法，致使我国电镀污泥越来越多，年达 100 多万吨。近年来，也有学者开展了生化法处理含铬废水的研究，利用 SR 复合功能菌去除六价铬，但仍存在许多问题有待进一步研究解决。

含氰废水的处理方法主要有化学氧化法、电解法两大类。其中化学氧化法主要有碱性氯化法、臭氧氧化法、二氧化氯协同氧化法等。通过化学或电化学氧化作用，将剧毒的氰（CN^-）转化为毒性轻微的氰酸盐（CNO^-），或完全氧化为二氧化碳（CO_2）和氮气（N_2）。其中碱性氯化法应用最广泛，二氧化氯协同氧化法和电解法也有一定的市场。

混合废水中各种重金属离子为主要污染物，目前我国较为普遍的作法是将含氰、含铬等废水单独收集进行预处理，然后与其他性质类似（主要有各种重金属）的废水一起进行混合，采用氢氧化物沉淀法、铁氧体法处理。

第四节　离子交换法处理电镀含铬废水工艺原理

作为一种可回用水和回收铬酸的工艺，离子交换法曾经风靡一时。由于操作管理水平要求高，目前其应用有所萎缩，但在要求处理水回用和回收铬酸的电镀废水治理场合，离子交换仍然有存在的价值，并且这项技术本身也在不断发展完善。

一、基本原理

废水处理离子交换是固液两相之间进行的等当量离子互换反应，属于多相反应过程，遵循质量作用定律和电中性原则。电镀废水中含有多种离子，离子交换树脂对溶液中不同的离子具有交换选择性，如苯乙烯强碱季铵型阴树脂对含铬废水中主要阴离子的交换选择性为

$$Cr_2O_7^{2-} > SO_4^{2-} > NO_3^- > CrO_4^{2-} > Cl^- > HCOO^- > F^- > OH^- > HCO_3^-$$

大孔弱碱阴树脂的交换选择性为

$$OH^- > Cr_2O_7^{2-} > SO_4^{2-} > NO_3^- > CrO_4^{2-} > Cl^- > HCOO^- > F^- > HCO_3^-$$

由于电镀含铬废水中六价铬主要以 $Cr_2O_7^{2-}$ 和 CrO_4^{2-} 的形式存在，它们对阴离子交换树脂的亲和力很大，可以选择合适的离子交换树脂，将废水中的铬酸根转移到树脂相而从水中除去，然后对树脂进行洗脱再生，洗脱液经脱钠后回收铬酸。基本流程如图 7-1 所示。

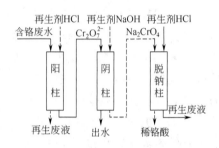

图 7-1 离子交换处理电镀
含铬废水基本流程

离子交换法处理电镀含铬废水，是先将废水通过 H 型阳柱（酸性阳柱），废水中的金属阳离子被交换到树脂相，树脂相的 H^+ 被交换到废水中，废水呈酸性，废水中 CrO_4^{2-} 转化为 $Cr_2O_7^{2-}$，然后再将废水通过 OH 型阴柱（除铬阴柱），$Cr_2O_7^{2-}$ 被交换到树脂上而得以去除，交换下来的 OH^- 与 H^+ 结合成水。经处理后的废水接近纯水，可以重复使用。树脂相的 $Cr_2O_7^{2-}$ 用一定浓度的再生液 NaOH 洗脱后进入另一 H 型阳柱（脱钠阳柱），流出液即为回收的铬酸。离子交换除铬反应式如下：

H 型阳柱

$$M^{n+} + nRH \Longrightarrow R_nM + nH^+$$
$$2CrO_4^{2-} + 2H^+ \Longrightarrow Cr_2O_7^{2-} + H_2O$$

除铬阴柱

$$Cr_2O_7^{2-} + 2ROH \Longrightarrow R_2Cr_2O_7 + 2OH^-$$

阴柱洗脱（再生）

$$R_2Cr_2O_7 + 2NaOH \Longrightarrow R_2CrO_4 + Na_2CrO_4 + H_2O$$
$$R_2CrO_4 + 2NaOH \Longrightarrow 2ROH + Na_2CrO_4$$

脱钠阳柱

$$Na_2CrO_4 + 2RH \Longrightarrow 2RNa + H_2CrO_4$$
$$2CrO_4^{2-} + 2H^+ \Longrightarrow Cr_2O_7^{2-} + H_2O$$

根据离子交换平衡原理，树脂对各种离子的交换量与溶液中离子的浓度有关。阴离子交换树脂对六价铬的工作交换容量随废水中六价铬浓度的升高而缓慢增大。虽然对各种浓度的六价铬，离子交换法均可适用，但六价铬浓度越高对树脂的氧化越严重。对阴离子交换树脂来说，废水中六价铬浓度一般以 $10 \sim 200 mg/L$ 为宜。

选择适宜的离子交换树脂是离子交换法成败的关键。实践表明，大孔阴离子交换树脂具有孔隙率高、比表面积大、交换速度快、膨胀系数小、机械强度高、抗有机物污染性能强、耐氧化、耐辐照、耐热等特点，是治理含铬废水首选的树脂，但不适用于处理较高浓度（六价铬 200mg/L 以上）和较高温度（高于 50℃）废水。螯合树脂 Sumichelate CR-2 对六价铬选择性高，耐热性好，在 200℃ 以上的温度下使用仍具有良好的抗氧化能力，适用于含铬在 500mg/L 以下的废水处理。这种树脂的交换容量高达 2.9mmol/mL，抗有机物污染能力强，再生剂用量少，是处理含铬废水的较为理想的树脂，但价格较高。国内外已有多种阴离子交换树脂用于处理含铬废水，如 D370、D710A、D710B、D310、D290、201×7、IRA-93、

IR-45 等。某些螯合树脂如日本的 Sumichelate CR-2 具有与吡啶结构类似的功能基，可以螯合重铬酸根。腐殖酸树脂中的 —CHO、CH_2＝CH— 和 CH_2OH 等基团具有还原性，在酸性条件下可将 $Cr_2O_7^{2-}$ 还原成 Cr^{3+}，随后用树脂对 Cr^{3+} 进行阳离子交换，也可达到除铬的目的。日本的 WRL200A 季铵型离子交换纤维是近年来开发的治理含铬废水的新材料，对含 CrO_4^{2-} 浓度为 25mg/L 的废水，除铬率达 90％。

二、双阴柱串联全饱和工艺

固定床离子交换法处理电镀含铬废水主要有双阴柱串联全饱和工艺及三阴柱串联全饱和工艺。

双阴柱串联全饱和流程处理镀铬废水能回收铬酸，并提高阴树脂的利用率，水回收率可达到 70％。此流程包括五个系统：废水预处理、交换处理、树脂再生、铬酸回收、铬酸循环使用及蒸发浓缩。工艺流程图如图7-2所示。

双阴柱全饱和工艺流程一般被称为"半封闭式流程"，废水由电镀车间清洗槽流入废水调节池，经水泵提升到砂滤罐过滤去除机械杂质，再经酸性阳柱交换，去除重金属离子和其他阳离子。一般阳柱出水 pH≤3.5，废水中六价铬以 $Cr_2O_7^{2-}$ 形式进入 OH 型除铬阴柱Ⅰ进行交换。当除铬阴柱Ⅰ到达交换穿透点时并不停止工作，

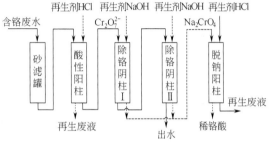

图 7-2　双阴柱串联全饱和工艺流程图

而是在其后面再串联一支 OH 型除铬阴柱Ⅱ继续交换，按交换势顺序，除铬阴柱Ⅰ工作带内的 SO_4^{2-} 连同漏泄的 $Cr_2O_7^{2-}$ 将一起排入除铬阴柱Ⅱ（Cl^- 的交换势较低，在 $Cr_2O_7^{2-}$ 漏泄之前，早已排出柱外），直至除铬阴柱Ⅰ的进出水中六价铬浓度相等，即到达动态平衡状态时，该柱中 SO_4^{2-} 几乎全部被 $Cr_2O_7^{2-}$ 所置换而排入除铬阴柱Ⅱ，此时除铬阴柱Ⅰ才停止工作并用苛性钠溶液进行洗脱再生。这样所获洗脱液中 SO_4^{2-} 和 Cl^- 浓度极低，脱钠并蒸发浓缩后就可直接加入镀铬槽回用，从而达到"变废为宝"的目的。对除铬阴柱Ⅰ进行再生的时候，废水直接通入除铬阴柱Ⅱ，当除铬阴柱Ⅱ达到交换穿透点时，将其出水串联通入已经再生好的除铬阴柱Ⅰ，直至除铬阴柱Ⅱ的进出水中六价铬浓度相等时对其进行洗脱再生，而废水则直接通入除铬阴柱Ⅰ，如此循环往复。

定期将除铬阴柱再生洗脱液（主要成分为 Na_2CrO_4）通入脱钠阳柱，得到稀铬酸。交换达到耗竭点后，用盐酸对树脂进行再生。

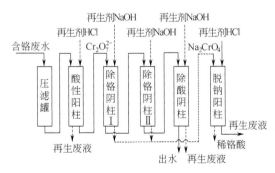

图 7-3　三阴柱串联全饱和工艺流程图

三、三阴柱全饱和工艺

三阴柱全饱和工艺流程被称为"全封闭式流程"。它是在双阴柱流程基础上再串联一除酸阴柱，水回收率可达到 90％以上，并可以提高出水水质，回用于生产，可以降低阳柱负担，使系统总的运行费用降低。工艺流程如图7-3所示。

流程中 OH 型除酸阴柱不负担除六价铬的任务，而是专门用来去除水中其他酸根离子，形成低纯水闭路循环。当运行中除铬阴柱的出水 pH 值过低（如 pH≤3.5），此时在除铬阴柱后再串联 OH 型除酸阴柱；如除铬阴柱的出水 pH≥5，则除酸阴柱退出串联停止运行，待出水再次出现 pH≤3.5 时再串联运行，如此间歇式工作。

除酸阴柱除去杂质酸根的反应如下。

$$ROH + HCl \Longleftrightarrow RCl + H_2O$$
$$2ROH + H_2SO_4 \Longleftrightarrow R_2SO_4 + 2H_2O$$

第五节　离子交换系统工艺设计方法

以三阴柱串联全饱和工艺为例进行设计。

一、调节池

1. 一般说明

电镀含铬废水水质、水量有一定的波动，为使离子交换系统处理效果稳定，可在系统始端设置调节池。

2. 主要设计参数

一般调节池有效容积按 4～8h 废水平均流量计算。

3. 工艺尺寸

调节池的设计主要确定池形（方形、圆形、廊道式等），调节池尺寸（D，L，B，H）等。

4. 工艺装备

调节池的主要工艺装备为废水提升泵。水泵的设计可根据处理水量和所需扬程进行选择。电镀含铬废水调节池水泵应为耐腐蚀泵。

二、压滤罐

1. 一般说明

在镀铬废水中除了含有 CrO_4^{2-}、SO_4^{2-}、Cl^-、Cr^{3+}、Cu^{2+}、Mg^{2+}、Fe^{3+} 等阴、阳离子外，还含有一些非溶解态悬浮杂质 SS，而这些杂质，是树脂污染阻塞的主要原因，会造成树脂交换容量、交换速度以及流量等显著降低。对于悬浮物含量超过 10～15mg/L 的电镀含铬废水，在进入离子交换柱前，必须过滤处理，尽可能除去这些悬浮杂质。

废水过滤方式有重力式过滤、压力式过滤和微孔过滤等。电镀含铬废水处理中多采用压力式过滤。废水过滤单元可采用石英砂、无烟煤、白球（未经活化的树脂）、微孔塑料、活性炭和大孔型表面吸附剂等过滤材料。由于含铬废水 pH 值一般在 4～6 之间，偏酸性，在此条件下石英砂、无烟煤、白球等滤料化学性质稳定，具有较强的耐腐蚀性，常被选用。

压滤罐的设计主要包括滤料的选择、压滤罐本体设计、配水系统设计、反冲洗系统设计等，也可查阅相关手册或产品样本选择定型产品。压滤罐个数一般不少于两个，应设排气管、排空管、水头损失计和取样设备等。

2. 主要设计参数

大阻力配水系统单层滤料压滤罐主要设计参数见表 7-1，大阻力配水系统承托层组成见

表 7-2，压滤罐进出水管流速见表 7-3。

表 7-1　大阻力配水系统单层滤料压滤罐设计参数

指标名称	单　　位	过 滤 材 料		
		石英砂	无烟煤	树脂白球
滤料粒径 d	mm	0.5～1.2	0.8～1.8	1.0～1.6
滤料密度 γ_2	t/m³	2.6～2.65	1.4～1.6	1.04
滤层厚度 L	mm	1000～1200	1000～2000	700～1000
滤料空隙率	%	43	47～55	50
承托层厚度 H	mm	450	450	450
滤速 v	m/h	5～10	5～10	<20
设计工作周期 T	h	12～24	12～24	24
膨胀率 α	%	30～50	50	60
反冲强度 q	L/(m²·s)	12～15	10	10～15
反冲时间 t	min	5～10	5～10	5～10
自耗水量	%	10～20	5～10	10～20

表 7-2　大阻力配水系统承托层组成

层次(自上而下)	粒径/mm	承托层厚度/mm
1	2～4	100
2	4～8	100
3	8～16	100
4	16～32	150

表 7-3　压滤罐进出水管流速

名　　称	流速/(m/s)	名　　称	流速/(m/s)
废水进水管	0.8～1.2	冲洗进水管	2.0～2.5
清水出水管	1.0～1.5	反冲排水管	1.0～1.5

3. 工艺尺寸

直径
$$D=\sqrt{\frac{4Q}{\pi n v T_0}} \tag{7-1}$$

$$T_0=T-t-t_0 \tag{7-2}$$

高度
$$H=h_1+h_2(1+\alpha) \tag{7-3}$$

式中　Q——废水流量，m³/d；

　　　n——压滤罐个数；

　　　v——滤速，m/h；

　　　T_0——实际过滤时间，h；

　　　t——反冲洗时间，h；

　　　t_0——每日冲洗后停用和排放初滤水时间（一般在 0.5～0.67h，也有不考虑的），h；

　　　H——压滤罐高，mm；

　　　h_1——反冲洗泵至压滤罐间管道水头损失，m；

　　　h_2——配水系统水头损失，m。

其他参数含义同表 7-1。

4. 水力计算

包括过滤过程中水头损失和反冲洗水头损失两部分计算。过滤过程中水头损失按反冲洗前水头损失最大值 2.0～2.5m 估算，反冲洗水头损失构成如下。

（1）反冲洗泵至压滤罐间管道水头损失 h_1　分沿程水头损失和局部水头损失。计算方法参阅其他章节。

（2）配水系统水头损失 h_2　常用配水系统见表 7-4。

表 7-4　常用配水系统

配水系统名称	常用配水形式	反冲洗时配水系统水头损失/m
大阻力	带干管和支管的"丰"字形配水系统	＞3
中阻力	滤球式、管板式、二次配水滤砖	0.5～3
小阻力	滤头、豆石滤板、格栅式、平板孔式、三键槽孔板式	＜0.5

管式大阻力配水系统参数见表 7-5。

表 7-5　管式大阻力配水系统参数

名　称	单位	数　值	备　注
干管始端流速	m/s	1.0～1.5	
支管始端流速	m/s	1.5～2.0	
支管孔眼流速	m/s	3～6	
支管中心距离	m	0.2～0.3	
支管下侧距池底距离	cm	$D/2+50$	D 为干管直径
支管长度与直径之比		≤60	
孔眼直径	mm	9～12	
孔眼总面积与滤池面积之比	%	0.20～0.25	
干管横截面应大于支管总横截面的倍数		0.75～1.0	孔眼分设支管两侧，与垂线成45°向下交错排列

当采用大阻力配水系统时，反冲洗水头损失计算公式为

$$h_2 = \frac{8v_1^2}{2g} + \frac{10v_2^2}{2g} \tag{7-4}$$

式中　v_1——干管起点流速，m/s；

　　　v_2——支管起点流速，m/s。

（3）承托层水头损失 h_3

$$h_3 = 0.022Hq \tag{7-5}$$

式中　H——承托层厚度，m；

　　　q——冲洗强度，L/(m^2·s)。

（4）滤料层水头损失 h_4

$$h_4 = (\gamma_2/\gamma_1 - 1)(1 - m_0)L \tag{7-6}$$

式中　γ_2——滤料密度，t/m^3；

　　　γ_1——水的密度，t/m^3；

　　　m_0——滤料层膨胀前的孔隙率；

　　　L——滤料层厚度，m。

（5）自由水头 h_5　一般取 1～2 m。

5. 工艺装备

压滤罐使用一段时间后，随着截留悬浮物的积累，过滤阻力会增大，出水水质也会变

差，这时需要进行反冲洗，将截留的污染物冲走，使压滤罐恢复正常的过滤能力。反冲洗所需要的工艺装备主要是反冲洗泵或高位水箱。反冲洗泵可根据反冲洗所需要的水量和扬程选用定型产品，高位水箱可以根据反冲洗需水量与水力计算进行设置。

三、酸性阳柱

1. 一般说明

由于阴离子交换树脂对 $Cr_2O_7^{2-}$ 交换选择性强，pH 值越低，阴离子交换树脂对六价铬的工作交换容量就越大，使用效率就越高，这就要求进入离子交换系统的电镀废水中六价格应主要以 $Cr_2O_7^{2-}$ 形式存在，此时废水 pH 值应为 2～3。一般含铬废水 pH 值在 4～6，这就要求进入阴柱之前应对废水进行 pH 值调节，进一步酸化，但应注意 pH 值也不能过低，pH 值越低，铬酸对树脂的氧化破坏作用也越强，将缩短树脂的使用寿命。实际使用中，酸性阳柱进出水 pH 值应严格控制，进水需大于 4，出水 pH 值范围为 3.0～3.5。

酸性阳柱对废水进行酸化调节的同时，又去除了废水中的金属阳离子污染物，纯化了出水水质，为提高后续阴离子交换树脂交换容量和回收铬酸的纯度创造了条件。

酸性阳柱装填的强酸型阳离子交换树脂一般有 732、001×7、D61、D72、IR-200、IRC-75 等。

2. 主要设计参数

（1）树脂用量 V　对镀铬废水，与除铬阴柱相同；
（2）树脂层高度 H　对镀铬废水，与除铬阴柱相同；
（3）空塔流速 v　与除铬阴柱相同；
（4）离子交换柱再生和淋洗参数　参见表 7-6。

表 7-6　离子交换柱再生和淋洗参数表

项　　目		酸性阳柱	除铬阴柱	除酸阴柱	脱钠阳柱
再生	再生剂	工业盐酸	含氯离子低的工业氢氧化钠	含氯离子低的工业氢氧化钠	工业盐酸
	浓度	1.5～2.0mol/L(5%～7%)	大孔弱碱树脂为 2.0～2.5mol/L(8%～10%) 凝胶强碱树脂为 2.5～3.0mol/L(10%～12%)	大孔弱碱树脂为 2.0～2.5mol/L(8%～10%) 凝胶强碱树脂为 2.5～3.0mol/L(10%～12%)	1.0～1.5mol/L(3.5%～5%)
	用量	2 倍树脂体积	2 倍树脂体积，后 0.5～1.0 倍复用	2 倍树脂体积	2 倍树脂体积
	再生流速	1.2～4.0m/h	0.6～1.0m/h	0.6～1.0m/h	1.2～4.0m/h
淋洗	配水水质	自来水	低纯水	低纯水	低纯水
	水量	4～5 倍树脂体积	大孔弱碱树脂为 6～9 倍树脂体积 凝胶强碱树脂为 4～5 倍树脂体积	大孔弱碱树脂为 6～9 倍树脂体积 凝胶强碱树脂为 4～5 倍树脂体积	10 倍树脂体积
	流速	先用再生流速，逐渐增大到运行流速	先用再生流速，逐渐增大到运行流速	先用再生流速，逐渐增大到运行流速	先用再生流速，逐渐增大到运行流速

3. 工艺尺寸

主要确定交换柱直径与高度。方法参见除铬阴柱计算。

4. 水力计算

与除铬阴柱方法相同。

四、除铬阴柱

1. 一般说明

其为离子交换系统中的重要装置,其他装置的设计通常以它为依据进行。

2. 主要设计参数

(1) 树脂饱和工作周期 T　36h(六价铬浓度为 $100 \sim 200\mathrm{mg/L}$);

　　　　　　　　　　　　　　 $36 \sim 48\mathrm{h}$(六价铬浓度为 $50 \sim 100\mathrm{mg/L}$)。

(2) 空塔流速 v　20m/h 左右。

(3) 树脂层高度 H_0　$0.6 \sim 1.0\mathrm{m}$。

(4) 离子交换柱再生和淋洗参数　见表 7-6。

3. 工艺尺寸

(1) 树脂体积 V

$$V = QTc_0/E_R \tag{7-7}$$

式中　V——树脂体积,L;

　　　Q——处理废水量,$\mathrm{m^3/h}$;

　　　T——树脂饱和工作周期,h;

　　　c_0——交换柱进水中六价铬浓度,$\mathrm{g/m^3}$;

　　　E_R——树脂对六价铬的饱和工作交换容量,大孔弱碱阴树脂(如 710、D370、D301 等)为 $60 \sim 70\mathrm{g\ Cr(Ⅵ)/L(R)}$;凝胶型强碱阴离子交换树脂(如 717)为 $40 \sim 45\mathrm{g\ Cr(Ⅵ)/L(R)}$。

(2) 交换柱直径 D

$$D = \sqrt{\frac{4Q}{\pi v}} \tag{7-8}$$

式中　D——交换柱直径,m;

　　　Q——处理废水量,$\mathrm{m^3/h}$;

　　　v——空塔流速,m/h。

(3) 交换柱树脂层高 H_0

$$H_0 = VQ/v \tag{7-9}$$

式中　V——树脂体积,$\mathrm{m^3}$;

　　　Q——处理废水量,$\mathrm{m^3/h}$;

　　　v——空塔流速,m/h。

(4) 交换柱总高 H

$$H = 2.0\ H_0 \tag{7-10}$$

式中　H——交换柱总高,m;考虑树脂反冲洗时膨胀度和交换柱配水系统及交换柱封头高度后,修正系数 2.0;

　　　H_0——交换柱树脂层高,m。

4. 水力计算

树脂层水头损失 h

$$h = 7\frac{\nu v H_0}{d_{\mathrm{cp}}^2} \tag{7-11}$$

式中　h——树脂层水头损失，m；

ν——水最低温度时的运动黏度，cm^2/s；

v——空塔流速，m/h；

H_0——交换柱树脂层高度，m；

d_{cp}——树脂的平均直径，mm。

五、除酸阴柱

对镀铬废水，计算与除铬阴柱相同。

六、脱钠阳柱

1. 一般说明

除铬阴柱再生洗脱液通过脱钠阳柱回收铬酸。脱钠阳柱树脂用量可以通过公式计算确定，也可依据除铬阴柱树脂量确定。本书采用后一种方法。

2. 主要设计参数

(1) 树脂用量　2 倍除铬阴柱树脂体积，此时 1 个周期内再生洗脱液基本可 1 次脱钠完成。

(2) 脱钠柱树脂层高 H_0　0.8～1.2m。

(3) 脱钠柱空塔流速 v　2.4～4.0m/h。

(4) 水力计算　同除铬阴柱。

(5) 离子交换柱再生和淋洗参数　见表 7-6。

第六节　离子交换系统操作过程

离子交换法的单元操作一般分交换、反洗、再生和淋洗四个过程。

(1) 交换　就是正常生产过程，通常原水自上往下流过树脂层。

(2) 反洗　目的在于冲松离子交换树脂层，并排除树脂碎末及积存在其中的悬浮物及气泡，使再生液能较好地渗入树脂层，提高再生效率。反洗强度一般控制在 3.0～5.0L/（$m^2 \cdot s$）。反洗时阳树脂的膨胀率应不小于 50%，阴树脂的膨胀率应不小于 80%（最好 100%）。反洗历时约 10～15min。

(3) 再生　目的在于恢复树脂的交换能力，又称为洗脱。反洗完毕后，为防止加入的再生溶液冲淡，再生前应排去反洗剩水，仅保持树脂面上留有 10cm 左右水深，以免空气进入树脂层，并开启空气阀排气。再生时再生液自上向下流动，再生废液流至地沟（或回收有用物质）。

(4) 淋洗　目的在于洗净残余的再生产物。此时开淋洗阀及淋洗排水阀，其余阀门关闭。

反洗、再生、淋洗 1 次，共需时间约 2～3h。

第七节　离子交换系统设计注意事项

1. 装置防腐

(1) 交换柱　小型交换柱采用有机玻璃或硬聚氯乙烯。中型或大型交换柱一般采用钢板内衬胶或衬软塑料，或刷防腐漆；也有玻璃钢柱。优缺点见表 7-7。

表 7-7　不同材质交换柱体的特点

材　质	适用范围	优　　点	缺　　点
有机玻璃	小型交换柱	耐腐蚀、易加工、柱体透明操作方便	价格贵
硬聚氯乙烯	小型交换柱	耐腐蚀、来源广、易加工、成本低	机械强度低，使用压力一般不大于 200kPa
钢板衬胶	大中型交换柱	机械强度高、耐腐蚀	价格贵，维修困难
玻璃钢	大中型交换柱	机械强度高、耐腐蚀、易老化	加工要求高

（2）各种贮槽　酸槽、铬酸槽、贮水槽等一般均采用硬聚氯乙烯焊制。大型贮槽用钢板焊制，内刷防腐涂料或内衬软塑料。

碱槽主要是溶解固体 NaOH 用，由于 NaOH 溶解时放热，故不宜采用硬聚氯乙烯板焊制，一般用钢板焊制作内外防腐。

（3）水泵　应选用耐腐蚀泵。参见有关手册其他资料。

（4）管道　无特殊情况的，应选用硬聚氯乙烯管。

2. 新树脂的预处理

由于新树脂中含有过剩的原料、反应不完全产物及其他杂质，直接使用会影响处理水质，所以初次使用前必须对树脂进行预处理。预处理一般按如下步骤进行。

① 用树脂体积 2 倍的饱和食盐水浸泡一天，然后用自来水冲洗至中性。

② 再用 5％盐酸浸泡以去除铁质，浸泡 3～5h 后用自来水冲洗至中性。

③ 再用 5％NaOH 浸泡 3～5h，然后用自来水冲洗至中性。

④ 转型：用 5％盐酸低速处理阳树脂，直至树脂呈淡黄色或接近无色为止。

新树脂运行一个周期后第一次再生时再生剂用量为正常再生时的 2 倍。

3. 树脂污染程度的判断

树脂使用一段时间后，由于悬浮物和沉淀物的沉积或无机物（有机物）进入树脂内部而使树脂受到污染，污染后的树脂颜色变深，体积增大，工作交换容量降低，影响出水水质。将污染的树脂装入带盖、有气孔的小玻璃瓶中，加纯水洗 3 次，然后加入 10％食盐水，剧烈摇动 5～10min，根据色泽判断污染程度。

清亮　　　　　　未污染

淡草黄色　　　　轻污染

琥珀色　　　　　中污染

棕色　　　　　　重污染

黑色　　　　　　严重污染

4. 污染树脂的复活处理

为保证处理出水水质，污染树脂必须进行复活处理。

（1）阳树脂的复活处理　如果树脂由于受到油类和蛋白质等污染而使树脂变黑时，采用 5％NaOH 溶液浸泡，直至树脂颜色恢复至淡黄色或接近无色为止。如果树脂由于受到铁、铝、钙等污染，采用 5％～10％的盐酸浸泡，直至树脂颜色转为正常，再用自来水清洗。

（2）阴树脂的复活处理　以一定浓度的食盐和烧碱混合液浸泡污染树脂，至出水颜色为淡黄色，再用清水清洗。

5. 稀铬酸处理

除铬阴柱再生得到的 Na_2CrO_4，流至低位槽后由泵提升到脱钠阳柱脱钠，得到的稀铬酸可直接回用或经蒸发浓缩和电解脱氯后再回加到镀槽。

6. 设计参数选取

根据设计经验，阳柱和阴柱的交换流速控制在 20m/h 左右较宜，若交换柱的树脂层厚按三个离子交换带长度考虑，那么进水 Cr^{6+} 浓度在 100mg/L 以下时，树脂层厚度按 0.7m 左右设计，进水 Cr^{6+} 浓度在 100～200mg/L，则层厚可按 1.0m 左右设计。脱钠阳柱滤速可选取 2.4～4.0m/h，而树脂层厚可同其余各柱，必要时也可略微加高。

7. 各交换柱运行控制

① 酸性阳柱的交换终点，必须按出水的 pH 值 3.0～3.5 进行控制。

② 除铬阴柱的饱和交换终点应按进、出水含六价铬浓度基本相等进行控制。

③ 除酸阴柱的交换终点应按出水 pH 值接近 5 进行控制。

8. 二次污染防治措施

酸性阳柱的再生洗脱液和淋洗水中含有多种金属离子及酸，应进行处理符合排放标准后排放。

第八章
啤酒废水处理工艺设计

第一节 啤酒生产工艺及废水来源

1. 概述

我国的啤酒行业已成为国民经济的重要产业,啤酒工业发展迅速,啤酒产量大幅度提高,已成为世界五大啤酒生产国之一,例如,1990年、1996年、1998年全国啤酒产量分别为690万吨、1682万吨、1987万吨。我国啤酒企业约600多家,遍布各省、市、自治区。啤酒企业中年产10万吨以上的36家,占总产量的35.8%;年产(5~10)万吨的150家左右,占总产量的50%;年产5万吨以下的企业约400多家。

啤酒行业是耗水量较大的行业,虽然各企业间有较大差别,但一般来说每生产1t啤酒的耗水量约10~50m³。如果以生产每吨啤酒产生20m³废水计算,则啤酒工业排放的废水量每年达4.0亿立方米。如果这些废水不加处理,将对环境造成严重污染。

啤酒废水处理的单元方法有接触氧化法、气动式生物转盘、生物滤池、深井曝气、两级活性污泥法、厌氧消化等,其处理工艺通常采用厌氧-好氧组合工艺。近年来,随着UASB在啤酒废水处理中的广泛应用,大幅度地降低了处理设施的建设费用和运行费用,具有较好的经济效益和环境效益。同传统活性污泥相比,厌氧-好氧组合工艺可以使处理能力增加1~2倍;回收的沼气经锅炉燃烧后,所产生的蒸汽可用于啤酒发酵工艺中,从而降低能源消耗。

2. 啤酒生产工艺

啤酒生产工艺分为麦芽制备、糖化、发酵及后处理等四大工序(段)。

(1)麦芽制备工段 由原料大麦制成麦芽。

该工段分为大麦贮存、筛选、浸渍、发芽、干燥和除根等六个工序。

麦芽制备工段用水主要包括浸麦洗麦用水和冷却用水两部分,浸麦的目的在于使麦粒吸水和吸氧、洗涤除尘、除杂,并将麦皮内的部分有害成分浸出,为发芽提供条件。在浸麦时,浸麦用水中常投加化学药品,如饱和澄清石灰水、甲醛水溶液、高锰酸钾、氢氧化钠或氢氧化钾溶液。

浸渍过程中大约每吨大麦耗水18~60m³,浸渍废水中含有大麦粒、瘪大麦、麦芒、麦皮和泥沙等悬浮固体,以及谷皮内的浸出物,如单宁物质、矿物质、蛋白质、苦味质等。悬浮固体含量约占原大麦投加量的2%左右。每浸渍1t大麦产生COD污染物约10~12kg或BOD_5污染物5~6kg;折算为每生产1t成品酒,产生COD污染物约2~3kg或BOD_5污染物约1~2kg。

(2)糖化工段 将麦芽粉碎和温水混合,借助麦芽自身的多种水解酶,将淀粉和蛋白质等高分子物质进一步分解成可溶性低分子糖类、糊精、氨基酸、胨、肽等,麦芽内容物的浸出率可达80%。此工段中产生麦汁冷却水、装置洗涤水、麦糟、热凝固物和酒花糟。在麦汁制备工段,每生产1t成品酒,产生COD污染物7~8kg或BOD_5污染物3~4kg。

(3)发酵工段 加酒花后的澄清麦汁冷却至6.5~8.0℃,接种酵母进行发酵。发酵工段中除产生大量的冷却水外,还产生发酵罐洗涤水、废消毒液、酵母漂洗水和冷凝水。在发酵工段,每生产 1t 成品酒,产生 COD 污染物 8～9kg 或 BOD$_5$ 污染物 5～6kg。

(4) 后处理工段　经过后发酵的成熟酒,入贮存罐。残余酵母和蛋白质等沉积于贮存罐底部,少量悬浮于酒中,需经分离后才能罐装,在滤酒工艺中,经滤器截留的酒渣、部分过滤材料及残酒随水排入下水道。经过滤后的成品酒可直接桶装或罐装置,装酒用的桶或罐,在装酒前需要进行清洗和消毒,因此清洗水中含有残酒和酒泥。在成品酒工段,每生产 1t 啤酒,产生废水约 6.0m^3,含 COD 污染物 7～8kg 或 BOD$_5$ 污染物 4～5kg。

3. 啤酒厂废水主要来源

啤酒厂废水主要来源为生产废水及厂区生活污水。啤酒厂产生废水主要有麦芽生产过程的洗麦水、浸麦水、发芽降温喷雾水、麦糟水、洗涤水;糖化过程的糖化、过滤洗涤水;发酵过程的发酵罐洗涤、过滤洗涤水;罐装过程洗瓶、灭菌、破瓶啤酒及冷却水和成品车间洗涤水。生活污水主要来自办公楼、食堂、单身宿舍和浴室。

第二节　废水水量及水质

1. 啤酒生产废水特点

由于啤酒的生产工序较多,不同啤酒厂生产过程每吨酒耗水量和水质相差较大。所消耗的水除一部分水转入产品外,其余绝大部分作为工业废水排入环境。啤酒废水按有机物含量可分为以下几类。

(1) 冷却水　冷冻机、麦汁和发酵冷却水等,这类废水基本上未受污染。

(2) 清洗废水　如大麦浸渍废水、大麦发芽降温喷雾水、清洗生产装置废水、漂洗酵母水、洗瓶机初期洗涤水、酒罐消毒废液、巴斯德杀菌喷淋水和地面冲洗水等,这类废水受到不同程度的有机污染。

(3) 冲渣废水　如麦糟液、冷热凝固物、酒花精、剩余酵母、酒泥、滤酒渣和残碱性洗涤液等,这类废水不仅含有有机物而且还含有大量的悬浮性固体。

(4) 灌装废水　废水中含有大量残酒和防腐剂等。

(5) 洗瓶废水　废水中含有残余洗涤剂、纸浆、染料、糨糊、残酒和泥沙等。

2. 排污量

啤酒生产的废水排量与生产工艺、生产管理水平、季节及产量等因素密切相关。

3. 废水水质

啤酒厂排水的主要污染物有 COD、BOD$_5$、SS 等,COD 为 1000～2500mg/L,BOD$_5$ 为 600～1500mg/L,SS 为 300～800mg/L。BOD$_5$ 与 COD 的比值约 0.5 左右,说明这种废水具有较好的可生化性。此外,啤酒废水中还含有一定量的氮和磷,适合于生物处理。某啤酒厂啤酒废水水质指标见表 8-1。

表 8-1　某啤酒厂啤酒废水主要水质指标一览表

pH 值	水温 /℃	COD /(mg/L)	BOD$_5$ /(mg/L)	碱度 /(mgCaCO$_3$/L)	SS /(mg/L)	TN /(mg/L)	TP /(mg/L)
5～6	16～30	1000～2500	700～1500	400～500	300～600	28～85	5～7

第三节　处理工艺单体构筑物设计

一、处理工艺

考虑到啤酒废水的水质特点，其处理工艺多采用厌氧-好氧组合工艺。厌氧生物处理可选择：厌氧活性污泥法，如上流式厌氧污泥床反应器（UASB）；厌氧生物膜法，如厌氧生物滤池（AF）、厌氧流化床反应器等。好氧生物处理可选择：活性污泥法，如普通活性污泥法（曝气池）；生物膜法，如生物接触氧化等。当出水对氮、磷有较高要求时，在厌氧生物处理单元后可采用 A/O 或 A²/O 工艺等。

二、单体构筑物设计

（一）调节池

1. 一般说明

与城市污水相比，工业废水的水量和水质波动比较大。因此，一般工业废水处理都设置调节池，以均化水质和调节水量，从而使整个污水处理系统稳定、高效运行。

水量调节主要是通过调节池进、出水水位差（自流式调节）或最高水位与最低水位差（调节泵）进行。水质均化可通过泵循环或设置搅拌机搅拌进行。鉴于水下搅拌机安装、维护方便，效率高，而且可以防止 SS 在调节池的沉积，因此，采用水下机械搅拌是目前较为广泛的做法。

2. 工艺尺寸

（1）池容 V　当有水量变化资料时，池容 V 按式(8-1) 计算：

$$V=|\sum(Q-\bar{Q})t|_{max} \tag{8-1}$$

式中　Q——水量。

当无水量变化资料时，池容 V 按式(8-2) 计算：

$$V=\bar{Q}t \tag{8-2}$$

式中　$\bar{Q}$——平均流量，t/m；

　　　t——调节时间，在无水量变化资料时，一般按 8~24h。

（2）结构尺寸　调节池面积 A 按式(8-3) 计算。

$$A=\frac{V}{H} \tag{8-3}$$

式中　H——调节池工作水深（最高水位与最低水位差），一般取 3~5m。

调节池面积确定后，池长和池宽依据厂地情况确定，如无场地限制一般设置为圆形或正方形，以利于水下搅拌器的工作。

进水管管底标高与调节池最高水位平齐，以便于自流进入调节池。如为压力管道时，则无此限制。自流出水时，出水管管底与最低水位平齐。当采用水泵出水时，通常采用液位计控制水泵的运行，当调节池水位达到最低水位时，水泵停止运行。

3. 工艺装备

水下搅拌机一般设置两台，呈对角线布置，搅拌机的功率（总）按 10~20W/m³（池容）设计。

搅拌机的形式多为推进器或桨叶式。

（二）格栅

1. 一般说明

啤酒废水中往往含有各种漂浮或悬浮固体杂质，如麦皮、酒糟等，这些杂质采用格栅（粗、中、细格栅）难以有效截除。当采用 UASB 等处理工艺时，对进水 SS 有一定要求，如不能有效地去除会造成反应器中污泥流失，从而影响稳定运行。因此，往往采用细格栅对废水进行预处理，保证 UASB 的稳定运行。

格栅有固定筛和回转筛两种常用的形式，其筛片通常为不锈钢材质的片状结构，为了增加筛片的强度及易于清理被截留的 SS，筛片断面形式为三角形并按一定形式安装。细格栅也可采用不锈钢网或尼龙网等材料。但当废水中含有大量纤维状杂物时，则不宜采用网状过滤装置细格栅。

2. 工艺装备

（1）格栅形式

① 固定筛。固定筛也称为水力筛，一般水力筛面的上部为进水箱，进水由箱的上沿溢流并分布于筛面，过筛以后的水进入集水箱并由出水管排出。固体杂质被截留在筛面上，在水流的作用下实现自动清渣。

② 回转筛。回转筛的原理、筛条结构与水力筛相同，回转筛采用机械传动，驱动回转筛转动。污水从转筒回转鼓中心进入，细小杂质被回转筛筒壁筛片截留，污水流向回转筛筒壁外侧，进入后续处理构筑物。

（2）设备选型　设备选型可参照有关产品样本或设备手册进行。

（三）UASB

1. 一般说明

上流式厌氧污泥床（UASB）是废水厌氧生物处理的主要构筑物，其工作原理是利用 UASB 反应器内培养的厌氧污泥（絮状或颗粒状）将废水中的有机物（BOD）甲烷化，从而达到废水处理的目的。

UASB 主要用于处理含溶解态有机物的废水，当废水中的 SS 超过总 COD 的 30％或 5g/L 以上时，必须进行预处理。

典型的 UASB 反应器由配水区、反应区（污泥床层和悬浮层）和三相分离器（集气室、污泥斗、沉淀区和出水区）三部分构成。因此，UASB 的设计也分为配水系统设计、反应区设计和三相分离器设计。

UASB 的构造形式按反应区断面形状可分为圆形和矩形两种。当水量较小时，通常采用圆形（单个或多个并联）；当水量较大时，为节省占地和池壁材料，通常采用多个矩形组合的方式。

小型 UASB 通常采用钢制；而大型 UASB 通常采用钢筋混凝土构建。

2. 设计参数

（1）反应区

① 负荷。UASB 的负荷随处理废水的浓度、可生化程度以及降解速率的不同而变化，一般 COD 负荷可由每立方米（反应区）每天几千克到十几千克，甚至几十千克。对于啤酒废水，参照同类反应器的设计负荷，在常温（20～25℃）运行条件下，承受的容积负荷一般

为5～6kgCOD/(m³·d)。

② 水力表面负荷。水力表面负荷为反应 UASB 单位面积单位时间内承受的处理水量 [m³/(m²·h)]，即上升流速（m/h）。一般处理啤酒废水时上升流速为 0.5～1.2m/h。

③ 反应区高度。一般 UASB 反应区的高度为 3～6m。当负荷较小时，宜采用较大的高度；当负荷较大时，宜采用较小的高度，从而保证单位面积上的产气强度维持在一定的范围内。既保证适当的上升流速，又不至于使得产气强度过大，造成污泥随气泡流失。

④ 处理效率。UASB 对易降解 COD 处理效率一般可达 60%～90%，对于啤酒废水可达 70%～95%。

（2）三相分离器

① 集气室。集气室的大小由集泥斗的倾角、大小以及贮气罐的压力波动等决定。当贮气罐压力波动在 0.4m 以内时，通常集气室的高度不应小于 0.6m。

② 集泥斗。为了保证沉淀污泥能通过集泥斗顺利收集并返回反应区，要求集泥斗倾角不小于 55°。当集泥斗倾角以及集气室高度确定后，集泥斗的大小（宽度）由集泥斗的个数确定，个数越少，集泥斗宽度越大，相应地集泥区高度也越大。

③ 沉淀区。UASB 沉淀区的工作特性类似于竖流式沉淀，因此，有关设计可参照竖流式沉淀池进行。表面负荷一般为 0.5～1.2m³/(m²·h)；水力停留时间一般为 1.5～2.0h。

为避免沼气随水流带入沉淀区，需设挡板。为使挡板与沉淀区间的回流缝水流稳定、污泥顺利回流，回流缝水流速度控制在 2～4m/h 左右。

④ 出水区。小型 UASB 通常采用周边出水，大型 UASB 则需增加中间出水。出水形式多为三角堰或平顶堰。有关堰的设计参照本书的其他部分。

（3）配水系统　UASB 的配水系统分为大阻力配水系统和小阻力配水系统两种。

① 大阻力配水系统。大阻力配水系统可采用穿孔管进行配水。有关设计参数如下。

配水干管起始端流速：1.0～1.5m/s；

配水支管起始端流速：1.5～2.0m/s；

孔口流速：>2m/s；

孔口直径：2～5mm；

孔口布置：45°向下交错布置。

支管与主管的布置应使所有孔口均匀分担进水水量。

② 小阻力配水系统（多点进水）。多点进水时进水点个数与污泥床工作状态及负荷的关系见表 8-2。

表 8-2　反应区污泥床状态与进配水点的个数关系

反应区污泥状态	布水点个数/(个/m²)	应　用　条　件
絮状污泥床 （污泥浓度>40kgTSS/m³）	0.5～1.0	容积负荷<1kgCOD/(m³·d)
	1～2	容积负荷 1～2kgCOD/(m³·d)
	2～3	容积负荷>2kgCOD/(m³·d)
絮状污泥床 （污泥浓度 20～40kgTSS/m³）	1～2	容积负荷 1～2kgCOD/(m³·d)
	2～5	容积负荷>3kgCOD/(m³·d)
颗粒污泥床	0.5～1	容积负荷>2kgCOD/(m³·d)
	0.5～2	容积负荷 2～4kgCOD/(m³·d)
	>2	容积负荷>4kgCOD/(m³·d)

（4）产气量　在无实测资料时，可通过进、出水 COD 的变化，确定出 CH_4 产量。理论上，每降解 1gCOD 可产生 0.35L 的 CH_4（标准状态）；当考虑细胞合成时，标准状态下，实际产气量按下式进行计算。

$$V_{CH_4(\text{标准状态})} = 0.35[Q(C_0 - C_e) - 1.42YQ(C_0 - C_e)] \times 10^{-3} \tag{8-4}$$

式中　$V_{CH_4(\text{标准状态})}$——标准状态下 CH_4 产量，m^3/d；

Q——处理水量，m^3/d；

C_0——进水 COD 值，mg/L；

C_e——出水 COD 值，mg/L；

1.42——由细胞体重换算为 COD 的换算系数；

Y——厌氧产率系数，$0.04 \sim 0.05$ mgVSS/mgCOD。

一般地，啤酒废水厌氧处理时产生的沼气中 CH_4 占到 $48\% \sim 55\%$ 左右。

根据以上计算方法和参数，考虑实际消化温度对气体体积的影响后，可计算出实际沼气产气量。

3. 工艺尺寸

（1）反应区

① 反应区的容积。反应区的容积 V

$$V = \frac{QC_0}{L_v} \tag{8-5}$$

式中　V——UASB 反应区的容积，m^3；

Q——废水设计流量，m^3/d；

L_v——可溶性有机物的容积负荷，$kgCOD/(m^3 \cdot d)$，与消化反应温度、废水性质、布水均匀程度、颗粒污泥浓度有关；

C_0——进水 COD 浓度，mg/L，即包括溶解性 COD 与悬浮 COD。

② 反应区表面积（过水面积）。无回流时

$$A = \frac{Qt}{h_2} = \frac{V}{h_2} \tag{8-6}$$

式中　A——反应区表面积，m^2；

h_2——反应区的高度，m；

t——反应区水力停留时间，h；

Q——废水设计流量，m^3/h。

③ 反应区高度

$$h_2 = qt \tag{8-7}$$

$$t = \frac{h_2}{q} = \frac{h_2 A}{Q} \tag{8-8}$$

式中　q——反应区允许表面水力负荷，$m^3/(m^2 \cdot h)$。

（2）三相分离器　三相分离器的设计包括沉淀区、回流缝、集气室等，应结合池型及三相分离器的构造进行计算。

（3）配水系统

① 大阻力配水系统。单孔流量 q：

$$q = \frac{\pi}{4} d^2 v \tag{8-9}$$

单池孔口数量 n：

$$n = \frac{Q_0}{q} \qquad (8-10)$$

单位面积孔口数量 n_0：

$$n_0 = \frac{Q_0}{A_0 q} \qquad (8-11)$$

配水区高度 h_3：

$$h_3 = 0.2\text{m} + D \qquad (8-12)$$

式中　Q_0——单池流量，m^3/s；

　　　A_0——单池面积，m^2；

　　　d——出水孔直径，m；

　　　v——孔口流速，m/s；

　　　D——进水支管管径，m。

② 小阻力配水系统。布水点的个数按表 8-2 进行选取。

（4）总高

$$H = h_0 + h_1 + h_2 + h_3 \qquad (8-13)$$

式中　h_0——超高，m；

　　　h_1——三相分离器的高度，m；

　　　h_2——反应区的高度，m；

　　　h_3——配水区的高度，m。

（四）接触氧化池

1. 一般说明

接触氧化是利用生长在填料表面的生物膜在好氧条件下，对废水中的有机物进行氧化分解，从而达到废水处理的目的。

（1）填料　填料是生物膜的载体，也是接触氧化池处理能力和效率的关键。填料的基本要求如下：

① 必须具有良好的生物膜固着性能。填料表面粗糙度的大小是使生物膜生成与固着的重要因素之一，粗糙度大，有机污染物易于在表面滞留，微生物易于滋生繁衍，生物膜易于形成与固着。生物膜主要是由作为亲水粒子的微生物所组成，因此，填料应是亲水性材料。

② 较大的比表面积。单位容积填料的表面积越大，固着的生物膜量也越多，处理能力和效率也越高。

③ 良好的水力特性。废水在接触氧化池内的流动通畅、阻力小，且与填料表面上的生物膜充分接触，不存在滞水区和死水区。影响水力特性的主要因素是填料的充填率、孔隙率、比表面积及填料的形状与尺寸。

④ 适当的充填率。填料在接触氧化池内的充填率，一般在 $70\% \sim 80\%$ 左右，不宜过高和过低，过高可能影响水流的水力特性，过低则将影响生物膜量，从而使反应器的降解功能降低。

（2）填料的分类

① 按填料的形状可分为蜂窝状、束状、波纹状、球状等；

② 按填料的性状可分为硬性、软性及半软性；

③ 按填料的材质可分为塑料填料、玻璃钢填料及纤维填料等。

不同类型的填料其比表面积、孔隙率、填充率等各不相同，在实际设计中设计人员应综合考虑各种因素，在此基础上确定相应的填料。对于啤酒废水处理，采用半软性填料较为合适。

（3）接触氧化池工作方式及曝气方式

① 接触氧化池通常分单池或多池工作。单池池内流态一般为完全混合式。多池（3～5级）串联时，一般为推流式。有效池深（填料区高度）一般采用 2.5～3.5m。

② 曝气方式可采用微孔曝气或穿孔管曝气。

③ 进出水方式。由于接触氧化池内的剧烈曝气混合，通常对进水均匀性无特殊要求，可采用管渠直接进水。接触氧化池的出水一般采用堰流。

④ 填料安装。填料在池内必须进行固定，以防止由于相对密度差异以及空气扰动引起的填料上浮。

2. 设计参数

（1）设计流量　当处理系统中有调节池时，设计流量按平均流量进行。

（2）进水浓度 C_0

$$C_0 = (1-\eta)C_0' \tag{8-14}$$

式中　η——UASB 的去除率；

　　C_0'——原水中 COD 浓度，mg/L。

（3）负荷　表观容积负荷：0.8～1.5kgBOD$_5$/(m^3·d)；填料区容积负荷：1～2kgBOD$_5$/(m^3·d)。

（4）水力停留时间　水力停留时间一般在 5～10h。

（5）池深　填料区有效水深宜为 3.0m。填料区上部及下部应留有 0.3～0.5m 的高度，以满足布水及布气的要求。

（6）空气量的计算　按经验设计时，一般采用气水比确定供气量，气水比可取 15m^3/m^3，依据气水比可确定相应的供气量。

按理论需氧量确定供气量时，计算过程如下：

① 计算需氧量 O_2

$$O_2 = a'QS_r + b'VX_V \tag{8-15}$$

式中　O_2——接触氧化反应器的需氧量，kgO$_2$/d；

　　a'——生物膜微生物每降解 1kgBOD$_5$ 所需要的氧量，kgO$_2$/kgBOD$_5$；

　　b'——每公斤活性生物膜每日自身氧化所耗去的氧量，kgO$_2$/(kgMLVSS·d)；

　　V——接触氧化反应器填料层区的容积，m^3；

　　X_V——单位容积填料上活性生物膜量，kg/m^3（X_V 值的确定：可按填料的比表面积值和生物膜的干质量值进行推算）。

② 实际需氧量 R_{O_2}。为安全计，安全系数取 1.33～1.61，则实际的需氧量 R_{O_2} 为

$$R_{O_2} = (1.33 \sim 1.61)O_2 \tag{8-16}$$

③ 供气量 G。氧在空气中所占比率为 0.21，氧的密度为 1.43kg/m^3。因此，需氧量与供气量之的关系为

$$G=\frac{R_{O_2}}{0.21\times1.43\times E_A}\tag{8-17}$$

式中 G——供气量，m^3/d；

E_A——选定的空气扩散装置的氧转移率。

E_A 值由空气扩散装置生产厂家提供。采用穿孔管曝气时，E_A 取 4%～6%；微孔曝气时，E_A 取 10%～15%。

3. 工艺尺寸

(1) 池容 V 按表观负荷计算时，池容 V 由下式确定。

$$V=\frac{QC_0}{L_V}\tag{8-18}$$

式中 L_V——表观负荷，kg $BOD_5/(m^3\cdot d)$。

填料体积 V' $\qquad\qquad V'=\alpha V\tag{8-19}$

按填料负荷计算时，填料体积由下式确定。

$$V'=\frac{QC_0}{L_V'}\tag{8-20}$$

式中 L_V'——填料负荷，kg$BOD_5/(m^3\cdot d)$。

池容 V $\qquad\qquad V=V'/\alpha\tag{8-21}$

式中 α——接触氧化池容积利用系数，一般为 0.7～0.8；

(2) 接触氧化池面积 A

$$A=\frac{V}{h}\tag{8-22}$$

式中 h——接触氧化池深，m。

(3) 单池面积 A'

$$A'=\frac{A}{n}\tag{8-23}$$

式中 n——接触氧化池个数。

(4) 单池尺寸

$$A'=BL\tag{8-24}$$

式中 B——单池宽度，m；

L——单池长度，m。

4. 工艺装备

鼓风机、气体流量计。

(五) 气浮池

1. 一般说明

① 一般应进行试验，确定所需溶气压力及回流比。当无试验资料时，溶气压力通常选用 200～400kPa（表压），回流比取 5%～10%。

② 溶气罐过流密度一般为 50～150$m^3/(m^2\cdot h)$，罐高一般为 1.5～3.0m。

③ 气浮池接触室上升流速 v_c 一般取 10～20mm/s，接触室内停留时间不宜小于 1min。

④ 气浮池分离区表面负荷 q 为 5～10$m^3/(m^2\cdot h)$。

⑤ 气浮池的有效水深可取 2.0～2.5m。

⑥ 气浮池出水可在分离区末端底部或底部设置穿孔集水管。采用穿孔管时，孔口流速应小于 1m/s，集水管内流速应大于 0.3m/s。

⑦ 气浮池宽一般可取 3～6m，池长以不超过 15m 为宜。

⑧ 气浮池结构见图 8-1。

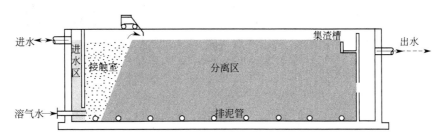

图 8-1　气浮池结构示意图

2. 工艺尺寸

（1）接触室表面积 A_c

$$A_c = \frac{Q + Q_r}{v_c} \tag{8-25}$$

式中　Q_r——容器水水量。

（2）分离室表面积 A_s

$$A_s = \frac{Q + Q_r}{q} \tag{8-26}$$

（3）接触室和分离区　接触室和分离区宽深相同。

接触室长度 L_1 　　　　　　　$$L_1 = \frac{A_c}{B} \tag{8-27}$$

分离区长度 L_2 　　　　　　　$$L_2 = \frac{A_s}{B} \tag{8-28}$$

气浮池长 L 　　　　　　　$$L = L_1 + L_2 \tag{8-29}$$

3. 工艺装备

气浮池的工艺装备有：空气压缩机、贮气罐、溶气罐、溶气水加压泵、释放器、刮渣机等。其中

溶气罐的有效容积 V 　　　　　　　$$V = Q_r t \tag{8-30}$$

式中　t——停留时间。

溶气水加压泵依据加压溶气水量和溶气压力选型；

其余如空压机、贮气罐、释放器、刮渣机等的选型按有关手册进行。

第九章

设计实例 1——某表面处理车间电镀含铬废水处理工艺设计

第一节 设计任务书

一、设计基础资料

1. 设计题目

某表面处理车间电镀含铬废水处理工艺设计。

2. 设计规模及设计水质

废水水量 5.0m³/h（平均值）；废水水质见表 9-1。

表 9-1 废水水质

项 目	六价铬(c_0)	Cr^{3+}	Cu^{2+}	Zn^{2+}	SS	pH 值
数 值	60～200 (150)	3～20 (10)	3～20 (10)	8～30 (20)	10～40 (30)	4～6.5 (5)

注：表中除 pH 值外单位均为 mg/L；括号中数值为平均值。

3. 处理要求

① 处理后废水达到《污水综合排放标准》（GB 8978—1996）规定的一级标准，见表 9-2。

表 9-2 处理后水质

项 目	六价铬(c)	总铬	总铜	总锌	SS	pH 值
数 值	0.5	1.5	0.5	2.0	70	6～9

注：表中除 pH 值外单位均为 mg/L。

② 处理后废水回用率达 80% 以上。

③ 废水中的铬以铬酐（CrO_3）的形式回收，重新用于生产。

二、设计成果

① 设计计算书和工艺说明书一册，字数不少于 5000 字。

② 平面布置图 1 张（2#图），管线系统图 1 张（1#图）。

三、设计进度

① 设计动员，布置任务，提出要求，强调纪律，准备设计室和制图工具（时间 1 天）。

② 文献查阅，了解电镀含铬废水处理一般方法（时间 1 天）。

③ 熟悉离子交换工艺原理及应用特点（时间 1 天）。

④ 进行设计计算（时间 2 天）。

⑤ 绘制图纸（时间 3 天）。

⑥ 编写设计计算书和工艺说明书（时间 1 天）。

⑦ 答辩、讲评（时间 1 天）。

四、推荐参考文献

《给水排水设计手册》、《三废处理工程技术手册》（废水卷）、《电镀废水治理设计规范》（见附录 1）、《电镀废水治理手册》、《电镀废水处理技术及工程实例》、《排水工程》、《废水处理工艺设计计算》、《实用水处理设备手册》、《水污染控制工程》教材、其他相关书籍及刊物。

第二节　处理工艺的确定

根据设计要求，废水中的 Cr(Ⅵ) 以 CrO_3 的形式回收，并且处理后的水回用率达到 80％以上，可知离子交换工艺是最优的选择。

第三节　工　艺　计　算

一、调节池

1. 一般说明

电镀废水水质水量有一定波动，设置调节池使水质和水量保持相对稳定，有利于后续处理单元的有效运行。调节池材料采用钢筋混凝土，内、外壁做防腐处理。

2. 工艺设计

设计水量　　$Q = 5.0 m^3/h$

停留时间　　$T = 3h$

有效容积　　$V = QT = 5.0 \times 3 = 15.0$（$m^3$）

有效水深　　$H = 2000mm$

横截面积　　$S = V/H = 7.5 m^2$

池长　　　　$L = 3000mm$

池宽　　　　$B = S/L = 7.5/3.0 = 2500$（mm）

超高　　　　500mm

调节池总尺寸　$L \times B \times H = 3000mm \times 2500mm \times 2500mm$

二、过滤柱

1. 一般说明

去除原水中的 SS，减轻树脂堵塞污染，为离子交换柱正常工作提供保障。滤料选用石英砂。

2. 工艺设计

滤层厚度　　$H = 1.0m$

空塔流速　　$v = 10m/h$

过滤周期　$T=24\text{h}$

反冲强度　$q=15\text{L}/(\text{m}^2 \cdot \text{s})$

反洗膨胀率　45%

反冲时间　10min

反冲洗水　处理后除酸纯水

滤柱横截面积　$S=\dfrac{Q}{v}=\dfrac{5.0\text{m}^3/\text{h}}{10\text{m/h}}=0.5\text{m}^2$

滤柱直径　$D=\sqrt{\dfrac{4S}{\pi}}=\sqrt{\dfrac{4\times0.5}{\pi}}=0.798\ (\text{m})$

取 $D=800\text{mm}$，则实际空塔流速

$$v_1=\frac{Q}{S}=\frac{5.0}{\dfrac{\pi}{4}\times0.8^2}=9.95\ (\text{m/h})$$

符合要求（$5\sim10\text{m/h}$）。

所需要滤料体积

$$V_1=SH=\frac{\pi}{4}\times0.8^2\times1.0=0.5\ (\text{m}^3)$$

天然花岗石碎石垫层厚 450mm。

有效高度　$H=450+1000(1+0.45)=1900\ (\text{mm})$

取 2000m。

三、除铬阴柱

1. 一般说明

用于去除六价铬，阴柱数量 2 个，采用全饱和工艺运行。柱中装填 D301 型阴树脂，湿视密度 $\rho=0.7\text{g/L}$，工作交换容量 $E=70\text{g Cr(Ⅵ)}/\text{L(R)}$。

2. 工艺设计

工作周期　$T=24\text{h}$；

1 个工作周期内除铬量

$$\begin{aligned}N&=Q(c_0-c)T\\&=5.0\times(150-0.5)\times24\times10^{-3}=17.94\ (\text{kg})\end{aligned}$$

树脂体积

$$V_R=\frac{N}{E}=\frac{17.94}{70}\times10^3=256\ (\text{L})$$

树脂质量

$$W=V_R\rho=256\times0.70=179.2\ (\text{kg})$$

空塔流速　$v=20\text{m/h}$

交换柱直径　$D=\sqrt{\dfrac{4Q}{\pi v}}=\sqrt{\dfrac{4\times5}{3.14\times20}}=564\ (\text{mm})$

取 $D=550\text{mm}$，则实际空塔流速

$$v=\frac{Q}{F}=\frac{5.0}{\dfrac{\pi}{4}\times0.55^2}=21\ (\text{m/h})$$

满足要求（20～30m/h）。

树脂层高度

$$H_R = \frac{V_R}{S} = \frac{256}{\frac{\pi}{4} \times 0.55^2} = 1078 \text{（mm）}$$

交换柱总高

$$H = 2.0 \times H_R = 2 \times 1078\text{mm} = 2156\text{mm}$$

取 2200mm。

再生剂：浓度 10％工业 NaOH 溶液。

再生剂用量：2 倍树脂体积，即

$$V = 2V_R = 2 \times 0.256 = 0.512 \text{（m}^3\text{）}$$

再生流速：$v = 1.0$m/h（再生效率为 95％以上）。

四、除酸阴柱

1. 一般说明

设置在除铬阴柱之后，用于降低除铬阴柱出水酸度和回用水中 Cl^-、SO_4^{2-} 含量。

2. 工艺设计

选用 D201 型阴树脂。其他参数同除铬阴柱，即

$$v = 21\text{m/h}$$
$$V_R = 0.256\text{m}^3$$
$$D = 550\text{mm}$$
$$H_R = 1078\text{mm}$$
$$H = 2200\text{mm}$$

再生剂：浓度 10％工业 NaOH 溶液。

再生剂用量：2 倍树脂体积，即 $V = 2V_R = 2 \times 0.256 = 0.512$（m³）。

再生流速：$v = 1.0$m/h。

五、酸性阳柱

1. 一般说明

设置在除铬阴柱之前，去除废水中金属阳离子，并降低 pH 值在 3～3.5 范围内，以使 $Cr(\text{VI})$ 以 $Cr_2O_7^{2-}$ 形态存在，有利于除铬阴柱对铬的交换。

2. 工艺设计

阳柱数量：2 个，串并联设计交替运行。

树脂：001×7 型，工作交换容量 1200eq/m³。

单柱树脂体积：采用阳树脂体积：阴树脂体积＝1:1，即 $V_R' = V_{R(阴)} = 0.256$m³。

柱高：$H = 1.8H_R = 1.8 \times 1078 = 1940$(mm)，取 $H = 2000$mm，阳柱其他尺寸同除铬阴柱。

废水中 Cu^{2+}、Zn^{2+}、Cr^{3+} 阳离子当量数

$$N = 5 \times 24 \times \left(\frac{10}{32} + \frac{20}{32.5} + \frac{10}{17.3} \right) = 180.7 \text{（eq/d）}$$

工作周期：$T = \frac{V_R'E}{N} = \frac{0.256 \times 1200}{180.7} = 1.7$（d），满足一般要求（24～48h）。

再生剂：浓度 5％的工业盐酸。

再生剂用量：2 倍树脂体积，即 $V=2V_R=2\times0.256=0.512(m^3)$。

再生流速：2.0m/h。

六、脱钠柱

1. 一般说明

去除除铬阴柱再生洗脱液中的 Na^+，使得回收的 $Cr(Ⅵ)$以铬酸的形式回用于生产。

2. 工艺设计

树脂：001×7 型，工作交换容量 1200eq/m³，湿视密度 $\rho=0.8\ g/mL$。

树脂体积：2 倍除铬阴柱树脂体积，此时除铬阴柱 1 周期内再生洗脱液基本可 1 次脱钠完成，即树脂体积 $V_R=2\times0.256m^3=0.512m^3$。

树脂质量

$$W=V_R\rho=0.512\times0.8\times10^3=409.6\ (kg)$$

脱钠柱直径：$D=700mm$。

树脂层高度

$$H_R=\frac{V_R}{S}=\frac{0.512}{\frac{\pi}{4}\times0.7^2}=1331\ (mm)$$

交换柱有效高度

$$H=1.8H_R=1.8\times1331\approx2400\ (mm)$$

空塔流速：$v=2.5m/h$。

处理流量

$$Q=vS=2.5\times\frac{\pi}{4}\times0.7^2=0.96\ (m^3/h)$$

再生剂：5％的工业盐酸。

再生剂用量：2 倍树脂体积，即 $V=2V_R=2\times0.256=0.512\ (m^3)$。

再生流速：2.0m/h。

七、附属构筑物计算

1. 贮酸槽

功能：贮存工业盐酸，供配制时使用。

尺寸：$L\times B\times H=1500mm\times1000mm\times1000mm$。

2. 配酸槽

功能：直接供再生阳柱用。

有效容积：按阳柱和脱钠柱 1 次再生所需再生剂用量设计，即

$$V=阳柱再生剂量 + 脱钠柱再生剂量=0.512+0.512=1.024\ (m^3)$$

尺寸：$L\times B\times H=1500mm\times1000mm\times1000mm$。

3. 碱液贮槽（配碱槽）

功能：把工业碱配成一定浓度的碱液，供配制阴柱再生碱液用。

有效容积：按除铬阴柱和除酸阴柱 1 次再生剂用量设计，即

$$V=除铬阴柱再生剂量+除酸阴柱再生剂量$$

$$=0.512+0.512=1.024\ (\mathrm{m^3})$$

尺寸：$L \times B \times H = 1500mm \times 1000mm \times 1000mm$。

4. 碱复用槽

功能：贮存除铬阴柱再生洗脱时最后 1 倍树脂体积的洗脱液，以便在下个再生周期开始时使用。

有效容积：1 倍除铬阴柱树脂体积，即 $V = 0.256\mathrm{m^3}$。

尺寸：$L \times B \times H = 800mm \times 800mm \times 600mm$。

5. 高位酸槽、碱槽和复用碱槽

功能：将酸、碱、复用碱液贮于高位槽，借助重力作用流入交换柱再生。

有效容积：0.5 倍对应低位槽容积。

尺寸：高位酸槽 $L \times B \times H = 800mm \times 500mm \times 500mm$；

高位碱槽 $L \times B \times H = 800mm \times 500mm \times 500mm$；

高位复用碱槽 $L \times B \times H = 500mm \times 500mm \times 500mm$。

6. H_2CrO_4 贮槽和 Na_2CrO_4 贮槽

功能：贮存脱钠柱流出液和再生洗脱时最初 1 倍树脂体积的洗脱液（主要含 Na_2CrO_4）。

有效容积：$V = 0.72\mathrm{m^3}$。

尺寸：$L \times B \times H = 1500mm \times 1000mm \times 1000mm$。

7. 纯水低位贮槽

功能：贮存部分处理后除酸纯水，用于砂滤罐反冲洗。

有效容积：取砂滤罐反冲洗 1 次需水量的 1.5 倍，即

$$V = 1.5qtS$$
$$= 1.5 \times 15 \times 10 \times 60 \times 0.5$$
$$= 6750\ (\mathrm{L})$$
$$= 6.75\ (\mathrm{m^3})$$

尺寸：$L \times B \times H = 2000mm \times 2000mm \times 1800mm$。

8. 纯水高位贮槽

功能：收集贮存处理后除酸纯水，用于电镀生产、交换柱反洗、再生后淋洗、配制再生剂等。

有效容积：取 1 个工作周期（24h）内自耗水量体积（约占处理水量的 10%），即

$$V = 0.1 \times 24 \times 5.0 = 12\ (\mathrm{m^3})$$

尺寸：$L \times B \times H = 3000mm \times 2500mm \times 2000mm$。

第四节 水 力 计 算

一、废水输送管道与调节池提升泵

废水输送用硬聚氯乙烯管，最不利管段全长 $L = 50m$（最长段）。查表可得 $Q = 5.04\mathrm{m^3/h}$ 时，管径 $D_g = 40mm$，流速 $v = 0.84m/s$，$1000i = 19.17$。则沿程水头损失

$$h_1 = iL = \frac{19.17}{1000} \times 50 = 0.95 \text{ （m）}$$

管线中主要配件及其局部阻力系数见表 9-3。

表 9-3　管线中主要配件及其局部阻力系数

配件名称	数量/个	局部阻力系数 ξ	配件名称	数量/个	局部阻力系数 ξ
三通	12	12×1.5	逆止阀	1	7.5
90°弯头	11	11×0.6	流量计	1	9
阀门	8	8×2.5	泵	1	1.0

则局部水头损失

$$h_2 = \xi \frac{v^2}{2g} = (12 \times 1.5 + 11 \times 0.6 + 8 \times 2.5 + 7.5 + 9 + 1.0) \times \frac{0.84^2}{2 \times 9.8} = 2.23 \text{ （m）}$$

过滤柱与吸附柱（最不利条件为 5 个柱子同时串联运行）单柱水头损失 h_3 估计为 3m，最不利点水位（纯水高位槽最高水位）与调节池最低水位高差 $h_4 = 5.0$m，自由水头 h_f 取 2m，则水泵的扬程为

$$H = h_1 + h_2 + 5h_3 + h_4 + h_f = 0.95 + 2.23 + 5 \times 3 + 5.0 + 2 = 24.2 \text{ （m）}$$

水泵的选择：选用 25WGF 型耐腐蚀泵，流量 Q 为 4.8～12.0m³/h，扬程 H 为 21.2～32.7m，电动机功率 3kW。在水泵压出段接回水管接入调节池。

二、石英砂过滤柱反冲洗

1. 参数选取

承托层厚度 H　0.45m；

滤料层厚度 L　1.0m；

反冲强度 q　15L/(m²·s)；

反冲时间　10min；

滤料密度 γ_2　2.62t/m³；

水的密度 γ_1　1.0t/m³；

滤料层膨胀前的孔隙率 m_0　43%。

2. 水力计算

（1）纯水低位贮槽至压滤罐间管道水头损失 h_1　滤罐反冲水流量

$$Q_{反冲} = Sq = 0.5 \times 15 = 7.5 \text{L/s} = 0.0075 \text{ （m}^3/\text{s）}$$

查水力计算表得，管径 $D_g = 50$mm，流量 $Q = 7.5$L/s 时，流速 $v = 2.84$m/s，$1000i = 125$。管长 $L = 10$m，则沿程水头损失 $h_沿$

$$h_沿 = iL = \frac{125}{1000} \times 10 = 1.25 \text{ （m）}$$

冲洗管道中主要配件及其局部阻力系数见表 9-4。

表 9-4　管线中主要配件及其局部阻力系数

配件名称	数量/个	局部阻力系数 ξ	配件名称	数量/个	局部阻力系数 ξ
水箱出口	1	0.5	流量计	1	9
90°弯头	2	2×0.6	三通	3	3×1.5
阀门	3	3×2.5	泵	1	1.0

则局部水头损失 $h_{局}$

$$h_{局}=\xi\frac{v^2}{2g}=(0.5+2\times0.6+3\times2.5+9+3\times1.5+1.0)\times\frac{2.84^2}{2\times9.8}=9.75\ (m)$$

即

$$h_1=h_{沿}+h_{局}=1.25+9.75=11\ (m)$$

（2）配水系统水头损失 h_2　大阻力配水系统按估算值 $h_2=4.0m$ 计算。

（3）承托层水头损失 h_3

$$\begin{aligned}h_3&=0.022Hq\\&=0.022\times0.45\times15\\&=1.48\ (m)\end{aligned}$$

④ 滤料层水头损失 h_4

$$\begin{aligned}h_4&=(\gamma_2/\gamma_1-1)(1-m_0)L\\&=(2.62/1.0-1)(1-0.43)\times1.0\\&=0.92\ (m)\end{aligned}$$

⑤ 自由水头 h_5。取自由水头 $h_5=2.0m$。则反冲洗需要水头为

$$h=h_1+h_2+h_3+h_4+h_5=11+4.0+1.48+0.92+2.0=19.4\ (m)$$

选 IS80-65-125 型离心清水泵 2 台（1 备），流量 $Q=30m^3/h$，扬程 $H=22.5m$，电动机功率 5.5kW。

三、交换柱反洗、淋洗水管道

1. 反洗

交换柱直径 $D=550mm$（见前面交换柱计算）。

管道采用硬聚氯乙烯管，最不利管段全长 $L=20m$（最长段）。一般交换柱反洗强度 $q=3.0\sim5.0L/(m^2\cdot s)$，则流量为

$$\begin{aligned}Q&=q\times\frac{\pi}{4}\times D^2\\&=5.0\times0.785\times0.55^2\\&=1.187\ (L/s)\end{aligned}$$

查表当 $Q=1.20L/s$ 时，可得管径 $D_g=40mm$，流速 $v=0.72m/s$，$1000i=14.58$。则沿程水头损失

$$h_{沿}=iL=\frac{14.58}{1000}\times20=0.29\ (m)$$

管线中主要配件及其局部阻力系数见表 9-5。

局部水头损失

$$\begin{aligned}h_{局}&=(3\xi_1+3\xi_2+4\xi_3+\xi_4)\frac{v^2}{2g}\\&=(3\times1.5+3\times0.6+4\times2.5+9)\times\frac{0.72^2}{19.6}=0.67\ (m)\end{aligned}$$

反洗通过树脂层水头损失为

$$\begin{aligned}h_{树脂}&=(\gamma_2/\gamma_1-1)(1-m_0)L\\&=(1.04/1.0-1)(1-0.5)\times1.078\\&=0.02\ (m)\end{aligned}$$

配水系统水头损失估计：$h_{配}=0.3$m。

自由水头：$h_f=2$m。

纯水高位槽底距反冲排水管口应为

$$H = h_{沿} + h_{局} + h_{树脂} + h_f$$
$$= 0.29 + 0.67 + 0.02 + 0.3 + 2$$
$$= 3.28 \text{ (m)}$$

取 $H=3.5$m。

表 9-5　管线中主要配件及其局部阻力系数

配件名称	数量/个	局部阻力系数 ξ	配件名称	数量/个	局部阻力系数 ξ
三通	3	3×1.5	阀门	4	4×2.5
90°弯头	3	3×0.6	流量计	1	9

2. 淋洗

淋洗管道同反洗。

四、酸液提升管道与泵

酸液提升输送采用硬聚氯乙烯管，总管长 $L=10$m。管线中主要配件及其局部阻力系数见表 9-6。

表 9-6　管线中主要配件及其局部阻力系数

配件名称	数量/个	局部阻力系数 ξ	配件名称	数量/个	局部阻力系数 ξ
三通	1	1.5	逆止阀	1	7.5
90°弯头	2	2×0.6	流量计	1	9
阀门	2	2×2.5	泵	1	1.0

查表可得，当流量 $Q=2.16$m³/h 时，管径 $D_g=25$mm，$v=0.91$m/s，$1000i=38.58$。

沿程阻力损失　　　　$h_1 = iL = 0.03858 \times 10 = 0.39$ （m）

局部阻力损失　　$h_2 = (2\xi_1 + 2\xi_2 + 3\xi_3 + \xi_4 + \xi_5 + \xi_6)\dfrac{v^2}{2g}$

$$= (1\times1.5 + 2\times0.6 + 2\times2.5 + 7.5 + 9 + 1.0)\dfrac{0.91^2}{19.6} = 1.06 \text{ （m）}$$

液面高差　　$h_3 = 4.0$m

自由水头　　$h_f = 2.0$m

泵总扬程　　$H = h_1 + h_2 + h_3 + h_f$

$$= 0.39 + 1.06 + 4.0 + 2.0 = 7.45 \text{ （m）}$$

泵的选择：选用 SB1.5-1.0 型耐腐蚀塑料泵，流量 $Q=2.8$m³/h，扬程 $H=9$m，电动机功率 0.18kW。

五、碱液提升管道与泵

同酸液提升管道与泵计算。

六、Na₂CrO₄ 液提升管道与泵

采用硬聚氯乙烯管，总管长 $L=10$m。管线中主要配件及其局部阻力系数见表 9-7。

表 9-7　管线中主要配件及其局部阻力系数

配件名称	数量/个	局部阻力系数 ξ	配件名称	数量/个	局部阻力系数 ξ
90°弯头	2	2×0.6	流量计	1	9
阀门	2	2×2.5	泵	1	1.0
逆止阀	1	7.5			

脱钠柱流速确定为 $v=2.5 \text{m/h}$，直径 $D=0.55 \text{m}$，因此流量为

$$Q=vs=2.5\,\frac{\pi}{4}D^2$$

$$=2.5×0.785×0.55^2=0.59\ (\text{m}^3/\text{h})$$

查表可得，当流量 $Q=0.612 \text{m}^3/\text{h}$ 时，管径 $D_g=25 \text{mm}$，$v=0.26 \text{m/s}$，$1000i=4.12$。

沿程水头损失　$h_1=iL=\dfrac{4.12}{1000}×10=0.041\ (\text{m})$

局部阻力损失　$h_2=(2\xi_1+2\xi_2+\xi_3+\xi_4+\xi_5)\dfrac{v^2}{2g}$

$$=(2×0.6+2×2.5+7.5+9+1)\frac{0.26^2}{19.6}=0.08\ (\text{m})$$

液面高差　$h_3=4.0 \text{m}$

自由水头　$h_f=2 \text{m}$

泵总扬程　$H=h_1+h_2+h_3+h_f$

$$=0.041+0.08+4.0+2=6.12\ (\text{m})$$

泵的选择：选用 SB1.5-0.7 型耐腐蚀塑料泵，流量 $Q=1.0 \text{m}^3/\text{h}$，扬程 $H=7.2 \text{m}$，电动机功率 0.12kW。

第十章

设计实例 2——某啤酒厂污水处理站工艺设计

第一节 设计任务书

1. 设计题目

某啤酒厂废水处理站工艺设计。

2. 设计资料

（1）水量及水质

设计水量：5000m³/d。

设计水质：设计水质见表 10-1。

表 10-1 主要设计水质资料

项　目	BOD₅	COD	SS	NH₄⁺-N	T-P	pH 值
平均值	1010	2000	350	40	6	6.5～9.0

注：除 pH 值外，其余项目单位均为 mg/L。

（2）处理要求 处理要求根据受纳水体的使用功能确定。

（3）厂区条件

① 地势平坦

② 气象条件

最低气温：－12℃

最高气温：41℃

年平均气温：15℃

多年平均降雨量：560mm/a

主导风向：SE

③ 工程地质

土壤：Ⅱ级失陷性黄土

地下水位：－8m

厂区平均海拔高程：453m

（4）进水条件

来水水头：无压

来水管底标高：450m

（5）排水条件 距离厂区围墙西侧 300m 有一河流，河水最大流量 33m³/s；最小流量 1.7m³/s；最高水位 445m(50 年一遇)。使用功能主要为一般工业用水及景观用水，属《地表水环境质量标准》（GB 3838—2002）中Ⅳ类水域。

3. 设计内容

依据设计资料和设计要求，确定工艺流程，进行构筑物工艺设计计算，在此基础上进行平面及高程布置。具体内容如下。

（1）工艺流程选择

① 论述现有有机废水处理的流程及各处理单元的功能及相互作用关系；

② 依据设计资料，确定设计工艺流程；

③ 计算和确定各处理单元的设计效率。

（2）构筑物工艺设计计算

① 确定主要构筑物（格栅、调节池、UASB、接触氧化池、气浮池等）的形式、工艺尺寸；

② 主要配套设备能力计算及选型。

（3）水力计算 系统水力计算（构筑物水力计算、构筑物连接管渠水力计算等）。

（4）平面及高程布置

① 论述平面布置原则，在此基础上，依据厂区气象、工程地质、构筑物形式及相互连接等确定本设计的平面布置。

② 论述高程布置原则，在此基础上确定本设计的高程布置。

③ 平面及高程布置应充分考虑工艺布置要求与工厂实际可用地面积之间的关系，宜尽可能地紧凑，以节约用地。

4. 设计成果

① 计算说明书（设计内容的详细陈述、依据、计算过程、系统框图、构筑物单线图）；

② 处理厂平面图（1#）；

③ UASB 或接触氧化池工艺图（1#）。

5. 设计期限

两周。

6. 其他说明的问题

① 本次课程设计涉及的工艺装备，参照有关设计手册及产品说明书进行选型。

② 由于时间原因，本次课程设计不进行污泥处理系统的设计、计算。

7. 主要参考资料

1 张希衡. 水污染控制工程. 北京：冶金工业出版社，2000.

2 给水排水设计手册（1 册、4 册、5 册、6 册、9 册、10 册）. 第二版. 北京：中国建筑工业出版社，2002.

3 胡纪萃等. 废水厌氧生物处理理论与技术. 北京：中国建筑工业出版社，2003.

4 聂梅生等. 水工业设计手册——水工业工程设备. 北京：中国建筑工业出版社，2000.

第二节　工艺流程选择

考虑到啤酒废水的水质特点及处理出水要求达到《污水综合排放标准》（GB 8978—1996）中二级标准（由受纳水体的使用功能确定），本次课程设计采用上流式厌氧污泥床＋

好氧接触氧化工艺，工艺流程图如图 10-1 所示。

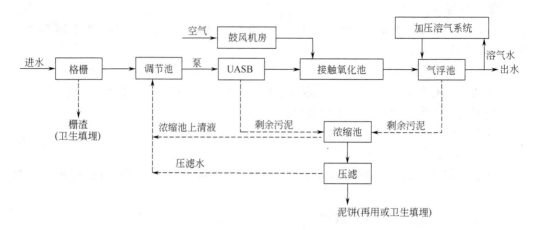

图 10-1　啤酒废水处理流程

第三节　构筑物设计计算

一、格栅

根据《水工业设计手册——水工业工程设备》（聂梅生等．中国建筑工业出版社，2000），选择 HZ-I 型，单台处理能力 120m³/h，共 2 台。

二、调节池

（1）工艺尺寸　取调节时间为 8h，则池容
$$V=Qt$$
$$=208.3\text{m}^3/\text{h}\times8\text{h}$$
$$=1666.7\text{m}^3$$

有效水深 H 取 3m，则调节池表面积
$$A=\frac{Q}{H}=555.6\ (\text{m}^2)$$

设计调节池长宽分别为 24m，则调节池实际有效水深为 2.9m。设计超高 0.6m，保护水深（池底）0.5m，则调节池深度为 4.0m。

（2）工艺装备　调节池内设置潜水搅拌机 2 台，单台功率 9.0kW。

三、提升泵站

调节池最低水位 442m；UASB 出水水位：458m；UASB 水头损失：2.8m。因此，需要提升泵的扬程不小于 18.8m。

处理水量：5000m³/d。

提升泵选型：100QW70-22-11，3 用 1 备。

四、UASB

采用矩形 UASB，三相分离器由上下两层折板型集气罩组成。配水采用穿孔管，出水采

用三角堰。

(1) 反应区

① 反应区容积 V。容积负荷取 $6kgCOD/(m^3 \cdot d)$，则反应区容积

$$V = \frac{5000 \times 2000 \times 10^{-3}}{6} = 1666.7 \ (m^3)$$

采用 4 座 UASB 并联运行，则每座 UASB 反应区容积 V' 为 $416.7m^3$，每座处理水量 $Q' = 52.1m^3/h$。

② 反应区表面积 A。反应区高度 h_2 取 $4.5m$，则反应区表面积

$$A = \frac{416.7}{4.5} = 92.6 \ (m^2)$$

取反应区宽为 $6.8m$，则长为 $13.6m$。

③ 反应区水力停留时间 t。

$$t = \frac{416.7}{52.1} = 8.0 \ (h)$$

④ 沉淀区表面负荷 q。设计三相分离器沉淀区的沉淀面积即为反应的水平面积，则

$$q = \frac{52.1}{92.6} = 0.563m^3/(m^2 \cdot h) \ (符合要求)$$

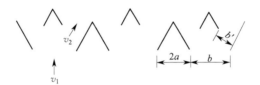

图 10-2　三相分离器结构示意图（举例）

(2) 三相分离器　三相分离器有多种结构形式，本次课程设计按如图 10-2 所示三相分离器结构进行设计。

① 沉淀区

a. 下部折板

取 $v_1 = 1.8m/h$，则

$$52.1 = 1.8 \times 6.8 \times 6b$$
$$b = 0.710m$$

根据几何关系：$6a + 3b = 13.6m$，得

$$a = 0.778m$$

下部折板倾角取 $60°$，则下部折板区高度

$$h_1 = 1.348m$$

b. 上部折板

取 $v_2 = 1.95m/h$，则

$$52.1 = 1.95 \times 6.8 \times 12b'$$
$$b' = 0.327m$$

取上、下部折板重叠垂直距离为 $0.28m$。

根据几何关系：$(0.28/\tan60° + 0.327/\sin60°) \times 2 + 2a' = 0.71 + 2 \times 0.778$，得

$$a' = 0.594m$$

上部折板倾角取 55°，则上部折板高 $h_2' = 0.848$ m。

② 上部分离区高度。设计水力停留时间取 2.0h，依据表面负荷 $q = 0.563$ m³/(m² · h)，得上部分离区高度 $h_1 = 0.563 \times 2.0 = 1.126$（m）。

（3）布水区　采用穿孔管配水，每个 UASB 设 10 根管径 50mm、长 6.8m 的穿孔管。每两根管的中心距为 1.236m。穿孔管中心距反应器底 0.2m。

配水孔孔径采用 ϕ5mm，孔距为 0.2m，共 340 个配水孔，出孔流速为 2.169m/s；孔口向下 45°，交错布置。

（4）出水区　采用三角堰出水，出水渠宽 0.2m、高 0.2m。为保证出水的均匀性，每个 UASB 设 6 条出水渠。

（5）UASB 结构及布置结果　UASB 结构及布置结果见图 10-3。

（6）产气量　UASB 的 COD 去除率按 80% 计，厌氧产率系数 Y 取 0.04gVSS/gCOD，则 CH_4 产量

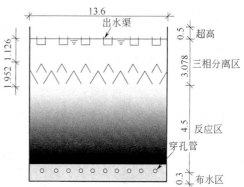

图 10-3　UASB 结构及布置结果示意图

$$V_{CH_4(标准状态)} = 0.35 \times [5000 \times 2000 \times 80\% - 1.42 \times 0.04 \times 5000 \times 2000 \times 80\%] \times 10^{-3}$$
$$= 2640.96 \ （m^3）$$

取 CH_4 占沼气体积的 51%，则沼气体积（标准状态）为

$$2640.96/0.51 = 5178.4 \ （m^3）$$

（7）UASB 剩余污泥排放　剩余污泥排放管选管径 200mm 的排放管 4 根，分别布于池底和反应区1/3 高度处。

五、接触氧化池

（1）接触氧化池尺寸　原水 BOD_5 为 1010mg/L，UASB 去除率为 80%，则接触氧化池进水 BOD_5 为 202mg/L；容积负荷 L_V 取 1kgBOD₅/(m³ · d)，则接触氧化池容积 V

$$V = \frac{5000 \times 202 \times 10^{-3}}{1} = 1010 \ （m^3）$$

设计接触氧化池两池，并联运行，则单池有效容积为 $V' = 505$ m³。

设计有效水深（填料区）为 3m，则单池面积 A_0 为 168.3m²。

接触池宽取 3.0m，则长为 56.1m。

按 3 廊道布置，则每廊道的长度为 18.7m。

接触时间

$$t = \frac{505}{2500} \times 24 = 4.848 \ （h）$$

填料层上部出水高度 0.5m；下部布气区高度 0.5m；下部布气管安装高度（距池底）0.2m；设计保护高度 0.3m。

则接触氧化池总高度为

$$H = 3.0 + 0.5 + 0.5 + 0.3$$
$$= 4.3 \text{（m）}$$

（2）填料 填料区高度为3m（等于有效水深），填料选软性填料，充填率取75%，填料支架尺寸选1.5m×1.5m×1.5m。

（3）供气量 取气水比为20：1，则供气量Q_a为

$$Q_a = 20 \times 5000 = 100000 \text{（m}^3 \text{空气/d）} = 4166.7 \text{（m}^3 \text{空气/h）}$$

（4）工艺装备 风机3台，2用1备，单台风量$Q = 2500\text{m}^3$空气/h；风压$h = 4.5\text{m}$。

六、气浮池

采用平流式气浮池；溶气方式为压力溶气。

（1）溶气水量Q_r Q_r取处理水量的10%，即

$$Q_r = 500\text{m}^3/\text{d} = 20.8\text{m}^3/\text{h}$$

（2）实际供气量Q'_a 溶气压力p取200～400kPa，按300kPa计算，溶气效率取0.7。k_T取20℃时空气的溶解度系数2.43×10^{-2}。

$$Q'_a = \frac{Q_r k_T p}{\eta}$$
$$= \frac{20.8 \times 2.43 \times 10^{-2} \times 300}{0.7}$$
$$= 216.6 \text{（L/h）}$$

（3）空压机额定供气量Q''_a 安全与空压机效率系数取1.4。

$$Q''_a = 1.4 \times 216.6 = 303.24\text{L/h} = 5.054\text{L/min}$$

（4）溶气罐 溶气时间取5min，则溶气罐有效容积$V = Q_r t = 20.8 \times \frac{5}{60} = 1.73 \text{（m}^3\text{）}$

设计溶气罐2个，并联运行，则单罐容积为0.865m^3。溶气罐有效高度取1.5m，则直径D为

$$D = \sqrt{\frac{0.865 \times 4}{1.5 \times 3.14}} = 0.85 \text{（m）}$$

（5）贮气罐 为避免空气压缩机频繁启动，应设置贮气罐。取贮气罐有效容积为0.8m^3，可调压力倍数为2。共设两组，并联运行。

（6）接触室表面积A_c 取$v_c = 15\text{mm/s}$，则

$$A_c = \frac{208.8 + 20.8}{15 \times 3600 \times 10^{-3}} = 4.24 \text{（m}^2\text{）}$$

两座并联运行，则单座接触室面积$A'_c = 2.12\text{m}^2$。

（7）分离室表面积A_s。取$v_s = 1.8\text{mm/s}$

$$A_s = \frac{208.8 + 20.8}{1.8 \times 3600 \times 10^{-3}} = 35.3 \text{（m}^2\text{）}$$

两座并联运行，则单座分离室表面积$A'_s = 17.65\text{m}^2$。

（8）气浮池平面尺寸 分离室宽度取2.5m，则分离室长为7.06m；接触室长为2.5m，则接触室宽为0.85m。单座气浮池平面尺寸为长×宽=2.5m×7.91m。

（9）有效水深 有效水深取2.5m。

（10）空气压缩机选型 空压机额定供气量5.054L/min。

根据溶气罐的工作压力（200～400kPa）及贮气罐的可调压力倍数，要求空压机的工作压力为 400～800kPa。

选 ZW-0.015/7 型，供气量 15L/min，排气压力 700kPa。

第四节　水 力 计 算

水力计算应考虑管道局部阻力、沿程阻力、明渠坡度、构筑物本身水头损失等，过程从略，计算结果见表 10-2。

表 10-2　水力计算结果

构　筑　物	水　头　损　失/m
UASB	2.8
接触氧化池	0.35
气浮池	0.3

第三篇

水污染控制工程毕业设计

第十一章
总论

一、毕业设计的地位

毕业设计是大学本科生在校学习的最后环节，通过毕业设计不但可检验综合应用所学知识的能力，而且为未来从事工程技术活动打下坚实的基础。

从时间的角度看，毕业设计通常为12～15周，而课程设计一般为2周，因此，指导教师应很好地进行规划，仔细安排，以便达到毕业设计应有的效果。

从知识运用的角度看，毕业设计是所学知识的综合运用，由于水污染控制工程涉及流体力学、反应工程学、微生物学等多个学科，因此，在毕业设计的过程中，应随时查阅和复习以往所学知识，掌握相关的知识点及交叉点，以便达到毕业设计的综合知识运用效果。

从设计内容看，毕业设计与课程设计存在较大的差异。课程设计主要是对该门课程的学习效果和应用能力的考查，具体到水污染控制工程，课程设计主要是考查学生对工艺性能的学习和认识，因此，课程设计主要是工艺设计。而毕业设计则是强调整体，尤其是设计细节，学生应将设计思想通过图纸完整地表达出来。

综上所述，可以看出毕业设计环节是工程技术类学生在校学习的重要环节，指导教师和学生应当予以足够的重视。

二、毕业设计内容

1. 资料收集

依据设计题目（或设计任务）收集相关资料是工程设计的第一步，毕业设计也不例外。通常设计所需的基础资料来源有三个渠道：甲方（业主）提供、乙方（设计方）现场收集和甲乙双方（或单方）去有关部门查询。

（1）甲方提供　甲方除提供设计委托书（设计规模、处理水质、出水要求或效果）外，还应提供相应的污水处理厂厂区及周围平面及高程图、厂区及周围相关地质资料、气象资料及其他相关原始资料。在毕业设计中，这一环节可由学生独立进行（如果为实际工程设计）或指导教师提供。

（2）现场收集　如果甲方不能提供或不能完全提供相关必备的设计资料，则设计人员必须到现场自行收集。此外，通过现场收集资料，乙方还可核实甲方提交的原始资料，以保证确凿无误。设计人员通过现场考察，也可进一步熟悉设计对象及周边环境。在毕业设计过程中，这一环节一般可结合毕业实习进行，或单独进行。

（3）有关部门查询　如果甲方不能提供或不能完全提供相关必备的设计资料，而现场又无法收集到时，则甲方或乙方（设计方）人员必须亲自到有关部门查询或购置，从而获得设计所必需的各种设计资料。如有关的气象资料可到当地的气象部门查询；地质资料可到当地的地质部门查询；水质资料可到当地的环保部门查询。

随着现代通讯技术及信息技术的发展，通过网络也可查阅到大量的设计资料和参考材料，从而达到事半功倍的效果。以下是相关的部分网站地址。

中国水工业网：www.chinawater.com

给排水在线：www.gpszx.gov.com

国家环境保护部：www.mep.gov.cn

国家气象局：www.cma.gov.cn

建设部：www.cin.gov.cn

水利部：www.mwr.gov.cn

需要特别强调的是，设计人员自行收集的有关设计基础资料，必须由甲方书面认可，方可作为设计文献，否则，引起的争议由乙方（设计方）负责。

在毕业设计过程中，指导教师应安排相关内容（调查或资料收集）由学生单独完成，以锻炼学生收集设计资料的能力。

2. 现场实习

现场实习（毕业实习）以往各校大多安排在毕业设计前单独进行，根据多年的经验，这样做往往达不到毕业实习的效果，使得毕业实习和生产实习几乎没有区别，不但学生积极性不高，而且在以后设计中遇到大量的具体问题，影响毕业设计的进程和效果。因此，建议毕业实习应在毕业设计任务下达后的1~2周进行，在此期间，学生对毕业设计的题目、内容等先有一个基本了解，然后，带着任务和问题进行实习，做到有的放矢。

毕业实习应以水污染控制构筑物的结构形式，细部构造，工艺装备的性能、尺寸、控制方式等具体细节问题为主要实习内容，为设计计算和绘图提供直接的感性认识和必要的基础。

此外，在毕业实习中，指导教师应和实习接待方协商安排一定的图纸阅读时间，图纸应为实际工程图（施工图），并结合图纸和实际工程，了解和掌握施工图的内容、表达方式。

3. 工艺选择

工艺选择是水污染控制工程设计的基础。一个优秀的工程设计，首先是选择了合理的工艺流程；相反，如果工艺流程的选择不尽合理，即使其后的单体和系统设计再好，也很难达到预期的设计效果。因此，学生在毕业设计中应对该部分内容予以重视。

4. 设计计算

毕业设计中的单体及系统设计计算，主要依据有关的设计规范，运用所学的工艺工程学、系统动力学、流体工程学以及相关的建筑和结构知识，通过选择合理的工艺设计参数、正确的设计计算公式以及准确的计算方法，完成相关的设计计算。

水污染控制工程的设计计算通常包括系统工艺设计计算、单体构筑物（反应器）设计计算、工艺装备（机电设备）设计计算（选型）、控制系统的设计计算（控制方法及系统联动等）以及水力计算（确定相关的流体机械及装备）等内容，相关的设计计算方法见有关章节的内容。

5. 绘图

图纸是工程技术人员的语言。设计人员的设计思想、设计意图和设计成果等均要通过设计图纸表达给甲方和施工单位。因此，绘图是工程设计最为重要的组成部分。在毕业设计的绘图过程中应注意以下原则。

（1）标准化　符合国家有关设计标准和图纸表达方式。

（2）规范化　符合行业及同行多年形成的行之有效，且为大多数设计人员认可的基本表达方式,如有关的水污染构筑物,属于土木工程,其设计表达应采用建筑设计标准和表达方法;对于有关的机械设备绘图则应遵循机械制图的有关规定和规范等。

(3)信息化 采用计算机绘图,向甲方提交文本的同时,提交电子文本(软盘、CD盘或其他方式的电子文件),以便甲方管理。

三、毕业设计深度

指导教师应充分认识到毕业设计与课程设计实质性的差异。课程设计的目的是对所学课程内容的总结、检查和实践应用,因此,重视的是工艺设计。通过工艺设计使学生对水污染控制工程的设计程序、方法、步骤、内容有一个初步的认识,其设计成果往往偏离实际工程设计较远。而毕业设计则是对大学本科所学知识的综合运用,为学生进行未来实际工程设计的演练,因此,毕业设计的一切活动(尤其是设计深度)应尽量贴近实际工程设计。

实际工程设计实施程序分为项目建议、可行性研究、初步设计、施工图设计四个环节,通常四个环节大多由同一设计部门甚至同一设计人员完成,因此,从项目的最初策划到最终完成设计是一个循序渐进、逐步完善的过程,这一过程依工程规模大约经历几个月(小规模)到几年(大规模或超大规模)。而毕业设计则是直接进入初步设计或施工图设计,缺乏或甚至没有前期资料,连贯性较差或为跳跃式,因此,指导教师应尽量提供相关的设计文件,严格掌握设计深度和设计进度,以达到毕业设计应有的训练效果。

通常认为毕业设计的深度介于初步设计与施工图设计之间,尽管每个人的设计任务、题目和内容不尽相同,但设计深度均应尽量接近施工图,从而使学生能得到应有的训练和效果,为毕业后从事实际工程打下坚实良好的基础。

四、毕业设计时间及安排

水污染控制工程涉及土木工程、流体力学、机械工程、电气及自控等多门学科,不仅内容多,而且较为复杂,且多为非标设计,考虑到毕业设计的完整性,一般以生物处理为设计题目时(如城市污水处理厂设计),设计时间需安排14~15周,以物理化学处理为设计题目时(如工业废水处理站),设计时间需安排12~13周。

为了督促学生按时完成设计任务和指导教师的检查,指导教师应结合设计任务给出相关的具体时间安排。表11-1为西安建筑科技大学环境工程专业水污染控制工程毕业设计各阶段时间安排,可供参考。

表 11-1　毕业设计各阶段时间安排表

编　　号	阶　　段	时间/周	成　　果
1	资料收集(实习)	2~3	实习报告
2	设计计算准备	0.5~1	
3	工艺设计及水力计算	2	计算书初稿
4	绘图	7~8	设计图纸
5	计算书整理	0.5~1	说明书终稿

五、毕业设计成果

在实际工程设计中,图纸是设计的唯一成果,也是设计方(乙方)向业主(甲方)提供的唯一设计文件。虽然设计计算是工程设计的必备程序、步骤和依据,但计算结果并不作为设计文件向业主呈送，而由设计人员留存（或设计单位留存），以便在需要时备查。

毕业设计是考察学生的设计能力和对大学本科所学知识的综合运用能力，因此，毕业设计的成果包括设计图纸和计算说明书两部分，包含的基本内容如下。

（1）计算说明书
- 设计任务书
- 概述
- 工艺流程选择
- 单体构筑物设计计算
- 水力计算
- 平面布置
- 高程布置
- 参考文献
- 致谢

（2）设计图纸
- 设计首页
- 平面布置图
- 立面图
- 若干构筑物单体图

一般计算说明书约 2 万～3 万字；设计图纸约折合 1# 图 6～8 张。

第十二章

化学还原沉淀法处理电镀含铬废水工艺设计

电镀废水是一类典型的工业废水，最常用的处理方法是化学处理法。化学处理法是向水中投加化学试剂，通过化学反应改变水中污染物的物理和化学性质，使其能从废水中去除并达到排放标准的方法。通过毕业设计的训练，使学生了解废水化学法处理工艺的特点，熟悉化学还原沉淀法处理电镀废水的原理及工艺流程，掌握工艺参数，培养绘制工程图纸的能力。

废水处理站设计一般程序、电镀废水的来源与性质见第七章。

第一节 化学还原沉淀法处理电镀含铬废水工艺原理

电镀废水中含有重金属离子、有机化合物及无机化合物等有害物质，每年有大量污染物流进江河湖海，或渗入土壤地层，污染地下水源，破坏生态，危及人类健康。20世纪末，中国、美国、日本、欧洲的电镀废水治理已开始出现微排放及零排放的理论、技术及装置。但由于电镀废水治理成本高、盈利少，不能吸引投资者大量投资，微排放及零排放发展很慢。

在治理电镀废水的诸多工艺中，化学法应用最为普遍，在国外约占90%以上。我国各种电镀废水处理工艺的应用比例从大到小依次为化学法、离子交换法、电解法；化学法约占40%，而且化学法呈上升趋势并逐渐向工业发达国家靠近，离子交换和电解法则呈下降趋势，上升或下降的原因主要在于处理工艺的实用化程度。采用化学法的废水处理工程投资约占电镀工程总投资的5%左右，而离子交换法、电解法、电渗析法、反渗透法和薄膜蒸发法等废水处理工程投资约占电镀工程总投资的30%~40%。

电镀废水化学法处理工艺的运行方式分为间歇式和连续式两种。水量较小、控制水平低的场合宜采用间歇式处理工艺；水量较大、控制水平先进的场合宜采用连续式处理工艺。目前化学法电镀废水处理工艺大多采用如图12-1所示的工艺流程，即含氰废水和重金属废水分开处理后再与酸碱等其他废水混合处理。

化学法具有操作简单、效果稳定可靠、适用范围广、能承受大水量和高浓度负荷冲击等特点，可适用于各类电镀废水治理。缺点是电镀污泥易产生二次污染，自动化程度低时处理效果受操作人员人为因素影响大。

国内外电镀废水化学法处理工艺本身差别不大，但在设备和控制方法上却存在较大差距。一些发达国家广泛应用pH值、ORP、液位计等自动控制仪表，通过传感器对各个环节进行自动控制，实现自动加药、自动报警等操作，从而确保废水治理能稳定达标排放。我国应用pH值自动控制仪和氧化还原电位值ORP自动控制仪的单位已越来越多。实践证明，在运行操作上采取高度自动化管理而产生的总体运行效果是十分稳定可靠的，也是电镀废水治理发展的方向。

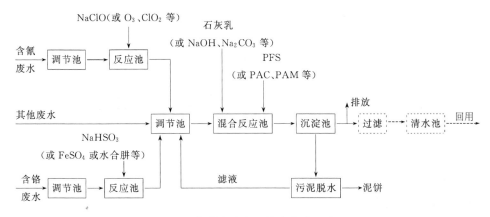

图 12-1　化学法处理电镀废水典型流程

药剂还原沉淀法是处理六价铬废水最常用的方法。利用还原性药剂如硫酸亚铁（$FeSO_4$）、亚硫酸氢钠（$NaHSO_3$）、二氧化硫（SO_2）等，把六价铬还原成三价铬，然后加入碱性药剂调节 pH 值，使三价铬形成氢氧化铬[$Cr(OH)_3$]沉淀而从水中除去。

采用药剂还原法去除六价铬时，还原剂的选择要因地制宜，全面考虑。硫酸亚铁还原法处理含铬废水成本低、药剂来源广，处理效果好，其缺点是产生的沉渣中含有大量铁沉淀物，因而渣量大，大约是其他还原剂产生渣量的 4 倍。二氧化硫还原法设备简单、效果好，处理后六价铬含量可达到 0.1mg/L，但二氧化硫是有害气体，处理池需用通风装置，另外对设备腐蚀性较大，并且不能直接回收铬酸。亚硫酸氢钠还原法具有设备简单、沉渣量少且易于回收利用等优点，因而应用较广。

亚硫酸盐还原处理电镀废水，先用盐酸或硫酸使水溶液 pH 值降低到 3.0 以下。因为反应速度由出水溶液 pH 值控制，当 pH 值在 3 以上时，反应速度极为缓慢。然后加入亚硫酸盐类还原剂，使六价铬还原为三价铬。再加石灰或苛性钠调节 pH 值，使三价铬生成氢氧化铬沉淀，通过固液分离除去，从而使废水得到净化。沉淀过程在 pH 值为 7～8 的条件下进行，因为在此 pH 值范围内氢氧化铬的溶解度最小。该工艺的特点是处理后水能达到排放标准，并能回收利用氢氧化铬，设备和操作也较简单，但处理成本较高，铬污泥处置不当有可能造成二次污染。常用的亚硫酸盐有亚硫酸氢钠、亚硫酸钠、焦亚硫酸钠等。常用沉淀剂有石灰、碳酸钠和氢氧化钠。采用石灰，来源广、价格便宜，但反应慢，生成泥渣多且难以回收。采用碳酸钠时，投料容易，但反应会产生二氧化碳。氢氧化钠成本高，但泥渣量少、纯度高，铬污泥容易回收。

采用亚硫酸氢钠作还原剂时，还原反应为：

$$H_2Cr_2O_7 + NaHSO_3 + H_2SO_4 \longrightarrow Cr_2(SO_4)_3 + Na_2SO_4 + H_2O$$

反应过程中应进行机械搅拌或水泵搅拌，但不宜采用空气搅拌，因空气搅拌会使反应副产物 SO_2 外逸污染周围环境。

采用苛性钠为沉淀剂时，沉淀反应为：

$$Cr_2(SO_4)_3 + 6NaOH \longrightarrow 2Cr(OH)_3 \downarrow + 3Na_2SO_4$$

若厂区有二氧化硫及硫化氢废气，也可采用尾气还原，原理同亚硫酸氢钠法。

若厂区同时有含铬废水和含氰废水时，可互相进行氧化还原反应，以废治废，其反应为：

$$Cr_2O_7^{2-} + 6CN^- + 14H^+ \longrightarrow 2Cr^{3+} + 3(CONH_2)_2 + H_2O$$

$$Cr^{3+} + 3OH^- \longrightarrow Cr(OH)_3 \downarrow$$

用硫酸亚铁还原六价铬为三价铬，产生铁和铬的氢氧化物沉淀，反应如下：

$$HCrO_4^- + 3Fe^{2+} + 7H^+ \longrightarrow Cr^{3+} + 3Fe^{3+} + H_2O$$

$$Cr^{3+} + Fe^{3+} + 3OH^- \longrightarrow Cr(OH)_3 \downarrow + Fe(OH)_3 \downarrow$$

第二节　化学还原沉淀系统工艺设计方法

一、调节池

1. 一般说明

废水的水量和水质并不总是均匀恒定的，往往随时间变化，电镀废水也是这样。水量和水质的变化使得处理设备不能在最佳的工艺条件下运行，严重时甚至使设备无法工作，为此需要设置调节池，进行水量调节和水质均化。

水量调节的特点是变水位调节，需要一定的时间，即要有足够的调节池容积。池容的确定可根据水量历时变化图通过图解法求得，实际中多根据经验确定。

水质均化的特点是恒水位调节，主要是均化浓度，要求尽量完全混合。混合方式有水泵循环、空气搅拌、机械搅拌、异程混合等。

水量调节和水质均化合建于一体的构筑物称为均化池。

2. 主要设计参数

调节池设计主要是确定调节池的有效容积。调节池的设计应以处理废水的水质水量的变化周期为依据，调节池有效容积不应小于一个变化周期内累计的废水量。如果没有水量水质的逐时累计变化资料，可根据行业经验确定池容，常用停留时间（HRT）表示。停留时间是调节池有效容积与处理水量的比值，即

$$HRT = V_{有效}/Q$$

间歇处理时，调节池容积按平均每小时废水流量的 $3\sim4h$ 计算。废水水量小时，可采用较长的 HRT。

二、反应池

1. 一般说明

反应池中根据化学反应的不同需要加入各种药剂，以实现 pH 值调节、六价铬的还原以及氢氧化铬的生成等过程。为了促进反应物的充分接触反应，反应池通常设置混合设备。由于反应生成的氢氧化铬絮体不易沉降，在进入斜板沉淀池之前，应在反应池中投加凝聚剂帮助絮体长大以利于提高后续沉淀单元的处理效果，常用的凝聚剂有聚合硫酸铁（PFS）、聚合氯化铝（PAC）、聚丙烯酰胺（PAM）等。

废水水量较小时，反应池多采用单池间歇运行；水量较大时，可采用多池连续串联运行或多池并联交替运行。由于六价铬的还原以及氢氧化铬沉淀反应的 pH 值不同，有条件时建议采用多池串联系统。

2. 主要设计参数

还原反应：

pH 值　$2.5\sim3$；

HRT　$20\sim30min$；

搅拌强度　中等强度，可以用 G 值参考，介于混凝反应中混合反应和絮凝反应之间，70～500/s；

投药比　（4～5）∶1（质量比，还原剂 $NaHSO_3$∶六价铬）；

ORP 值　不高于 300mV。

絮凝反应：

pH 值　7～8；

HRT　15～20min；

G 值　20～70/s；

GT 值　$1.0×10^4$～$1.0×10^5$；

PFS 投量　10～20mg/L；

PAM 投量　1～3mg/L。

3. 工艺尺寸

反应池有效容积 V：

$$V = Qt \tag{12-1}$$

式中　V——反应器有效容积，m^3；

　　　Q——设计流量，m^3/h；

　　　t——反应时间，h。

反应池面积 A：

$$A = \frac{V}{H} \tag{12-2}$$

式中　A——反应池面积，m^2；

　　　V——反应器有效容积，m^3；

　　　H——有效水深，m。

4. 工艺设备

搅拌机功率按每立方米池容 10～20W 计算。搅拌机桨叶尺寸及转速设计参考有关手册或采用成套设备。

三、沉淀池

1. 一般说明

利用重力沉降或气浮原理，使混合反应过程中生成的难溶物与水分离，达到净化水的目的。电镀废水处理中固液分离一般采用沉淀池或气浮池，其中沉淀池有平流式沉淀池、竖流式沉淀池、辐流式沉淀池和斜板斜管沉淀池等。斜板沉淀池具有沉淀效率高、停留时间短、占地少等优点，在电镀废水处理中得到广泛应用。

按水流与沉泥的相对运动方向，斜板沉淀池可分为异向流、同向流和侧向流三种形式。一般为了构造简单，多采用异向流，即水流倾斜向上流，污泥则倾斜向下流。斜板的倾角一般在 45°～60°之间，沉积污泥能自动滑下，落入池底或污泥斗。斜板沉淀池计算示意图如图 12-2 所示。

排泥是沉淀池设计的一项重要内容，通常有重力排泥和

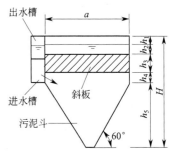

图 12-2　斜板沉淀池计算示意图

机械排泥方式。对于斜板沉淀池而言，一般采用机械排泥方式，机械排泥采用固定轴旋转刮泥机、池底刮泥或泥浆泵等设施。一般先将污泥刮到池两端的排泥沟中，再由穿孔排泥管或泥浆泵排出池外。若采用多斗沉淀池形式，为使排泥顺畅、均匀，原则上每斗设单独排泥管，排泥管直径一般不小于150mm。

2. 主要设计参数

上升流速 1～2mm/s；

斜板（管）长度 1～2m；

斜板（管）倾角 60°；

斜板间垂直净距 30～50mm。

3. 工艺尺寸

沉淀池水表面积 A	$A = Q_{max}/(0.91 n q_0)(m^2)$	(12-3)
圆形沉淀池直径 D	$D = (4A/\pi)^{1/2}$ （m）	(12-4)
方形沉淀池边长 a	$a = A^{1/2}$ （m）	(12-5)
池内停留时间 t	$t = (h_2 + h_3) \cdot 60/q_0$ (min)	(12-6)
沉淀池的总高度 H	$H = h_1 + h_2 + h_3 + h_4 + h_5$ （m）	(12-7)

式中 Q_{max}——最大设计流量，m^3/h；

　　　　n——池数；

　　　　q_0——表面负荷，一般采用 $3～5m^3/(m^2 \cdot h)$；

　　　0.91——斜板（管）面积利用系数；

　　　　h_1——超高，一般用 0.3m；

　　　　h_2——斜板（管）区上部的清水层高度，m，一般为 0.5～1.0m；

　　　　h_3——斜板（管）区自身高度，m，一般为 0.866～1.0m；

　　　　h_4——斜板（管）下缓冲层高度，m，一般为 0.5～1.0m；

　　　　h_5——污泥斗高度，m。

若沉淀池为矩形，计算方法与方形池类同。

四、中间水池

1. 一般说明

其作用为沉淀池出水贮池，同时用作过滤器水泵集水池。

2. 工艺尺寸

确定有效容积、净尺寸等。

五、过滤器

1. 一般说明

去除沉淀单元未能有效去除的微小絮体，进一步降低处理废水重金属离子浓度，保证达标排放或回用要求。一般可采用 PE 微孔管过滤、重力式过滤或压力式过滤。PE 微孔管过滤精度高，经过滤出水浊度可低于 0.5mg/L，但微孔管容易堵塞，需经常反冲洗，定期酸洗，每 3 年应更换一次。重力式过滤和压力式过滤操作简单方便，但过滤精度不及 PE 管，出水浊度在 1～1.5mg/L 之间。压力式过滤在中、小规模工业废水处理中使用较多。

2. 主要设计参数

以石英砂为滤料的单层压力式过滤器的设计参数如下。

滤速　5～10m/h；

冲洗前水头损失　5～6m；

滤层厚度　800～1200mm；

承托层厚度　450mm，一般分4层；

冲洗强度　12～15L/（m² · s）；

反洗膨胀率　30%～50%；

冲洗时间　5～10min；

工作周期　12～24h。

冲洗用水可利用清水池水或自来水，冲洗滤池后排水应返回调节池。

六、清水池

1. 一般说明

贮存过滤后的净化水，调解处理与回用之间的水量平衡。一旦废水中六价铬含量达不到处理要求，用泵提升至调节池重新处理。

2. 主要设计参数

清水池有效容积可按1.5～2.0倍滤池冲洗水量计算。

七、药剂投配系统

1. 一般说明

电镀废水处理过程中需要加入多种不同药剂，如酸、碱、氧化剂、还原剂和混凝剂等。药剂投加分干投和湿投两种方式，其中湿投方式由于反应速度快、节省药剂等优点而被广泛采用。在药剂湿投系统中，首先把固体（块状或粒状）药剂置入溶解池中，并注水溶解，一般采用水力、机械及压缩空气等方法搅拌，以增加溶解速度及保持均匀的浓度，投药量较小的水厂也可采用人工搅拌调制。溶解池中的药液进入溶液投配池配成投加所需浓度的溶液，经计量泵或其他控制剂量的设备投入废水中。药剂的溶解和投加所需的装置、设备统称为药剂投配系统。

溶液投配池一般以高架式设置，可以依靠重力投加药剂，也可以用泵投加。池周围应有工作台，池底坡度不小于0.02，底部应设置放空管，必要时设溢流装置，混凝剂的投加溶液浓度一般采用5%～15%（按商品固体质量计）。通常每日调制2～6次，人工调制时则不多于3次。溶液投配池的数量可设2个，以便交替使用，保证连续投药。

药剂溶解池一般有地下式和高架式两种，采用地下式较多，以利于操作管理和减轻劳动强度。设置地下式的溶解池，池顶一般高出地面0.2m，当采用手工搅拌时，则池顶可高出地面1m左右，以减轻劳动强度和改善操作条件。溶解池的底坡坡度不小于0.02，池底应有直径不小于100mm的排渣管，池壁需设超高，防止搅拌时溶液溢出。溶解池的容积常按溶液投配池容积的0.2～0.3倍计算。

由于药液一般都具有腐蚀性，所以盛放药液的池子和管道及配件都应采取防腐措施。可根据情况采用钢筋混凝土池体、耐酸陶土缸、防腐木桶及塑料板焊接箱等。

若药剂加入进水管中，投药口至进水管的水头损失不应小于0.3～0.4m，否则应装设孔板或文丘里管。一般管道内流速为 0.8~1.0m/s。

2. 工艺尺寸

确定有效容积、净尺寸、操作方式等。

3. 工艺设备

所需搅拌、投加设备的选型。

八、泥渣处理系统

化学法处理电镀含铬废水工艺的重要特点是含铬污泥的产生。电镀废水处理过程中产生的电镀污泥是含重金属危险废弃物，其堆存流失或直接排放不仅严重污染环境，同时也浪费了大量资源。中国从电镀污泥中流失的各类重金属每年达 10 万吨以上，以含 Cu、Ni、Zn、Cr、Fe 等多组分混合型污泥为主体，污泥中金属含量远高于矿石。电镀废水处理工艺中泥渣处理系统的作用是进行污泥浓缩、脱水，以减小污泥体积，便于最终处置。

污泥浓缩通常采用重力浓缩。浓缩池的设计停留时间一般不小于 8h。

污泥脱水一般采用板框压滤机，可根据污泥量选用成套设备。

第十三章 城市污水处理厂二级处理工艺设计

城市污水是中国水环境的主要污染源。根据国家环境保护局 2001 年《中国环境现状公报》，城市污水的污染负荷已占中国水环境污染负荷的 60% 以上，因此，城市污水处理是中国目前和未来若干年水环境领域的主要任务之一。解决城市污水对水环境污染的重要途径之一就是修建城市污水处理厂。

城市污水处理厂二级处理是环境工程专业水污染控制方向毕业设计的主要内容之一。据调查，中国拥有环境工程专业的高等院校绝大多数都将城市污水处理厂的设计作为毕业设计的首选题目。本章主要介绍城市污水处理厂工艺设计的基本原理、内容、方法、程序和工艺计算。

接到设计任务后，应认真阅读有关设计文献，独立收集有关设计资料，在指导教师的协助下，在规定的时间内独立完成毕业设计（包括工艺流程选择、单体构筑物设计、设备选型、系统水力计算、平面及立面布置等）。

第一节 设计规模及设计水质

设计规模和设计水质的确定是污水处理厂设计的先决条件。

一、设计规模

设计规模 Q 指的是污水处理厂接纳的日平均污水量（单位为 m^3/d）；最大流量指的是污水处理厂最大小时流量（单位为 m^3/h）。

在城市污水处理厂设计中，一般设计规模作为二级处理系统（曝气池、二沉池、污泥回流等）和污泥处理系统的设计流量。最大流量作为一级处理（进水泵房、粗格栅、细格栅、沉砂池和初沉池）的设计流量。

污水处理厂的设计规模一般根据当地城市规划部门确定的近期设计人口（适当考虑或不考虑远期）、人均日排水量、工业规模（转换为当量人口）确定。在以当前城市（或排水区域）状态为设计依据时还可通过现场实测确定。

1. 设计人口法

设计规模按下式确定：

$$Q = 10^{-3} qW \tag{13-1}$$

最大设计流量为设计规模乘以总变化系数，即

$$Q_{\max} = k_t Q = 10^{-3} k_t qW/24 \tag{13-2}$$

式中　$Q_{\max}$——最大设计流量，m^3/h；

Q——设计规模，m^3/d；

k_t——总变化系数；

q——人均日排水量，$L/(d \cdot 人)$；

W——当量人口，人。

当量人口按下式计算

$$W = W' + \frac{Q'}{q} \tag{13-3}$$

或

$$W = W' + \frac{CQ'}{q'} \tag{13-4}$$

式中　W'——规划设计当量人口，人；

Q'——设计排水区域内工业废水排水流量，m^3/d；

q——每当量人口日排水量，$0.2m^3/d$；

C——设计排水区内工业废水排水 BOD 浓度，g/L；

q'——每当量人口日当量负荷，$60g$ BOD/人。

2. 实测法

测定排水区域内总排水口污水流量的历时变化图，从历时变化图上确定设计规模和最大时设计流量，以此作为设计依据。

二、设计水质

通常设计水质由甲方给出。在毕业设计中，设计水质一般由设计任务书给出。设计人员（或学生）接到设计任务后，应当依据已有的设计经验或现有的设计资料对设计水质正确与否进行判断，从而确定设计水质的合理性和准确性，然后在此基础上进行设计。

表 13-1 是西安市城市污水水质资料；表 13-2 是欧洲城市污水水质资料，供参考。

表 13-1　西安市城市污水典型水质

项　目	典　型　值	项　目	典　型　值
pH 值	6.5～8	NH_3-N/(mg/L)	20～30
BOD/(mg/L)	180～200	TP/(mg/L)	4～5
COD/(mg/L)	300～350	P-PO_4^{3-}（无机磷）/(mg/L)	3～4
SS/(mg/L)	200～250	P-org(有机磷)/(mg/L)	1～2
TN/(mg/L)	25～40		

表 13-2　欧洲城市污水典型水质

项　目	废　水　类　别			
	高浓度	中浓度	低浓度	极低浓度
TCOD(总)/(mg/L)	740	530	320	210
DCOD(溶解态)/(mg/L)	300	210	130	80
SCOD(悬浮态)/(mg/L)	440	320	190	130
TBOD(总)/(mg/L)	350	250	150	100
DBOD(溶解态)/(mg/L)	140	100	60	40

项　　目	废　水　类　别			
	高浓度	中浓度	低浓度	极低浓度
RBOD(快速)/(mg/L)	70	50	30	20
SBOD(可沉淀)/(mg/L)	100	75	40	30
TSS(总)/(mg/L)	450	300	190	120
PSS(可沉降)/(mg/L)	320	210	140	80
TVSS/(mg/L)	320	210	140	80
NH_3-N/(mg/L)	50	30	18	12
TN/(mg/L)	80	50	30	20
N-org(有机氮)/(mg/L)	30	20	12	8
TP(总磷)/(mg/L)	14	10	6	4
$P-PO_4^{3-}$(无机磷)/(mg/L)	10	7	4	3
P-org(有机磷)/(mg/L)	4	3	2	1

第二节　工　艺　流　程

工艺流程的确定是污水处理厂设计的重要组成部分。一般来说，污水处理流程确定后，污水处理厂的投资规模、运营费用以及处理效率等也就相继确定，因此，对工艺流程的选择必须给予足够的重视。

一、处理程度的确定

工艺流程选择的主要依据是处理程度，因为不同的处理工艺可达到不同的处理程度，从而满足不同的处理要求。

处理程度的确定可通过两种途径进行：一是根据受纳水体的自净能力来决定；二是根据受纳水体的功能和相关的排放标准决定。

1. 根据自净能力确定处理程度

该方法是从整个排水系统（甚至流域）优化的角度考虑，通过对受纳水体的最小剩余自净能力，确定污水处理厂各类污染物的处理效率。

由于中国目前实行的是浓度控制法，要求处理后的水质必须达到相关的排放标准，因此，现阶段该方法尚不适用于城市污水处理系统设计，但这是未来的发展方向，因此，本书未将此列为设计内容，有兴趣的读者可参考有关教材的计算方法。

2. 根据排放标准确定处理程度

《城镇污水处理厂污染物排放标准》（GB 18918—2002）规定了城市污水排放分为一级、二级和三级标准（见表13-3），不同的水域执行不同的标准。以排放标准作为污水处理厂的出水水质可确定相应各污染物的处理程度。

表 13-3　城镇污水处理厂污染物排放标准（GB 18918—2002）基本控制项目限值

项　　目	一级标准/(mg/L)		二级标准/(mg/L)	三级标准/(mg/L)
	A 标准	B 标准		
COD	50	60	100	120
BOD$_5$	10	20	30	60
SS	10	20	30	50
总氮(以 N 计)	15	20	—	—
氨氮(以 N 计)	5(8)	8(15)	25(30)	—
总磷(以 P 计)	1	1.5	3	5

注：1. 表中单位除 pH 值外其余均为 mg/L。

2. 括号内数值为水温≤12℃时的控制指标。

二、处理方法的确定

依据处理程度即可确定相应的处理方法。

污水处理分为生物法、物理法、化学法以及相关的各种组合方法。对于城市污水处理来说，经过近百年的研究、发展和实践，已经形成了一套经实践检验行之有效且经济可靠的处理方法。

对于以除碳（COD）处理为主时，其核心处理方法一般为生物法（普通活性污泥法或其变种）。

对于以除碳和脱氮为主的处理时，一般也为生物法（硝化-反硝化）。

对于以除碳、脱氮和除磷为主时，可选择生物法、生物法＋化学法或单纯化学法。

三、处理流程的确定

本设计为城市污水的单纯除碳（COD）处理，即二级处理。城市污水二级处理的典型流程如图 13-1 所示。

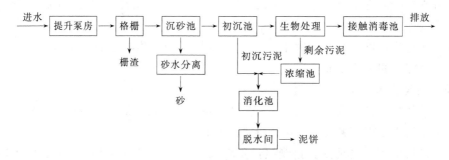

图 13-1　城市污水二级处理典型流程

二级处理的核心为生物处理，可采用活性污泥法或生物膜法。生物膜法目前主要应用于中、小型污水处理厂，由于其卫生学方面的问题，在国内应用较少。而活性污泥法则应用较为广泛。

活性污泥法有多种流程，如普通活性污泥法（conventional activated sludge process）、吸附再生活性污泥法（contact-stabilization activated sludge process）、完全混合活性污泥法

（completely mixed activated sludge process）、逐步曝气活性污泥法（step aeration activated sludge process）和带有选择池的氧化沟法（oxidation ditch with anoxic selector）等（见图 13-2），各种工艺均能满足除碳的要求，但相应的操作条件不同（见表 13-4），由此造成曝气池的容积、污泥回流规模及供气量等的工艺差异，而工艺差异必然带来建设投资和运营费用的差异。

在确定处理流程时，应当根据处理程度、占地面积、投资规模、运营费用等因素，通过技术经济比较后确定。

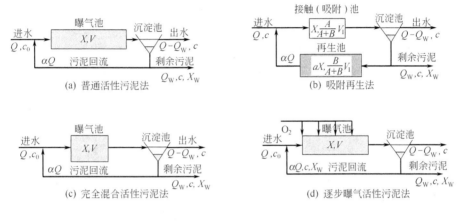

图 13-2　城市污水除碳处理工艺

表 13-4　各种活性污泥系统的操作条件及去除效率

工艺流程	污泥负荷/[kg/(m³·d)]	容积负荷/[kg/(kg·d)]	曝气池污泥浓度/(mgMLSS/L)	污泥龄/d	气水比/(m³/m³)	水力停留时间/h	污泥回流比/%	污泥指数/(mL/g)	产泥率/%	BOD去除率/%
普通活性污泥法	0.2~0.4	0.3~0.8	1500~2000	2~4	3~7	6~8	20~50	60~120	1~2	95
吸附再生法	0.2	0.8~1.4	2000~8000	4	12	5	50~100	50~100	1~2	90
完全混合性活性污泥法	0.2~0.4	0.3~0.8	1500~2000	2~4	3~7	6~8	20~50	50~150	1~2	90
逐步曝气活性污泥法	0.2~0.4	0.4~1.4	2000~3000	2~4	3~7	3~6	20~30	100~200	1~2	95
带有选择池的氧化沟法	0.05~0.15	0.2~0.4	2000~6000	15~30	15~30	24~48	50~150	50	0.25	90~95

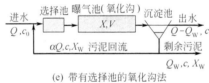

第三节　单体构筑物设计

单体构筑物的设计是将组成工艺流程的各单元操作或单元过程具体化。

单体构筑物的设计的主要内容包括确定单体构筑物的形式、构造、工艺尺寸、工艺装备以及结构形式等，为构筑物的建筑、结构、电力、机械及其他配套设计提供设计条件和必需的工艺工程装备。

一、格栅

1. 一般说明

污水处理用格栅分为泵前格栅和明渠格栅两种。泵前格栅的作用为保护水泵；而明渠格栅则为保证后续处理系统的正常工作。目前普遍的做法是均做成明渠格栅。一般泵前格栅为粗格栅（间距 20~50mm）；泵后格栅为细格栅（间距 5~20mm）。对细格栅设计有格栅间距越来越小的倾向。当采用人工清渣时，由于清渣周期的限制，格栅阻力增大，因此，一般设置渐变段，以防止栅前涌水过高［见图 13-3(a)］。当采用机械清渣时，由于机械连续工作，格栅余渣较少，阻力损失几乎不变，通常不设渐变段［见图 13-3(b)］。

2. 主要设计参数

设计流量　按最大流量设计；

格栅数量　一般不少于 2 个；

过栅流速　0.6~1.0m/s；

栅前渠道流速　不小于 0.4m/s；

格栅倾角　45°~70°；

栅渣量　格栅间隙 30~50mm：0.01~0.03m³/10³m³ 污水；

　　　　格栅间隙 16~25mm：0.05~0.1m³/10³m³ 污水；

　　　　栅渣含水率一般为 80%，容重约为 960kg/m³。

3. 工艺尺寸

格栅设计主要确定格栅形式、栅渠尺寸（B，H，L）等；水力计算（确定栅后跌水高度）；渣量计算等。

(1) 格栅形式　格栅栅条的形式有圆形、半圆形、三角形等，不同的栅条结构其水力条件不同，相应地阻力系数也不同，相对于其他构筑物而言，格栅阻力要小得多，因此，在考虑格栅栅条形式时主要从清渣方便的角度考虑。

(2) 栅渠尺寸（B，H，L）

栅渠宽度 B

$$B = S(n-1) + bn \tag{13-5}$$

栅条间隙数 n

$$n = \frac{Q_{max}\sqrt{\sin\alpha}}{bhv} \tag{13-6}$$

式中　Q_{max}——最大设计流量，m³/s；

　　　S——栅条宽度，m；

　　　b——栅条间隙宽度，m；

　　　v——过栅流速，m/s；

　　　α——格栅倾角，(°)。

栅渠总长度 L

人工清渣格栅［见图 13-3(a)］：栅渠总长为渐变段、直线段和格栅三部分之和；

机械清渣格栅［见图 13-3(b)］：栅前和栅后一般各设置与格栅长度相等的直线段，以保证栅前和栅后水流的均匀性，栅渠总长应为 3 倍格栅长度。

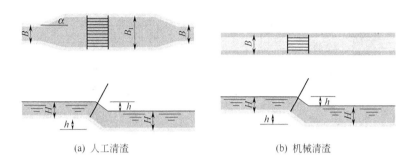

(a) 人工清渣   (b) 机械清渣

图 13-3　格栅形式

（3）水力计算（确定栅后跌水高度）

格栅水头损失 h_1

$$h_1 = k h_0 \tag{13-7}$$

$$h_0 = \beta \left(\frac{S}{b} \right)^{\frac{4}{3}} \frac{v^2}{2g} \sin\alpha \tag{13-8}$$

式中　h_0——计算水头损失，m；

　　　　k——格栅受到堵塞时水头损失增大倍数，一般取 3；

　　　　β——栅条形状阻力系数。

（4）渣量计算（确定每天的产渣量）　栅渣量按下式计算

$$W = \frac{86400 Q_{\max} W_1}{1000 K_z} \tag{13-9}$$

式中　W_1——栅渣量，$m^3/10^3\,m^3$ 污水；

　　　　K_z——生活污水流量变化系数。

4. 工艺装备

采用机械清渣时，确定相应的清渣设备。清渣设备的选择应与栅渠尺寸、清渣能力以及环境条件相一致。具体选择参照有关设备手册或产品样本。

二、沉砂池

1. 一般说明

沉砂池分为平流式、竖流式、旋流式（离心式）和曝气式。由于曝气式沉砂池和环流式沉砂池对流量变化的适应性较强，除砂效果好且稳定，条件许可时，建议尽量采用曝气式沉砂池（见图 13-4）和环流式沉砂池（见图 13-5）。其他形式的沉砂池使用较少。

本设计以曝气式沉砂池的设计计算为例。其他沉砂池可参考有关手册。

2. 主要设计参数

旋流速度应保持 $0.25\sim0.3\text{m/s}$；

水平流速为 0.1m/s；

最大流量时的水力停留时间为 $1\sim3\text{min}$；

有效水深一般为 $2\sim3\text{m}$，宽深比一般 $1\sim1.5$；

长宽比一般应大于 5；

曝气量一般为 $0.2\text{m}^3/\text{m}^3$（废水）；

池内应考虑消泡与隔油装置（或设备）。

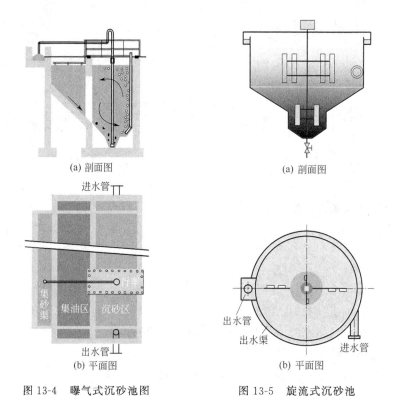

(a) 剖面图

进水管

集砂渠 集油区 沉砂区

出水管

(b) 平面图

图 13-4　曝气式沉砂池图

(a) 剖面图

出水管
出水渠
进水管

(b) 平面图

图 13-5　旋流式沉砂池

3. 设计内容

（1）工艺尺寸　主要确定沉砂池的池长 L、池宽 B、池深 H 等。

池容 V（有效容积）$\qquad\qquad V = Q_{max} T$ $\qquad\qquad$ (13-10)

水流断面 A $\qquad\qquad\qquad A = Q_{max}/v$ $\qquad\qquad$ (13-11)

池宽 B $\qquad\qquad\qquad\quad B = A/H$ $\qquad\qquad\qquad$ (13-12)

池长 L $\qquad\qquad\qquad\quad H = V/A$ $\qquad\qquad\qquad$ (13-13)

在设计过程中，沉砂池的长、宽、深等工艺尺寸需同时满足有关的长宽比和宽深比，以保证沉砂池内的流态为推流式，如不满足需重新调整有关尺寸，重新设计。

（2）结构尺寸　沉砂池的结构尺寸包括集砂斗、集砂槽、集油区等。

集砂斗倾角不小于 50°。

集砂槽设计与明渠设计相同，但设计流速应不小于 0.8m/s。

集油区长度与沉砂区相同，宽度一般为沉砂区宽度的 1/2～2/3，底部以 60°～75°倾角坡向沉砂区，以保证进入集油区的砂可自行滑入沉砂区。

（3）进出、水　进水：沉砂池进水一般采用管道或明渠将污水直接引入配水区。

配水：由于曝气沉砂池内水流的旋流特性，一般认为对曝气沉砂池的配水要求不十分严格，通常采用配水渠淹没配水。

出水：沉砂池出水一般采用出水堰（平顶堰）出水，出水堰的宽度一般与沉砂池宽度相同，依此根据堰流计算公式可确定相应的堰上水头。

（4）工艺装备　沉砂池的曝气量 Q_A 可依据单位污水所需的曝气量（中国设计标准）或

单位沉砂池长度所需的曝气量（美国标准）计算。

以单位污水所需的曝气量进行设计时，按下式计算曝气量。

$$Q_A = 0.2Q_{max} \tag{13-14}$$

式中　0.2——每平方米污水所需的曝气量。

以单位沉砂池长度所需的曝气量进行设计时，按下式计算曝气量。

$$Q_A = (0.2 \sim 0.5)L \times 1440 \tag{13-15}$$

式中　0.2～0.5——单位沉砂池长度（m）所需的曝气量；

　　　　L——曝气池长度，m。

从理论上说，按池长计算比按污水量计算更为合理，因此，如果两者计算有出入时，建议以前者为准。

供气方式：曝气沉砂池的供气可与曝气池供气联合进行或独立进行。联合供气不需要设置单独的供气设备（在曝气池风机选择时增加该部分风量即可），但由于曝气池和沉砂池通常池深不同，压力无法匹配，需设置减压阀。目前较为普遍的做法是采用独立供气的方式，即根据沉砂池所需的风量和风压，单独配置风机，不仅运行灵活，而且能耗较小。

曝气设备：一般采用穿孔管，孔径一般为2～5mm。

排砂、集油设备：曝气沉砂池的排砂一般采用排砂泵抽吸；浮油的收集通常采用撇油的方式；吸砂泵和撇油设备通常置于行车上。有关设备的选择和选型可参照相关的设计手册。

砂水和油水分离设备：从沉砂池排出的砂水和油水混合物含水率仍很高，通常设置砂水分离器和油水分离器对其分别进行处置。经油水分离器后的废油可用作燃料或焚烧，砂水分离后的砂类似于城市垃圾，可卫生填埋。砂水分离器和油水分离器的选型或设计请参照相关的设计手册。

旋流式沉砂池的设计可参照曝气式沉砂池进行。

三、初沉池

1. 一般说明

沉淀池分为平流式、竖流式、辐流式。从沉淀效果讲三者无明显差异。通常辐流式适合于大规模，竖流式适合于小规模，而平流式则无此限制。斜板、斜管等高负荷新型沉淀池在城市污水处理中尚存在一些问题，应用较少。

2. 主要设计参数

（1）流量　当自流进入时，应按最大流量设计；厂内设置提升泵房时，应按工作水泵的最大组合流量设计。

（2）负荷　沉淀池负荷（或停留时间）的选择见表13-5。

表 13-5　沉淀池的功能与负荷或停留时间的选择

类　别	沉淀池位置	沉淀时间/h	表面负荷 /[m³/(m²·h)]	污泥量(干物质) /[g/(pc·d)]	污泥含水率 /%
初沉池	仅一级处理	1.5～2.0	1.5～2.5	15～27	96～97
	二级处理	1.0～2.0	1.5～3.0	14～25	95～97
二沉池	活性污泥法	1.5～2.5	1.0～1.5	10～21	99.2～99.5
	生物膜法	1.5～2.5	1.0～2.0	7～19	96～98

（3）池深　初沉池池深的选择见表13-6，所选数值与表中不符时采用内插法确定。

表 13-6　池深与表面负荷及水力停留时间的选择

表面负荷 /[m³/(m²·h)]	沉　　淀　　时　　间/h				
	$H=2.0$m	$H=2.5$m	$H=3.0$m	$H=3.5$m	$H=4.0$m
3.0			1.0	1.17	1.33
2.5		1.0	1.2	1.4	1.6
2.0	1.0	1.25	1.5	1.75	2.0
1.5	1.33	1.67	2.0	2.33	2.67
1.0	2.0	2.5	3.0	3.5	4.0

3. 主要设计内容

(1) 工艺尺寸

① 有效沉淀面积、池长、池宽、池深等。

有效沉淀面积 A 　　　　　　　　　$A=\dfrac{Q_{max}}{nq}$ 　　　　　　　　　(13-16)

沉淀池体积 V 　　　　　　　　　　$V=tQ_{max}$ 　　　　　　　　　　(13-17)

沉淀区高度 h_1 　　　　　　　　　$h_1=\dfrac{V}{A}$ 　　　　　　　　　(13-18)

对于辐流式沉淀池，依据沉淀面积即可确定沉淀池的直径；对于平流式沉淀池，依据必需的长宽比和宽深比可确定沉淀池的长和宽。

② 水渠、配水区（墙或管）、出水渠等。

辐流式沉淀池（中心进水周边出水）如图 13-6 所示。

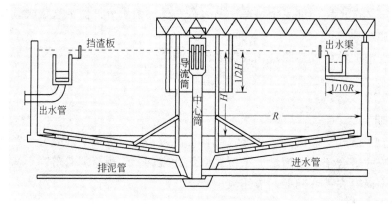

图 13-6　中心进水周边出水辐流式沉淀池

中心管：中心管管径按流速应大于 0.4m/s 的最小沉速设计；

导流筒：导流筒的深度一般为池深的一半，容积占沉淀容积的 5%；

出水集水渠：现代辐流式沉淀池的出水集水渠一般位于距池壁的 $1/10R$ 处；

平流式沉淀池如图 13-7 所示。

配水：平流式沉淀池的配水可采用进水挡板或进水穿孔墙等；

出水：一般采用三角堰；

集水：平流式沉淀池的集水采用多重集水渠。

有关进水、出水的水力计算见水力计算部分。

(2) 结构尺寸

① 缓冲区。在沉淀区与集泥区之间一般设置缓冲区，缓冲区的高度一般为 0.3～0.5m。

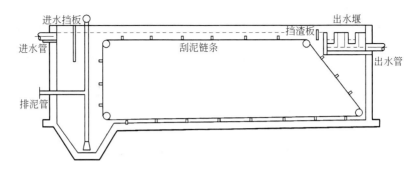

图 13-7 平流式沉淀池

② 集泥斗。大型沉淀池通常采用连续排泥，集泥斗的作用仅为收集污泥，以便通过排泥管将泥顺利排出，污泥在集泥斗中并不停留，因此，集泥斗的设计按结构要求考虑；对于小型非连续式沉淀池，污泥斗的容积需按污泥停留时间考虑。

按结构设计时，满足以下要求。

辐流式沉淀池集泥斗一般为圆台形，上部直径为 2m，下部直径为 0.5～1m，集泥斗倾角大于 45°；

平流式沉淀池集泥斗一般为（正）棱台形，上部边长与池宽相同（若池宽较大时可设多个集泥斗），下部边长一般为 0.5～1.0m，集泥斗倾角大于 45°。

（3）污泥量计算

① 按每人（当量人口计）每天在初沉池去除的干污泥量，然后转化为相应含水率（一般初沉污泥为 95％）的湿污泥。

② 按初沉池对悬浮物（SS）的去除率计算（初沉池 SS 的去除率一般为 40％～60％）出干污泥，然后转化为相应含水率（一般初沉污泥为 95％）的湿污泥。

4. 工艺装备

沉淀池的主要工艺装备为刮泥机。刮泥机的设计主要按照沉淀池的形式、尺寸（直径或宽度）以及所需的排泥方式进行。

辐流式沉淀池一般采用单臂（图 13-6）或双臂旋转式刮泥机，排泥可采用刮泥板或虹吸排泥。

平流式沉淀池一般设计往复行车式或链条式刮泥机（图 13-7），排泥可采用刮泥板或虹吸排泥。

四、曝气池

（一）形式

曝气池的形式应与所选工艺以及曝气方式一致或协调。传统曝气池采用鼓风曝气时，宜采用折流式；采用机械曝气时，宜采用多池串联式。而完全混合式则应采用多池并联式，且宜选用机械曝气。总之，曝气池的形式决定了池内流态，而不同的工艺，需要不同的流态来实现。

（二）工艺尺寸

曝气池的工艺尺寸有池长、池宽、池深等，而这些尺寸的确定与曝气池的工艺设计参数有关。

1. 设计流量

曝气池池容的设计流量通常采用平均流量，并采用最大流量校核；而曝气能力（风机、管道、曝气头等）设计则采用最大流量（最大时流量）。

2. 工艺参数

工艺参数的正确选择是活性污泥系统的设计核心，因为工艺参数的大小直接决定了池容、耗氧量、污泥龄以及去除效率等。

目前对工艺参数的选择有经验法和理论法。

（1）经验法　主要是依据现有同类工艺、规模、水质以及设计人员自身的经验选择主要的设计参数，并依此进行相关的设计。

（2）理论法　主要是依据现有大量的实践经验结合数学模型以及反应器理论利用计算机通过系统模拟实现对复杂（活性污泥）系统的设计。

3. 经验法设计

（1）曝气池尺寸　容积 V

$$V = \frac{Qc}{XL_a} = \frac{Qc}{L_{a'}} \tag{13-19}$$

或
$$V = Qt \tag{13-20}$$

式中　Q——设计流量，m^3/d；

c——进入曝气池的污水 COD 或 BOD 浓度（扣除初沉池的去除率），mg/L；

X——污泥浓度，kg/m^3；

L_a——设计 COD 或 BOD 污泥负荷，$kg/(kg \cdot d)$；

$L_{a'}$——设计 COD 或 BOD 容积负荷，$kg/(m^3 \cdot d)$；

t——水力停留时间，d。

池深 H 由曝气方式确定，通常为 4～6m，由于曝气方式和风机能力和效率的提高，池深有逐渐加大的趋势。

曝气池面积 A
$$A = \frac{V}{H} \tag{13-21}$$

曝气池长 L 由长宽比确定，为了保证推流的流态，曝气池的长宽比应大于 4，池长 L 指的是折流（或分格）后的曝气池长。

分格数主要由进出水位置确定，奇数分格时，进、出水位于相反端；偶数分格时，进、出水位于同一端。

曝气池的进水通常采用管道直接进水；而出水则通常采用平顶堰。

（2）曝气量　曝气量 Q_{air} 按下式计算

$$Q_{air} = \omega Q \tag{13-22}$$

式中　Q_{air}——曝气量，m^3/d；

ω——气水比。

（3）剩余污泥量　剩余污泥量 Q_w 按下式计算

$$Q_w = \frac{XV}{\theta X_r} \tag{13-23}$$

式中　Q_w——剩余污泥量，m^3/d；

X——曝气池污泥浓度，mg/L；

V——曝气池池容，m^3；

θ——污泥龄，d；

X_r——剩余污泥浓度，mg/L。

4. 理论计算法设计

采用西安建筑科技大学在国家自然科学基金等研究项目资助下开发的 SimWin 模拟软件进行理论设计。该软件采用国际水协会（IWA）推荐的模型（ASM1、ASM2 和 ASM3），适合于中国的水质及模型参数，经大量的实验及现场校核，不仅操作方便，而且界面友好（如图 13-8 所示为 SimWin 运行界面）。

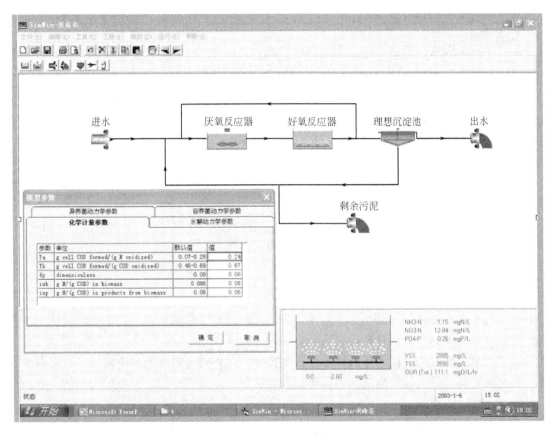

图 13-8 SimWin 运行界面

（1）SimWin 的获得 SimWin 为活性污泥系统的模拟、设计、科研、教学、运行和管理综合软件，整个软件的相关资料及软件的获取可与设计指导老师联系。用于教学（课程设计及毕业设计）部分位于西安建筑科技大学环境与市政工程学院网站（不可下载），登录学院网站（ www. hj. xauat. edu. cn ）后进入 SimWin 主页，即可进行相关工作。

（2）模拟方法 参照有关说明进行。

（3）模拟结果 使用 SimWin 可获得设计水量和设计水质下不同曝气池池容所对应的出水水质、曝气量、污泥龄、污泥浓度以及剩余污泥量等相关参数（互相关联）。选择满足出水水质的最小池容（及对应的所有参数），并乘以适当的安全系数即可作为系统的设计池容（如图 13-9 所示）。

（4）设计 在获得设计参数后，其余部分的设计与经验法相同。

本设计要求学生分别采用经验法和理论计算法进行计算，并将有关结果进行对比分析，在此基础上，选择最适宜的参数进行曝气池的设计。

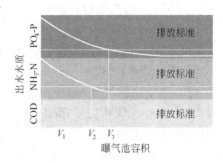

图 13-9 SimWin 模拟设计结果

（三）工艺装备

曝气池工艺装备主要为曝气装备。而曝气方式不同所需的工艺装备也不同。本指导书以鼓风曝气为例，机械曝气参考有关的设计手册。

1. 曝气头

曝气头有穿孔管、曝气盘（刚玉或橡胶）、曝气机等，由于曝气盘的气泡直径小、氧利用率高、动力消耗低等特点，目前使用较为广泛。

曝气盘的设计主要依据每个曝气盘的服务面积，确定曝气池所需的曝气头数量。依据每个曝气头的出气量，计算曝气池总的空气量，如果该值与计算空气量不符，则应调整曝气头的型号，直至两者相等或接近。

2. 鼓风机

鼓风机的数量、型号等的选择依据曝气池的空气量和静压水头、空气管沿程和局部阻力以及曝气头阻力选定。

鼓风机扬程 H $$H = h_1 + h_2 + h_3 \qquad (13-24)$$
式中 h_1——静扬程，曝气头顶端距曝气池水面的高度，m;

h_2——沿程阻力，m;

h_3——局部阻力，m。

鼓风机是污水处理厂主要的动力消耗，而且一般流量变化较大，因此，鼓风机均采用多台工作，以便流量调节，此外需设置 20%～50% 的备用。

现代污水处理厂鼓风机的运行均采用自动控制，以便最大限度地减少电耗，通常最少选择 1 台变频风机，且与曝气池溶解氧探测装置连锁。

3. 空气管

供气方式有支状和环状。为了保持池内曝气均匀，通常设计为环状。空气管分为总管、主管、干管、支管等，各管段的设计按该管段负担的空气量计算，有关管径计算按流体力学进行。

上面介绍的是典型连续流活性污泥工艺中曝气池的设计。序批式活性污泥法（SBR）集反应、沉淀于一体，不需要污泥回流，而且运行灵活方便，目前在国内外中小型污水处理厂得到了广泛应用。由于其操作和工作特性的不同，序批式活性污泥法的工艺设计也不相同。序批式活性污泥法的设计内容主要包括反应池容积、反应池面积、反应池个数、滗水器以及剩余污泥排放等，下面对其进行简要介绍。有关其供氧量及供气系统等的设计与传统活性污泥法相同，同时考虑其间歇特性，请参考本书该部分的内容。

（1）运行周期以及各阶段运行时间的确定 SBR 的运行周期（T_C）包括进水时间（T_F）、反应时间（T_R）、沉淀时间（T_S）、排水时间（T_D）和闲置时间（T_I），即:

$$T_C = T_F + T_R + T_S + T_D + T_I \qquad (13-25)$$

运行周期（T_C）与一天之内运行的周期数（N）存在如下关系：

$$NT_C = 24 \tag{13-26}$$

进水时间主要由反应池的个数（n）和周期数（N）决定，即：

$$T_F = \frac{24}{nN} \tag{13-27}$$

SBR 处理系统反应池的个数至少为 2 个（$\geqslant 2$）。进水时间和反应、沉淀、排水、闲置时间之间还需同时满足如下关系：

$$T_F = (T_R + T_S + T_D + T_I)/(n-1) \tag{13-28}$$

根据 SBR 的工程实践经验，一个周期的反应时间 T_R 不宜小于 2h。沉淀时间 T_S 和 T_D 一般不小于 0.5h。闲置时间主要为满足多池配合之用，应尽量地短，以提高反应池的利用效率。在以上条件下（$T_I = 0$），当 $n = 2$ 时，进水时间 T_F 为 3h，最小周期长 T_C 为 6h，最大周期数 N 为 4；当 $n = 3$ 时，进水时间 T_F 为 1.5h，最小周期长 T_C 为 4.5h，最大周期数 N 为 5.4；当 $n = 4$ 时，进水时间 T_F 为 1h，最小周期长 T_C 为 4h，最大周期数 N 为 6。

（2）反应池容积　单个 SBR 反应池容积（V）为进水体积（V_F）和排水结束后反应池内的剩余体积（V_S）之和（图 13-10）。

$$V = V_F + V_S \tag{13-29}$$

进水填充率 α 定义为：

$$\alpha = V_F/V \tag{13-30}$$

通常 α 的取值范围为 20%～50%。

在确定了进水时间 T_F 后，即可求得进水容积 V_F：

$$V_F = QT_F \tag{13-31}$$

依据选择的 α，由式(13-30)可计算单个反应池的容积 V，然后根据反应池个数 n，最终确定整个系统所需的反应池的总容积 V_T：

$$V_T = nV \tag{13-32}$$

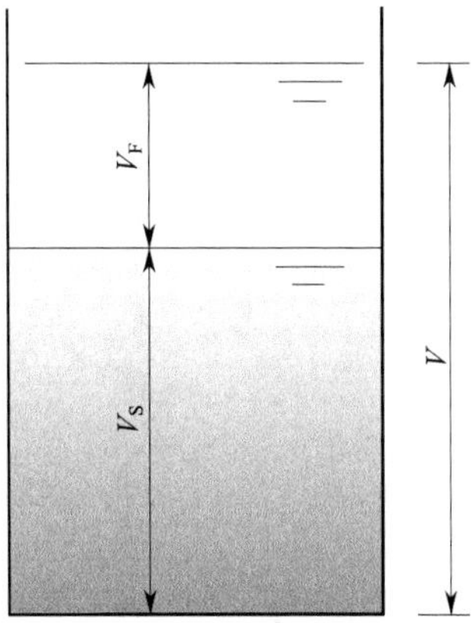

（3）反应池面积　单个反应池面积（F）按下式计算：

$$F = V/H \tag{13-33}$$

图 13-10　SBR 反应池容积和
进水体积的关系

式中　H——反应池的工作水深，一般为 4～6m。

同时，还要依据曝气量对反应池面积进行复核。SBR 通常采用微孔曝气，依据曝气量在反应池底均匀布置曝气盘。

（4）剩余污泥排放　SBR 中剩余污泥的排放一般在排水完成后进行。排放方式为直接将污泥泵安装在池底，排泥量由污泥龄和排泥浓度确定。

（5）滗水器　滗水器为 SBR 的出水设备。由于 SBR 为间歇式工作，出水水位随着出水的进行在不断地变化（降低），因此，滗水器的设计和选择应满足在规定的时间内，排除设计的水量。

滗水器分为变水位变流量和恒水位恒流量两种工作方式（图 3-11），两种方式下的流量变化和排水时间见图 13-12。

变水位变流量下的出水时间 T、排水流量 Q 和排水体积 V 之间的关系如下：

$$V = \Delta T \sum Q \tag{13-34}$$

恒水位下三者的关系如下：

$$V = TQ \qquad (13-35)$$

变水位变流量设备简单、出水流量大、排水时间短，但出水水质较差。恒水位恒流量设备复杂、出水流量小、排水时间长，但出水水质较好。相关的设备选择参考有关的设计手册。

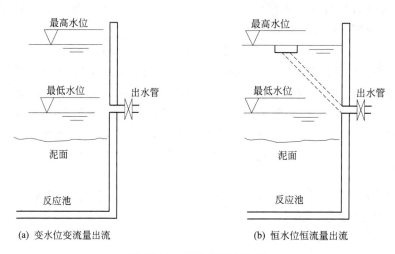

(a) 变水位变流量出流   (b) 恒水位恒流量出流

图 13-11   SBR 的排水方式

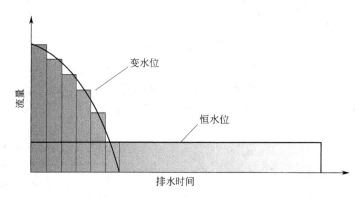

图 13-12   不同排水方式的流量变化和排水时间的关系

五、二沉池

二沉池的功能是既要保证出水的水质，又要保证污泥的回流，因此，对二沉池的设计必须给予足够的重视。为了保持污水处理厂的协调以及设备型号的一致性，国内目前普遍采用二沉池与初沉池相同的池型及结构，但两者的工作状态却完全不同。初沉池中的沉淀基本属于离散颗粒沉淀，而二沉池则属于絮凝和拥挤沉淀。此外，由于二沉池的污泥浓度较高，密度与水存在明显差异，沉淀过程属于典型的异重流，而这种异重流（底层异重流）有利于沉淀分离，因此，在细部结构的设计上应注意与初沉池的差别。

二沉池的流量平衡见图 13-13。

二沉池设计流量：

① 进水管及配水区，$(1+\alpha)Q$；

② 沉淀池面积及出水区：$Q-Q_w$；

③ 排泥区及排泥管：$\alpha Q+Q_w$。

二沉池面积计算如下。

（1）表面负荷法

$$A=\frac{Q-Q_w}{F_w} \qquad (13-36)$$

式中　A——沉淀面积，m^2；

　　　Q——活性污泥系统设计流量，m^3/d；

　　　Q_w——剩余污泥流量，m^3/d；

　　　F_w——设计表面负荷，$m^3/(m^2 \cdot d)$。

（2）固体通量法

$$A=\frac{(1+\alpha)QX}{J_s} \qquad (13-37)$$

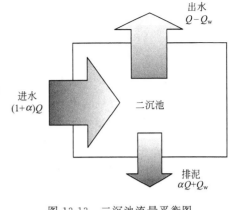

图 13-13　二沉池流量平衡图

式中　A——沉淀面积，m^2；

　　　Q——活性污泥系统设计流量，m^3/d；

　　　α——污泥回流比；

　　　X——污泥浓度，kg/m^3；

　　　J_s——设计固体通量，$kg/(m^2 \cdot d)$。

有关二沉池的池型、池深、排泥等相关的工艺计算及设备同初沉池。

六、污泥回流

1. 一般说明

污泥回流的作用是保证曝气池所需的污泥浓度。污泥回流的方式有空气提升、螺旋提升机和水泵提升。早期的污泥回流主要采用前两种方式，随着潜污泵技术的提高、工作性能的完善以及检修维护更加方便，现代污水处理厂广泛采用地下式潜污泵房完成污泥回流。

2. 主要设计参数

污泥回流比 α　　50%～100%；

设计流量 Q_h　　　　　　　　$Q_h=\alpha Q_s$　　　　　　　　　　　　　　　　(13-38)

式中　Q_s——曝气池设计流量。

3. 构筑物工艺尺寸

污泥回流系统的主要构筑物为污泥回流泵房。污泥潜污泵泵房与提升泵泵房相同。泵房通常设计为地下式，潜污泵直接置于集泥池。

集泥池的容积按最大 1 台泵 5min 的流量计算。

集泥池水深一般为 2～3m，水深确定后，即可计算出集泥池的面积。

依据确定出的集泥池面积按水泵布置的原则确定相应的泵位，通常情况下集泥池面积可满足水泵布置的要求，如果不满足时，可增大集泥池的容积。

4. 工艺装备

污泥回流系统的工艺装备主要有污泥泵和相应的吊装设备。

污泥泵的流量为最大设计污泥回流量。

污泥泵的扬程为集泥池的最低水位与曝气池水位之差再加上污泥回流管路的沿程及局部

水头损失。

七、接触池（消毒池）

1. 一般说明

消毒是保证污水安全排放或回用的最后环节。尽管在污水处理过程中，水中的微生物和可能的致病菌已绝大部分被杀灭（氧化）或随着沉淀物一起被去除，但经二级处理的城市污水中仍可能含有一些游离的微生物（致病菌），其排放仍可能对水体的卫生安全（尤其是排放水体作为饮用水源或其他可能与人类接触的用途时）造成威胁。因此，消毒是污水（尤其是城市污水、医院污水、屠宰污水等含有人类及动物代谢物的污水）处理必需的最终的处理单元。尤其是随着新的或一些未知病原的传染病的频繁发生，污水消毒的重要性日益受到重视。

污水消毒常用的消毒剂为氯系消毒剂，主要为液氯和漂白粉。

消毒过程在接触池中进行。接触池有水平隔板式、垂直隔板式和搅拌池等，由于水平隔板式（又称廊道式）流态稳定，不易短流和形成涡流，且阻力较小，因此为最常见的接触池池型（如图 13-14 所示）。

消毒装备主要有消毒剂的配制及投加设备。

2. 主要设计参数

设计流量　按平均流量设计；

接触时间　一般为 30min；

廊道内水流速度　0.2～0.4m/s。

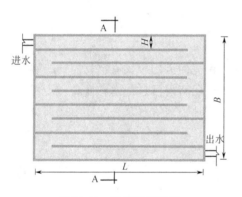

图 13-14　接触池型平面

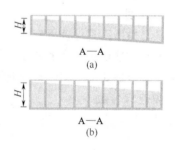

图 13-15　接触池剖面
（a）斜坡式；（b）平底式

3. 工艺尺寸

接触池容积 V

$$V = QT \tag{13-39}$$

式中　Q——设计流量，m^3/d；

T——设计停留时间，d。

接触池面积 A

$$A = V/H \tag{13-40}$$

式中　H——池深，m。

廊道宽 b

$$b=\frac{Q}{vH} \tag{13-41}$$

式中 v——廊道内设计流速，m/s，一般不小于 0.3m/s。

池宽 B

$$B=(n+1)b \tag{13-42}$$

式中 n——隔板数。

池长 L

$$L=A/B \tag{13-43}$$

接触池池底可以设计为斜坡式［见图 13-15(a)］或平底式［见图 13-15(b)］。

接触池阻力计算按明渠进行，明渠坡度即为池底坡度（斜坡式）或水面坡降（平底式）。由于平底式接触池容易施工，因此较为常用。

八、加药（消毒）系统

1. 一般说明

加药系统主要由加药设备和混合设备组成，加药设备置于加氯间，因此，加药系统设计包括设备计算、选型以及加药间设计等。

2. 主要设计参数

消毒剂投加浓度：没有试验资料时，按 $5\sim10\mathrm{mgCl_2/L}$ 考虑。

加氯机的数量不少于 2 台，互为备用，或单独备用。

3. 加氯间

加氯间的设计应在加药设备确定后，依据所选加氯设备的具体要求进行。

加氯间的尺寸及布置应满足各种加氯设备（氯瓶、蒸发器、加氯机等）及附件的安装和检修要求。详细设计可参考有关设计手册。

4. 加药装备

加氯机及附属系统目前均为成套设备供应，设计时可根据加氯量选择相关成套设备。设备选型可参考有关设计手册或产品样本或直接咨询生产厂家。

5. 混合装备

加氯设备将液氯解压后转化为气态氯，经计量后，再由水射器将氯气溶入水中，含有高浓度氯的水溶液需尽快与污水混合接触，以达到设计的消毒效果。

如果污水在进入接触池前需要提升，则可将水射器的出水管与提升泵的出水管路相连接，进行管道混合。管道混合一般效果较好，为首选的混合方式。

如果污水是重力流入接触池，通常在接触池的进水处设置混合段，水射器出水直接注入混合段，混合可采用机械搅拌混合（设置搅拌器）或水力混合（设置横向隔板）。混合段水力停留时间一般按 1min 设计。

九、污泥浓缩池

1. 一般说明

剩余污泥的含水率一般高达 $99\%\sim99.5\%$，在消化前必须进行浓缩，降低含水率，减少污泥体积，同时增加含固率，减小污泥消化时加热污泥的能量消耗，降低运行费用。通常将剩余污泥与初沉污泥混合进行污泥浓缩，由于两者的密度及性质的差异，初沉污泥的混入将会增加剩余污泥的浓缩效果。一般浓缩后污泥的含水率可降至 97% 左右。

污泥浓缩的方式有重力浓缩和气浮浓缩。如果选择厌氧消化进行污泥稳定，一般采用重力浓缩；当采用好氧消化进行污泥稳定时，两者均可选择。本书以重力浓缩为例论述浓缩池设计方法。

重力浓缩分为连续式和间歇式。一般大中型污水处理厂均选择连续式。

连续式重力浓缩池的结构及工作方式类似于沉淀池。

2. 主要设计参数

设计流量：初沉污泥量＋剩余污泥量；

浓缩时间：10～15h；

污泥固体负荷：20～50kg/(m² · d)；

有效水深：4m。

3. 工艺尺寸

浓缩池的工艺尺寸确定同沉淀池。

4. 工艺装备

浓缩池的工艺装备为刮泥机。其结构和工作方式同沉淀池，所不同的是为了促使污泥中游离水的释放，以提高浓缩速度和效果，浓缩池刮泥机一般配备栅条。

十、污泥消化池

1. 一般说明

污泥消化是城市污水二级处理除氧化沟工艺外必需的处理单元，其功能是通过消化使污泥稳定。

污泥消化分为好氧消化和厌氧消化两种方式。厌氧消化是传统的消化方法，其原理是通过厌氧微生物的作用将污泥中的有机物、贮存在微生物体内的有机物以及部分生物体转化为甲烷，从而达到污泥稳定；好氧消化则是通过供氧在好氧条件下对污泥进行稳定。

厌氧消化虽可产生甲烷（燃料），但如果当地的甲烷气利用不便或环境温度较低时，由于加热等反而需要外加能量。此外，由于厌氧消化速率低，污泥稳定所需的时间长，因此所需的构筑物容积较大。与厌氧消化相比，好氧消化速率快，所需的时间短，因此，构筑物较小，此外，好氧消化受温度的影响相对较小，因此，效果较为稳定，而且工艺简单，管理方便，无异味，无压力容器等，因此，对城市污水的污泥稳定目前国外倾向于好氧消化，尤其是中小型污水处理厂。但是从可持续发展的角度，许多专家仍建议对污泥进行厌氧消化稳定。

好氧消化的工艺计算、构筑物及设备等与曝气池相同。

以下的设计计算针对厌氧消化系统。

2. 主要设计参数

设计流量：污泥浓缩池排泥量；

污泥投配率：一般 5%～8%；

固体停留时间：15～20d（无污泥回流）；

产气率：2～5m³/m³（污泥）或 0.34 m³/kg BOD（去除）。

3. 工艺尺寸

（1）池容

$$V = Q / \eta \qquad (13-44)$$

式中　Q——设计污泥流量，m^3/d；

　　　V——消化池池容，m^3；

　　　η——污泥投配率。

（2）池型　消化池的池型有圆筒形（如图 13-16 所示）、椭圆形和蛋形（如图 13-17 所示）等，从流态和混合效果上看，蛋形最好，但结构复杂，相应的造价也最高；圆筒形结构形状简单，构筑方便，是目前应用较广的消化池池型。

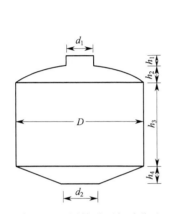

图 13-16　圆筒形厌氧消化池

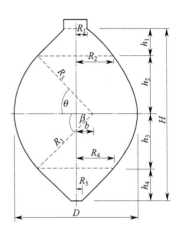

图 13-17　蛋形厌氧消化池

（3）结构计算

① 圆筒形消化池

集气罩容积

$$V_1 = \frac{\pi d_1^2}{4} h_1 \qquad (13-45)$$

弓形部分容积

$$V_2 = \frac{\pi}{24} h_2 (3D^2 + 4h_2^2) \qquad (13-46)$$

圆柱部分容积

$$V_3 = \frac{\pi D^2}{4} h_3 \qquad (13-47)$$

下锥体部分容积

$$V_4 = \frac{1}{3} \pi h_4 \left[\left(\frac{D}{2} \right)^2 + \frac{D}{2} \times \frac{d_2}{2} + \left(\frac{d_2}{2} \right)^2 \right] \qquad (13-48)$$

消化池的有效容积为

$$V = V_3 + V_4 \qquad (13-49)$$

② 蛋形消化池。蛋形消化池由上部圆台体、中部球体和下部倒圆台体三部分构成。各部分尺寸见图13-17，相关关系及计算公式如下。

最大胸径与球体半径之比：

$$R_3/D = 0.74 - 0.84$$

池高与胸径比：

$$H/D = 1.4 \sim 2.0$$

球心与胸心间的距离：

$$b = D/2 - (D - R) = R - D/2$$

上部圆台底半径：

$$R_2 = R_3 \cos\theta - b$$

下部圆台顶半径：

$$R_4 = R_3 \cos\beta - b$$

上部圆台高：

$$h_1 = (R_2 - R_1)\cot\theta$$

中部球体上半部高：

$$h_2 = R_3 \sin\theta$$

中部球体下半部高：

$$h_3 = R_3 \sin\beta$$

下部圆台高：

$$h_3 = (R_4 - R_5)\cot\beta$$

上部圆台容积：

$$V_1 = \frac{1}{3}h_1(R_1^2 + R_2^2 + R_1 R_2)$$

中部球体容积：

$$V_2 = \pi[R_3^3(\sin\theta - \sin^3\theta/3) - 6R_3^2(\sin\theta\cos\theta + \theta) + b^2 R_3 \sin\theta]$$

$$V_3 = \pi[R_3^3(\sin\beta - \sin^3\beta/3) - 6R_3^2(\sin\beta\cos\beta + \beta) + b^2 R_3 \sin\beta]$$

下部圆台容积：

$$V_4 = \frac{1}{3}h_3(R_4^2 + R_5^2 + R_4 R_5)$$

消化池总高：

$$H = h_1 + h_2 + h_3 + h_4$$

消化池总容积：

$$V = V_1 + V_2 + V_3 + V_4$$

当 $\theta = \beta$ 时，球体上半部的容积与下部容积相同，即：$V_2 = V_3$。通常选择 θ 与 β 相等，或 θ 略大于 β。

设计一般采用试算法，即首先确定各部分尺寸，然后按以上各式计算消化池池容，逐步调整，直至两者接近为止。

（4）热工计算　通过热工计算确定加热量，以便选择锅炉等加热设备。具体计算参照有关手册进行。

4. 工艺装备

消化池的工艺设备主要为搅拌设备。

机械搅拌时，搅拌桨功率 N 按下式进行。

$$N = \frac{QH}{75\eta} \qquad (13-50)$$

式中　Q——流经搅拌桨导流筒的流量，m^3/h；

　　　H——搅拌桨工作压力，一般取 1m 水柱；

　　　η——螺旋桨效率。

沼气搅拌时，压缩机压力 H 为

$$H = H_0 + \sum h_i \qquad (13-51)$$

式中　H_0——消化池有效水深，m；

　　　$\sum h_i$——沼气管路沿程和局部阻力之和，m。

沼气流量 Q 为

$$Q = bV \qquad (13-52)$$

式中　b——搅拌每立方米污泥所需的沼气量，$m^3/(m^3/h)$，无试验资料时取 0.05～0.2；

　　　V——有效池容，m^3。

十一、贮泥池

1. 一般说明

贮泥池的作用是调节消化池排泥和污泥脱水两个单元的污泥平衡。贮泥池的体积越大，贮泥时间越长，脱水间的工作灵活性越大。

贮泥池一般设计为圆形，内置搅拌机，防止污泥结块和沉淀影响污泥从贮泥池到脱水机间的输运。

2. 主要设计参数

设计流量：脱水污泥量（或消化池排泥量）；

停留时间：12～24h；

有效水深：4～6m。

3. 工艺尺寸

贮泥池容积 V

$$V = QT \qquad (13-53)$$

式中　Q——设计流量，m^3/d；

　　　T——停留时间，d。

贮泥池直径 D

$$D = \sqrt{\frac{4}{\pi H} V} \qquad (13-54)$$

式中　H——贮泥池深，m。

4. 工艺装备

搅拌机的功率按 5～10W/m^3 池容计算。搅拌机可选择立式（垂直搅拌轴）或潜水推进器式。

十二、污泥脱水

1. 一般说明

污泥脱水是将污泥的含水率降至 85% 以下的操作（污泥的极限游离水含量为 20%）。污泥经脱水后，一般形成泥饼，体积大大减小，以便于最终的处置。

在脱水前要对污泥进行调理，改善污泥的脱水性能。工程上调理的主要方法为投加絮凝剂。絮凝剂一般采用高分子絮凝剂。

污泥脱水方法有自然干化和机械脱水。城市污水处理厂一般由于场地的限制，污泥脱水主要采用机械脱水。

机械脱水的方式有真空过滤、板框压滤、带式压滤和离心过滤等。板框压滤为间歇操作，一般适于中小型污水处理厂；大中型污水处理厂目前普遍采用带式压滤或离心过滤。本指导书主要介绍带式压滤机的设计。

污泥脱水系统设计包括絮凝剂的选择、药量计算、配（加）药系统、过滤机的选型、加药间和脱水间设计等。

2. 主要设计参数

设计流量：污泥消化池的排泥量；

絮凝剂：PAM（或改性产品）；

投加量：剩余污泥干固体的 0.3%～0.5%。

3. 工艺尺寸

（1）溶药池计算　溶药池数量：不少于 2 个。

溶药池容积 V

$$V = \frac{W}{1000n\alpha} \tag{13-55}$$

式中　W——日投药量，kg/d。

n——每天的配药次数；

α——溶药浓度，一般为 2%～4%。

（2）溶药池形式　大型污水处理厂的溶药池可采用混凝土结构，而中小型污水处理厂一般采用成套的加药设备，有关设备的设计和选型可参考有关手册。

目前常见的溶药罐结构形式如图 13-18 所示。

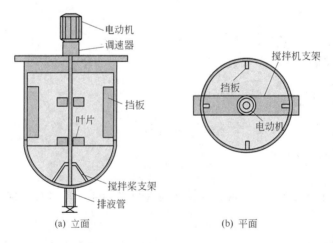

图 13-18　溶（配）药罐结构形式

（3）加药间　加药间的设计应满足加药设备的安装、运行和维修等要求，有关设计要求及计算参考《给水排水设计手册》。

4. 工艺设备

加药间的工艺设备包括加药池搅拌机、加药泵、计量设备以及起吊设备等。

搅拌机的搅拌功率按 $0.1kW/m^3$ 进行选择。

加药泵可采用普通离心泵或专用加药泵（柱塞泵），泵的选择按所需的流量和扬程进行。

第四节 污水处理厂水力设计与水力计算

一、处理单元

1. 水力学设计

（1）设计原则

① 依据水力特性（连续性、不可压缩性）确定构筑物形式；

② 水力学稳定性原则，即尽量减少（小）锐角，设置导流，减小涡流等；

③ 阻力（水头损失）最小原则，从而使得构筑物的能量消耗最低；

④ 满足工艺要求（如最小沉速、最小混合强度等）。

（2）沉淀池

① 水流稳定性高（FLUODE 数大）；

② 接近层流，以利于沉淀过程的进行；

③ 减少涡流，最大限度地提高有效沉淀容积。

（3）曝气池

① 混合均匀，从而使活性污泥与基质以最短的时间接触，这是从曝气池的基本功能出发所必须考虑的。

② 曝气池的流速应大于污泥的最小沉速，防止活性污泥的沉淀，这一点在使用氧化沟时要特别考虑的因素。通常活性污泥的最小沉速为 $0.3m/s$，考虑到污泥性质的差异，设计时还需引入一个大于 1 的校正系数。

③ 减少涡流，最大限度地提高曝气池的有效工作容积，以便实际水力停留时间与设计水力停留时间相同或接近，满足处理要求。

（4）混合池

① 在保证不破坏矾花或活性污泥结构的前提下，应尽量提高混合强度，满足混合效果；

② 采用机械搅拌时，一般采用圆形或矩形倒角。

2. 阻力计算

从流体力学的角度讲，只要有流体的流动必然有水头损失；反过来，要想使流体流动，必须提供相应的水头（即能量），水头的来源可以是坡度或落差等。城市污水处理中的处理单元分为无外加能量和有外加能量两种，以下边分别论述。

（1）无外加能量处理单元的阻力计算 此类处理单元（构筑物）包括沉砂池、沉淀池、水力反应池、接触池（消毒）等。其阻力计算按明渠的水力计算进行［参见"四、重力流（明渠）"］。对于沉淀池和沉砂池，由于流速和润湿周边很小（或水力半径很大），其阻力一般可忽略不计。而对于反应池或接触池，由于流速和润湿周边均较大（或水力半径较大），必须进行计算确定。

（2）有外加能量处理单元的阻力计算 此类处理单元（构筑物）包括曝气沉砂池、曝气池、搅拌池等。对于以搅拌供给能量的圆形搅拌池，池内水头损失由搅拌机供给，因此，无需考虑水头损失，此时，进、出水水位按相同设计。对于曝气沉砂池和曝气池等处理单元，由于通常空气的流动方向（垂直）和水流（水平）的流动方向不同（如图 13-19 所示），空气的加入反而增加了水流的阻力，且空气量越大，增加的阻力越大。

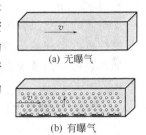

(a) 无曝气

(b) 有曝气

图 13-19　曝气沉砂池和曝气池水力条件图

二、压力流（管道）

在污水处理厂的污水及污泥的输送过程中，一般采用无压流，但某些特定场合如污水或污泥经泵提升、倒虹管等则必须采用压力流。

压力管道的水头损失按下式计算。

$$h_{\mathrm{L}}=\frac{f}{D}\times\frac{v^2}{2g}L \tag{13-56}$$

式中　h_{L}——水头损失，m；

D——设计管径，m；

L——管道计算长度，m；

v——水流速度，m/s；

f——摩擦系数。

压力管道的水头损失 h_{L} 也可通过水力计算表查得。

三、重力流（管道）

重力流管道的阻力计算按下式进行。

$$Q=VA \tag{13-57}$$

$$V=\frac{1}{n}R_{\mathrm{h}}^{2/3}i^{1/2} \tag{13-58}$$

式中　Q——流量，m³/s；

V——流速，m/s；

A——过水断面，m²；

n——粗糙系数；

R_{h}——水力半径，m；

i——水力坡度（明渠的渠底坡度），$i=h_{\mathrm{L}}/L$。

四、重力流（明渠）

污水处理厂内构筑物之间的连接以及构筑物的进水渠或出水集水渠广泛采用混凝土或钢筋混凝土明渠。明渠阻力计算按下式进行。

$$Q=VA \tag{13-59}$$

$$V=\frac{1}{n}R_{\mathrm{h}}^{2/3}i^{1/2} \tag{13-60}$$

式中　n——粗糙系数；

R_{h}——水力半径，m；

i——水力坡度（明渠的渠底坡度），$i=h_L/L$。

污水处理厂内的明渠一般为矩形。按照流体力学理论，明渠的水深为渠宽的一半时，其水力半径最小，因此，阻力损失最小。但这种结构不适合于工程实际，通常明渠设计时采用的水深和渠宽比为 0.5～1.0，一般流量较大时取较小的数值（接近于最佳断面），而流量较小时取较大的数值。

五、堰流

水力学上的堰按堰顶宽度分为宽顶堰、薄壁堰，按出流方式又可分为自由流堰和淹没流堰，按堰口结构还可分为矩形堰和三角堰。污水处理厂最常用的是自由流薄壁矩形堰和三角堰。

（1）自由流薄壁矩形堰　自由流薄壁矩形堰的水力计算图如图13-20所示，水力计算按下式进行。

$$Q=mB\sqrt{2g}H^{3/2} \qquad (13\text{-}61)$$

式中　Q——过堰流量，m^3/s；

$\quad\;\; B$——堰宽，m；

$\quad\;\; H$——堰上水头，m；

$\quad\;\; m$——流量系数。

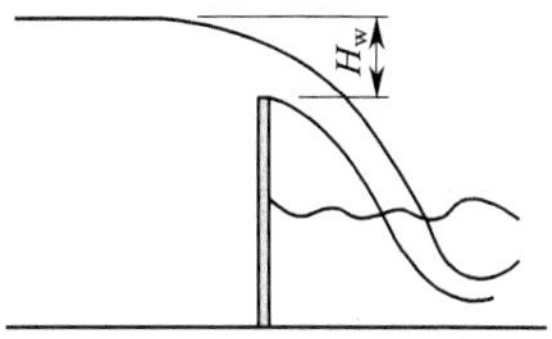

图 13-20　自由流薄壁矩形堰水力计算图

（2）自由流薄壁三角堰　自由流薄壁三角堰的水力计算图如图 13-21 所示，水力计算按下式进行。

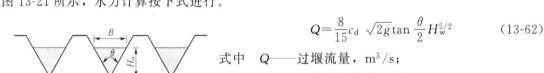

图 13-21　三角堰水力计算图

$$Q=\frac{8}{15}c_d\sqrt{2g}\tan\frac{\theta}{2}H_w^{5/2} \qquad (13\text{-}62)$$

式中　Q——过堰流量，m^3/s；

$\quad\;\; \theta$——三角堰的角度，(°)；

$\quad\;\; H_w$——堰上水头，m；

$\quad\;\; c_d$——流量系数，一般可取 0.62。

三角堰堰上水头 H_w（水深）和堰宽 B 之间的关系如下。

$$\frac{B}{2H_w}=\tan\frac{\theta}{2} \qquad (13\text{-}63)$$

六、孔口（自由）出流

孔口自由出流的水力计算图如图 13-22 所示，一般应用于池体防空（外接短管）等场合。流量计算按下式进行。

$$Q=\mu A\sqrt{2gH} \qquad (13\text{-}64)$$

式中　H——孔口水头，m；

$\quad\;\; A$——孔口面积，m^2；

$\quad\;\; \mu$——流量系数。

七、孔口（非自由）出流

孔口非自由出流的水力计算图如图 13-23 所示，一般应用于淹没配水等场合。流量计算按下式进行。

$$Q = \mu A \sqrt{2g\Delta H} \tag{13-65}$$

式中　ΔH——淹没孔口出流水头，m；

　　　A——孔口面积，m^2；

　　　μ——流量系数。

图 13-22　孔口自由出流　　　　　　　图 13-23　孔口淹没出流

八、沿程进水集水槽

沿程进水经常应用于沉淀池的出水集水槽，其水力计算图如图 13-24 所示。集水槽计算的核心是在已知沿程流量的条件下，确定集水槽起始端水深 H 和末端水深 y_c。

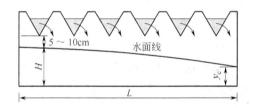

图 13-24　沿程进水集水槽水力计算示意图

当集水槽末端为自由泄水时，通过选择池宽 b，依据下式可确定水槽起始端水深 H 和末端水深 y_c。

$$y_c = \left[\frac{(qL)^2}{4b^2 g}\right]^{1/3} \tag{13-66}$$

$$H = \left(y_c^2 + \frac{2q^2 L^2}{gb^2 y_c}\right)^{0.5} \tag{13-67}$$

式中　b——水槽宽，m；

　　　q——单位水槽的进水量，$\text{m}^3/(\text{s} \cdot \text{m})$，$q = Q/L$；

　　　L——集水槽长度，m。

九、其他水头损失计算

其他管道附件（弯头、三通、阀门等）的水头损失计算，可参照有关的设计手册进行计算或进行估算。

以上为毕业设计工艺设计计算的主要内容。除此之外，毕业设计中还要对污水处理厂的附属部分包括锅炉房、维修间、办公楼等进行设计，从而形成完整的毕业设计，该部分的设计应遵照有关国家标准进行［《城镇污水处理厂附属建筑和附属设备设计标准》（CJJ 31—90）］。

有关污水处理厂的平面及高程布置可参考有关书籍、手册或本书第十五章。

第十四章

设计实例3——某表面处理车间废水处理工艺设计

第一节 设计任务书

一、设计基础资料

1. 设计题目

某表面处理车间废水处理工艺设计。

2. 设计规模

总处理水量（日平均流量）$Q=300\text{m}^3/\text{d}$。

3. 废水水质

根据当地环保部门水质监测及其他同类废水水质类比调查，确定设计原水水质见表14-1。

表 14-1 设计原水水质

项目	Cr(Ⅵ)	Cr^{3+}	Mn^{2+}	Ni^{2+}	SS	pH 值
数值	200	30	0.2	0.3	90	2~12

注：表中单位除 pH 值外均为 mg/L。

4. 处理要求

① 执行《污水综合排放标准》（GB 8978—1996）一级排放标准，见表14-2。

表 14-2 处理要求

控制指标	总铬	Cr(Ⅵ)	总锰	总镍	SS	pH 值
指标值	≤1.5	≤0.5	≤2.0	≤1.0	≤70	6~9

注：表中单位除 pH 值外均为 mg/L。

② 含铬污泥用做铬鞣剂 $[\text{Cr(OH)SO}_4]$ 制作的原料。

5. 其他资料

根据厂方提供的资料及现场调查获悉，用来建废水处理站的空地约 600m²，东西长 30m，南北宽 20m，场地基本平整，土质良好。废水通过厂区排水管网收集，入废水处理站管底标高为－1.0m；经处理后的水直接排放，排水标高为－2.0m（所给标高均为相对标高，厂区地坪为±0.00m）。拟建地夏季主导风向东南风，年平均气温 12.3℃，极端最高气温 40.8℃，极端最低气温－13.7℃，最大冻土深度为 0.5m。

二、设计内容

① 收集和查阅有关资料，了解废水的水质、水量特点及排放要求；

② 通过论证分析和技术经济比较，确定较为合理的污水处理工艺流程；

③ 进行构筑物（设备）的选型；

④ 选择适宜的设计参数，对构筑物和设备进行工艺计算，确定构筑物的工艺尺寸及主要构造，选择主要设备的规格、型号及配置，并对土建结构设计、电气控制设计提出要求；

⑤ 进行废水处理站的平面布置设计和高程布置，合理安排处理构筑物（设备）、站内管道系统及辅助建筑物的平面位置及标高；

⑥ 选择 2～3 个主要构筑物进行工艺详图设计；

⑦ 提出运行控制参数、日常分析监测项目及取样点、劳动定员等管理方面的要求；

⑧ 污水处理工程的投资和运行费用估算。

三、设计成果

① 设计说明书（含工艺计算）一份，字数在 2.5 万字以上；

② 图纸不少于 6 张（折算成 1# 图纸），其中包括总平面布置图 1 张，流程及高程布置图 1 张，主要构筑物工艺详图 4～6 张；

③ 翻译一篇不少于 2000 字的与课题相关的外文资料。

四、基本要求

① 资料收集齐全，工艺论证正确充分；

② 设计计算概念清楚，公式选取正确；

③ 设计参数选取合理，并注明参数出处；

④ 设计说明书条理清晰，层次分明，文字通顺，格式规范；

⑤ 图纸表达正确，符合制图规范。

五、设计期限

总设计时间 15 周，含毕业实习时间 1～3 周，第 8 周进行中期答辩。

六、推荐参考文献

《污水综合排放标准》（GB 8978—1996）、《给水排水设计手册》、《三废处理工程技术手册》（废水卷）、《环境工程手册》（水污染防治卷）、《电镀手册》、《电镀废水治理设计规范》、《电镀废水治理手册》、《电镀废水处理技术及工程实例》、《排水工程》、《废水处理工艺设计计算》、《实用水处理设备手册》、《水污染控制工程》教材及其他相关书籍及刊物。

第二节　处理工艺的确定

一、工艺流程选择

由于本设计题目所涉及废水水质比较单纯，主要是六价铬污染。六价铬含量较高，宜采用产生污泥量较少的还原剂；同时要求含铬污泥回收用于铬鞣剂制作，所以应尽量降低非铬类杂质含量。鉴于废水量为 300m³/d，处理工艺宜采用连续式。通过工艺比选，考虑到达标排放和减少污泥发生量及尽量保证含铬污泥品位等因素，决定采用亚硫酸氢钠还原沉淀法连续工艺处理此电镀含铬废水。设计处理流程如图 14-1 所示。

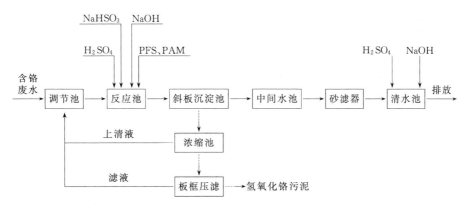

图 14-1　含铬废水亚硫酸氢钠还原沉淀法工艺流程

二、工艺流程说明

1. 废水处理系统

废水处理系统采用连续处理工艺。废水经两次提升，一次提升从调节池到中间水池，二次提升从中间水池到清水池。调节池中废水由耐腐蚀泵泵入反应池，在反应池中以重力流方式依次流经还原槽、中和槽、斜板沉淀池和中间水池，完成六价铬的还原、絮凝和沉淀分离反应。中间水池中的水由耐腐蚀泵泵入石英砂过滤器过滤，出水流入清水池，清水池中的水可以回用作为过滤器反冲洗水，也可用于酸、碱、盐溶液的配制，或者达标排放。如果清水池中 pH 值不达标，可以加酸加碱进行调节；如果六价铬超标，返回调节池重新处理。反应过程的控制通过在线氧化还原电位（ORP）测定仪、pH 值计和液位计实现。

2. 污泥处理系统

斜板沉淀池中沉淀的含铬污泥经污泥浓缩池浓缩，再经板框压滤机脱水后集中处置。浓缩和压滤出水返回调节池重新处理。

3. 药剂投配系统

确定各种溶药、投药槽体或罐体有效容积、工艺尺寸，及相关配套工艺设备。

三、工艺条件控制

还原六价铬必须在酸性条件下进行，当 pH 值为 2.0 或更低时，反应可在 5min 左右进行完毕；当 pH 值为 2.5～3.0 时，反应时间在 20～30min，当 pH 值大于 3.0 时，反应速度非常缓慢。实际生产中，一般控制在 2.5～3.0 之间，反应时间控制在 20～30min。亚硫酸氢钠与六价铬的理论投药比为 3:1（质量比），由于废水中杂质的影响和反应动力学方面的原因，实际投药量一般高于理论投药量，投药比控制在（4～5）:1。投药比过低会使还原反应不充分，出水中六价铬含量不能达标，投药比过高时浪费药剂，增加处理成本，并且容易生成可溶性离子 $[Cr_2(OH)_2SO_3]^{2-}$，难以生成氢氧化铬沉淀。氢氧化铬沉淀生成阶段，加碱调节 pH 值一般控制在 7～8 之间，反应时间为 15～20min。

第三节　工　艺　计　算

一、调节池

1. 一般说明
调节池设事故溢流管，池底设泄空管。

2. 参数选取
停留时间 HRT＝4h。

3. 工艺尺寸
有效容积 $V_{有效}＝Q×HRT＝300×4/24＝50$ （m^3）；

池形：方形；

净尺寸：长度×宽度×高度 （$L×B×H$）＝5000mm×5000mm×3000mm。

4. 工艺设备
设置潜污泵 2 台（1 用 1 备），用于将废水从调节池提升至反应池。选用耐腐蚀泵，选型见水力计算部分。

二、反应池

1. 一般说明
反应池内进行还原和絮凝反应。在流程上分前后两格，前一格进行六价铬的还原反应，后一格进行氢氧化物沉淀生成反应，前后两格用底部开孔的隔板隔开，反应过程中进行机械搅拌，如图 14-2 所示。

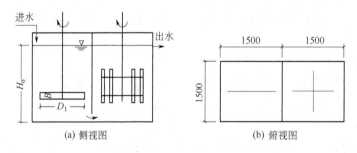

图 14-2　反应池示意图

2. 参数选取
（1）还原反应

停留时间 HRT＝20min；

投药比：5∶1（质量比，$NaHSO_3$∶六价铬）；

pH 值：2.5；

ORP 值：300mV；

搅拌机功率：20W/m^3 池容。

（2）絮凝反应

停留时间 HRT＝20min；

pH 值：8；

G 值：50/s。

3. 工艺尺寸

反应池总有效容积

$$V_{有效} = Q \times HRT_{总} = \frac{300 \times (20+20)}{24 \times 60} = 8.3 \ (m^3)$$

净尺寸

$$L \times B \times H = 3000mm \times 1500mm \times 2200mm$$

4. 工艺设备

（1）还原反应搅拌装置　按每立方米池容输入功率20W计算，需要输入的功率 N 为

$$N = \frac{20V_{有效}}{2}$$

$$= \frac{20 \times 8.3}{2}$$

$$= 0.083 \ (kW)$$

搅拌器机械总效率 η_1 采用 0.75，搅拌器传动效率 η_2 采用 0.8；
则搅拌轴所需电动机功率 N' 为

$$N' = \frac{N}{\eta_1 \eta_2}$$

$$= \frac{0.083}{0.75 \times 0.8} = 0.138 \ (kW)$$

桨叶构造：单层平板形，两叶，长×宽＝0.75m×0.3m，桨叶底端距池底0.45m。

（2）絮凝反应搅拌装置　按每立方米池容输入功率10W计算，需要输入的功率 N 为

$$N = \frac{10V_{有效}}{2}$$

$$= \frac{10 \times 8.3}{2}$$

$$= 0.042 \ (kW)$$

搅拌器机械总效率 η_1 采用 0.75，搅拌器传动效率 η_2 采用 0.8；
则搅拌轴所需电动机功率 N' 为

$$N' = \frac{N}{\eta_1 \eta_2}$$

$$= \frac{0.042}{0.75 \times 0.8} = 0.07 \ (kW)$$

桨叶构造为平板形，8叶，桨叶上下边缘分别距水面和池底0.3m。

三、斜板沉淀池

1. 一般说明

采用异向流斜板沉淀池。污泥至少每天排一次，以免污泥板结堵塞排泥管。斜板沉淀池结构如图 14-3 所示。

2. 参数选取

个数 n：2；

水力表面负荷 q：$3\ \mathrm{m^3/(m^2 \cdot h)}$；

斜板长 L：1.2m；

斜板倾角 θ：60°；

斜板净距 d：50mm；

斜板厚 b：5mm。

3. 工艺尺寸

单池表面积 A：

$$A = Q_{\max}/(nq\,0.91)$$

$$= \frac{300}{2 \times 3 \times 0.91 \times 24}$$

$$= 2.3\ (\mathrm{m^2})$$

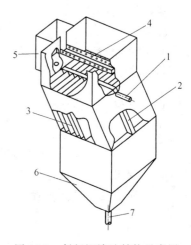

图 14-3 斜板沉淀池结构示意图
1—进水管；2—配水槽；3—斜板；
4—集水槽；5—出水落水斗；
6—污泥斗；7—排泥管

单池边长 a_1：

$$a_1 = A^{1/2}$$

$$= \sqrt{2.3}$$

$$= 1.5\ (\mathrm{m})$$

每池斜板个数：

$$m = 2 \times [a_1/(b+d)-1]$$

$$= 2 \times [1.5/(0.005+0.05)-1]$$

$$= 52\ (\text{个})$$

斜板区高度 h_3：

$$h_3 = L\sin\theta$$

$$= 1.2 \times \sin 60$$

$$= 1.04\ (\mathrm{m})$$

取斜板上端清水区高度 $h_2 = 0.5\mathrm{m}$；

取水面超高 $h_1 = 0.3\mathrm{m}$。

取斜板下端与泥斗之间缓冲层高度 $h_4 = 1.0\mathrm{m}$；

泥斗斗底为正方形，泥斗底边长 $a = 0.4\mathrm{m}$，泥斗倾角 $\beta = 60°$，泥斗高为 h_5，则

$$h_5 = \frac{a_1 - a}{2}\tan\beta$$

$$= \frac{1.5 - 0.4}{2}\tan 60°$$

$$= 0.95\ (\mathrm{m})$$

污泥斗总容积 V：

$$V = 2 \times \frac{1}{3}\,h_5(a_1{}^2 + a^2 + a_1 a)$$

$$= 2 \times \frac{1}{3} \times 0.95 \times (1.5^2 + 0.4^2 + 1.5 \times 0.4)$$

$$= 1.9\ (\mathrm{m^3})$$

沉淀池的总高度 H：　　　　$H = h_1 + h_2 + h_3 + h_4 + h_5$

$$=0.3+0.5+1.04+1.0+0.95$$
$$=3.8 \text{（m）}$$

4. 细部构造

（1）进水口　进水用 $DN100$（外径 $\phi \times$ 壁厚 $=110\text{mm} \times 3.5\text{mm}$）硬聚氯乙烯管直接与反应池相连，则进水管中流速 v：

$$v = \frac{4Q}{n\pi D^2 \times 24 \times 3600}$$

$$= \frac{4 \times 300}{2\pi \times 0.103^2 \times 24 \times 3600}$$

$$= 0.2 \text{（m/s）（满足絮凝后期流速要求，一般 } 0.2 \sim 0.3\text{m/s）}$$

（2）配水槽　配水槽是由侧面为平行四边形，其余各面为矩形的盒体。底端开口，其余各面密封。水流入后下行，由底端开口翻入斜板区。

配水槽尺寸：矩形面宽为 150mm；平行四边形边长 $a \times b = 150\text{mm} \times 120\text{mm}$；平行四边形锐角 $\alpha = 60°$。

（3）集水槽

① 采用两侧淹没孔口集水槽集水，见图 14-4。

② 集水槽个数 N　每池 1 个。

③ 槽中流量 q_0

$$q_0 = Q/N$$
$$= 300/(2 \times 24 \times 3600)$$
$$= 0.00174 \text{（m}^3\text{/s）}$$

考虑池子超载系数为 20%，则槽中流量 q_0 为：

$$q_0 = 1.2 \times 0.00174 = 0.002 \text{（m}^3\text{/s）}$$

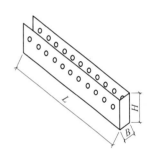

图 14-4　集水槽

④ 槽中水深 H_2。

槽宽 B：

$$B = 0.9 q_0^{0.4}$$
$$= 0.9 \times 0.002^{0.4}$$
$$= 0.075 \text{（m）}$$

为便于加工，取槽宽 $B = 0.15$ m。

起点槽中水深：

$$H_1 = 0.75 B = 0.75 \times 0.15 = 0.1125 \text{（m）}$$

终点槽中水深：

$$H_2 = 1.25 B = 1.25 \times 0.15 = 0.1875 \text{（m）}$$

槽中水深统一按 $H_2 = 0.2$m 计。

⑤ 槽总高度 H（如图 14-5 所示）。集水方法为淹没式自由跌落。淹没水深取 0.05m，跌落高度取 0.05m，槽超高取 0.1m，则集水槽总高度为：

$$H = H_2 + 0.05 + 0.05 + 0.2$$

$$= 0.2 + 0.05 + 0.05 + 0.1$$

$$= 0.4 \text{（m）}$$

⑥ 孔眼计算（如图 14-6 所示）。

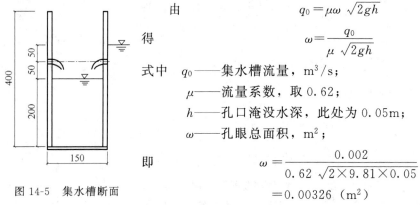

由

$$q_0 = \mu\omega\sqrt{2gh}$$

得

$$\omega = \frac{q_0}{\mu\sqrt{2gh}}$$

式中 q_0——集水槽流量，$\mathrm{m^3/s}$；

μ——流量系数，取 0.62；

h——孔口淹没水深，此处为 0.05m；

ω——孔眼总面积，$\mathrm{m^2}$；

即

$$\omega = \frac{0.002}{0.62\sqrt{2\times9.81\times0.05}}$$
$$= 0.00326\ (\mathrm{m^2})$$

图 14-5　集水槽断面

孔眼直径采用 $d=15\mathrm{mm}$，则单孔面积 ω_0 为

$$\omega_0 = \frac{\pi}{4}d^2 = 0.785\times0.015^2 = 0.000177\ (\mathrm{m^2})$$

孔眼个数 n：

$$n = \omega/\omega_0 = 0.00326/0.000177 = 18.4，取 20。$$

集水槽每边孔眼个数 n'：

$$n' = n/2 = 20/2 = 10$$

相邻孔眼中心距离 S：

$$S = L/(n'+1) = 1.5/(10+1) = 0.136\ (\mathrm{m})$$

为加工方便，相邻孔眼间距取 0.140m，靠近两端各留出 0.120m。如图 14-6 所示。

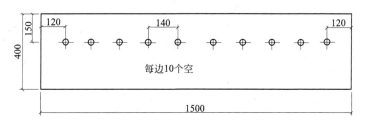

图 14-6　集水槽孔眼布置

（4）落水斗　落水斗尺寸为 $L\times B\times H = 500\mathrm{mm}\times500\mathrm{mm}\times800\mathrm{mm}$，布置如图 14-7 所示。排水管选用 $DN50$（外径 $\phi\times$壁厚$=63\times2.5\mathrm{mm}$）硬聚氯乙烯管。

（5）排泥管　选用 $DN150$（外径 $\phi\times$壁厚$=160\times5\mathrm{mm}$）硬聚氯乙烯管。

四、中间水池

1. 一般说明

其作用为沉淀池出水贮池，同时兼作过滤器水泵集水池。有效容积取 0.5 h 废水流量。

2. 工艺尺寸

有效容积 V：

$$V = 0.5\times300/24 = 6.25\ (\mathrm{m^3})$$

净尺寸

$$L\times B\times H = 3000\mathrm{mm}\times2000\mathrm{mm}\times1500\mathrm{mm}$$

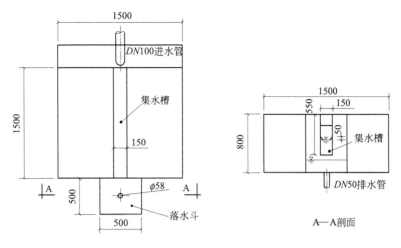

图 14-7　落水斗布置图

五、砂滤器

1. 一般说明

石英砂单层滤料，设置 2 台，并联使用。

2. 参数选取

滤层厚度 h：1.0m；

承托层厚 h'：450mm，分 4 层；

正常滤速 v：8 m/h；

强制滤速 v'：16 m/h；

工作周期 T：24h；

反洗膨胀率：40%；

反冲强度：15 L/(m² · s)；

反冲时间：5min；

反冲洗水：处理后水。

3. 工艺尺寸

单柱横截面积 S：

$$S=\frac{Q}{nv}=\frac{12.5\mathrm{m^3/h}}{2\times8\mathrm{m/h}}=0.78 \text{（m}^2)$$

单柱直径 D：

$$D=\sqrt{\frac{4S}{\pi}}=\sqrt{\frac{4\times0.78}{\pi}}=0.99\mathrm{m}, \text{ 取 } D=1.0 \text{ m}$$

校核空塔流速 v：

$$v=\frac{Q\times4}{n\pi\times D^2}=\frac{12.5\times4}{2\times3.14\times1.0^2}=7.9\mathrm{(m/h)}, \text{符合要求}(5\sim10\mathrm{m/h})$$

单柱需要石英砂体积为：

$$V=Sh=0.78\times1.0=0.78 \text{（m}^3)$$

石英砂滤料反冲洗膨胀度 50%，则砂滤器有效高度为：

$$H=0.45+1.0\times(1+0.5)$$

$$= 1.95 \ (m)$$

砂滤器净尺寸：$\phi 1000mm \times 2200mm$。

反冲洗最大需水量（两柱同时反冲洗）为：

$$Q' = \frac{5 \times 60 \times 2 \times 0.78 \times 15}{1000} = 7.02 \ (m^3)，设计取 8m^3$$

4. 工艺设备

二次提升泵 2 台（1 用 1 备）。

六、清水池

1. 一般说明

选用方形池，有效容积按砂滤器 1 次反冲洗水量的 2 倍计算。处理达标水经 $DN70$（75mm×2.5mm）硬聚氯乙烯溢流管直接外排。一旦废水中六价铬含量达不到处理要求，用泵打回调节池重新处理。池底设 $DN50$ 泄空管。

2. 工艺尺寸

有效容积：

$$V = 2 \times 8 = 16 \ (m^3)$$

池体净尺寸：

$$L \times B \times H = 3000mm \times 2000mm \times 3000mm$$

3. 工艺设备

① 反冲洗泵 2 台。用途有二，其一为砂滤器反冲洗提供动力，其二在清水池水铬含量不满足处理要求时，泵回调节池。反冲洗泵扬程计算参见水力计算部分。

② 搅拌装置 1 套。用于调节 pH 值时混合搅拌用。

七、药剂投配系统

（1）H_2SO_4 加药罐　pH 值由 5 调至 3，每天需要 H_2SO_4 量为：

$$m = 300 \times \frac{0.001 - 0.00001}{2} \times 98 = 14.6 \ (kg/d)$$

浓度 10% H_2SO_4 溶液的体积：

$$V = \frac{14.6}{10\% \times 1066} = 0.137 \ (m^3)$$

加药罐有效容积按 5d 需用酸量计，即

$$V_{有效} = 0.137 \times 5 = 0.685 \ (m^3)，取 \ 0.7m^3$$

净尺寸 $\phi 1000mm \times 1200mm$。

（2）$NaHSO_3$ 加药罐　$NaHSO_3$ 投药量与废水中六价铬量比值取 5∶1（质量比），即投加量为 1000mg/L。$NaHSO_3$ 溶液投加浓度 10%，需用量为：

$$V = \frac{300 \times 1000}{10^6 \times 10\%} = 3.0 \ (m^3)$$

每天配药 4 次，设计 2 个加药罐，交替使用，每个加药罐有效容积：

$$V_{有效} = 3.0/2 = 1.5 \ (m^3)$$

净尺寸 $\phi 1500mm \times 1600mm$。

（3）NaOH 加药罐　调节 pH 值为 $3\sim8$，每天需要浓度 20% 苛性钠溶液体积为：

$$V=\frac{300\times(10^{-3}-10^{-8})\times40}{20\%\times1219}=0.049（m^3）$$

加药罐有效容积按 15d 配药一次计算，即有效容积

$$V_{有效}=15\times0.049=0.73（m^3）$$

净尺寸 $\phi1000mm\times1200mm$。

（4）PFS 加药罐　设计最大投药量为 20mg/L，PFS 浓度 10%，2 天配 1 次，则 PFS 加药罐有效容积为：

$$V=\frac{300\times20\times2}{10^6\times10\%}=0.12（m^3）$$

净尺寸 $\phi600mm\times600mm$。

所需药液量小，加药罐设置 2 个，兼作溶药罐，1 个配药，1 个投药，交替使用。

（5）PAM 加药罐　设计最大投药量为 3mg/L，PAM 浓度 0.5%，2d 配 1 次，则 PAM 加药罐有效容积为

$$V=\frac{300\times2\times3}{10^6\times0.5\%}=0.36（m^3）$$

净尺寸 $\phi1000mm\times800mm$。

所需药液体积小，PAM 加药罐设置 2 个，兼作溶解罐，1 个配药，1 个投药，交替使用。溶解配药时，PAM 粉料水解时间 48h。

（6）溶药罐　为废水处理系统配制酸、碱、盐药液时共用。

① 有效容积。以 $NaHSO_3$ 加药罐总有效容积的 0.25 倍计算溶药罐有效容积，即

$$V_{有效}=0.25\times3.0=0.75（m^3）$$

净尺寸 $\phi1000mm\times1400mm$。

② 搅拌装置。按每立方米池容输入功率 20W 计算。所需功率 N：

$$N=20V_{有效}=20\times0.75=0.015（kW）$$

搅拌器机械总效率 η_1 采用 0.75；搅拌器传动效率 η_2 采用 0.8；则搅拌轴所需电动机功率 N' 为：

$$N'=\frac{N}{\eta_1\eta_2}$$
$$=\frac{0.015}{0.75\times0.8}=0.025（kW）$$

八、污泥处理系统

1. 斜板沉淀池排泥

采用重力排泥，排泥管 $DN150$，自动控制排泥阀。

2. 污泥浓缩池

沉淀后污泥含水率一般在 97%~99% 之间。以水合肼为还原剂、氢氧化钠为沉淀剂处理六价铬废水时，当六价铬浓度为 $50\sim100mg/L$ 时，沉淀池污泥量约占处理水量的 15%~20%。本工艺中参考该值进行污泥部分的计算。

污泥浓缩时间取 8h，则浓缩池有效容积为：

$$V=300\times0.2\times8/24=20（m^3）$$

净尺寸 $\phi1600mm \times 2200mm$。

3. 污泥脱水

从斜板沉淀池排出含水率为 99% 的污泥量为：

$$300 \times 0.2/24 = 2.5 \ (m^3/h)$$

当污泥在浓缩池内浓缩 8h 后，含水率降为 98% 的污泥量为：

$$2.5 \times \frac{100-99}{100-98} = 1.25 \ (m^3/h)$$

经板框压滤机压滤脱水后，污泥含水率可降为 75%~80%，则污泥量为：

$$1.25 \times \frac{100-98}{100-80} = 0.125 \ (m^3/h)$$

每天产 80% 含水率泥饼量为：

$$0.125 \times 24 = 3 \ (m^3/d)$$

以压滤机滤饼最大厚度 20mm 计算，需要过滤面积为：

$$A = 3/0.02 = 150 \ (m^2)$$

本系统采用 1 台过滤面积 50m² 的板框压滤机，1d 工作 3 次可满足要求。

第四节 水 力 计 算

一、调节池水泵扬程

调节池水泵扬程为：

$$H = H_{差} + H_{自} + h_{沿} + h_{局} + h_{构}$$

式中　$H_{差}$——泵吸水池最低水位与最不利点水位差，m；

　　　$H_{自}$——最不利点所需的自由水头，一般为 1~2m；

　　　$h_{沿}$——管线沿程水头损失，m；

　　　$h_{局}$——管线局部水头损失，m；

　　　$h_{构}$——构筑物水头损失，m。

废水流量 $Q = 300m^3/d = 12.5m^3/h$，取管中流速 $v = 1.0m/s$（一般为 0.7~1.2m/s），则废水管径为：

$$D = \sqrt{\frac{4 \times Q}{\pi v}} = \sqrt{\frac{4 \times 12.5}{3.14 \times 0.8 \times 3600}} = 0.066 \ (m)$$

查手册取公称直径 $D_g = 70mm$ 标准硬聚氯乙烯管，规格外径 $\phi \times$ 壁厚 $= 75mm \times 2.5mm$，工作压力 6kgf/cm²（$1kgf/cm^2 = 98.0665Pa$），计算内径 70mm。查 $D_g = 70mm$ 塑料管水力计算表，流量 $Q = 12.6m^3/h$ 时，流速 $v = 0.91m/s$，$1000i = 13.13$。

对于一次提升段管段，废水管线水力最不利段长度 $L = 10m$，则管线沿程损失为：

$$h_{沿} = iL$$

$$= \frac{13.13}{1000} \times 10 = 0.13 \ (m)$$

一次提升（从调节池用泵提升至反应池，反应池至中间水池重力自流）最不利段共有丁字管 1 个，局部阻力系数取 0.1；90°弯头 2 个，局部阻力系数 0.6；阀门 2 个，局部阻力系数各取 2.5；逆止阀 1 个，局部阻力系数 7.5；转子流量计 1 个，局部阻力系数 9；泵 1 台，局部阻力系数 1，则管线总局部水头损失为：

$$h_局 = \xi \frac{v^2}{2g}$$

$$= (1 \times 0.1 + 2 \times 0.6 + 2 \times 2.25 + 1 \times 7.5 + 9 + 1) \times \frac{0.91^2}{2 \times 9.8}$$

$$= 1.0 \text{（m）}$$

系统中调节池最低水位与最不利点最高水位差 $H_差 = 4.0\text{m}$，取自由水头 $H_自 = 2\text{m}$，则水泵所需扬程为：

$$H = h_沿 + h_局 + H_差 + H_自$$

$$= 0.13 + 1.0 + 4.0 + 2$$

$$= 7.13 \text{（m）}$$

根据 $Q = 12.5\text{m}^3/\text{h}$，$H = 7.13\text{m}$，选耐腐蚀塑料泵 32FS$_f$-20，处理流量为 $4.65 \sim 13.5\text{m}^3/\text{h}$，扬程 $H = 10 \sim 18\text{m}$，配用电机功率 2.2kW。

二、砂滤器水泵扬程

1. 进水提升泵

对于二次提升管段（从中间水池进砂滤器到清水池），选用公称直径 $D_g = 70\text{mm}$ 标准硬聚氯乙烯管，规格外径 $\phi \times$ 壁厚 $= 75\text{mm} \times 2.5\text{mm}$，工作压力 6kgf/cm² （1kgf/cm² = 98.066Pa），计算内径 70mm。查 $D_g = 70\text{mm}$ 塑料管水力计算表，流量 $Q = 12.6\text{m}^3/\text{h}$ 时，流速 $v = 0.91\text{m/s}$，$1000i = 13.13$。

废水管线水力最不利段长度 $L = 18\text{m}$，则管线沿程水头损失为：

$$h_沿 = iL$$

$$= \frac{13.13}{1000} \times 18 = 0.24 \text{（m）}$$

二次提升最不利段共有丁字管 3 个，局部阻力系数 2 个取 0.1，1 个取 1.5；90°弯头 5 个，局部阻力系数各取 0.6；阀门 5 个，局部阻力系数各取 2.5；逆止阀 1 个，局部阻力系数 7.5；转子流量计 1 个，局部阻力系数 9；泵 1 台，局部阻力系数 1，则管线总局部水头损失为：

$$h_局 = \xi \frac{v^2}{2g}$$

$$= (2 \times 0.1 + 1.5 + 5 \times 0.6 + 5 \times 2.5 + 7.5 + 9 + 1) \times \frac{0.91^2}{2 \times 9.8}$$

$$= 1.5 \text{（m）}$$

考虑配水、集水系统水头损失，过滤器水头损失按 $h_砂滤器 = 3\text{m}$ 估算。系统中最不利点水位差 $H_差 = 0.8\text{m}$，取自由水头 $H_自 = 2\text{m}$，则水泵扬程为：

$$H = h_沿 + h_局 + h_砂滤器 + H_差 + H_自$$

$$= 0.24 + 1.5 + 3 + 0.8 + 2$$

$$= 7.54 \text{（m）}$$

根据 $Q = 12.5\text{m}^3/\text{h}$，$H = 7.54\text{m}$，选耐腐蚀塑料泵 32FS$_f$-20，处理流量为 $4.65 \sim 13.5\text{m}^3/\text{h}$，扬程 $H = 10 \sim 18\text{m}$，配用电机功率 2.2kW。

2. 反冲洗水泵

选 150 型耐腐蚀塑料离心泵 2 台，流量 Q 为 19.08～29.52m³/h，扬程 H 为 18～23.5m，电机功率 2.5kW。计算参见第九章。

第五节　设备与材料要求

处理系统对于要求比较高的，在化学反应时会产生热量的罐体采用碳钢焊接而成，内外防腐处理。为节约成本，少占地，尽可能采用设备一体化设计。

本系统对不放热反应的罐体都采用了聚乙烯（PE）材质的设备，PE 材质具有耐腐蚀、抗氧化、不生锈、外表美观等特点，而且安装轻巧，维修方便。

对于反应池还原反应一格，要加盖封闭，防止反应中产生的 SO_2 逸散。

处理系统采用机械搅拌。机械搅拌主要用于各槽罐的液体搅拌，如反应槽、配药槽等。

电控采用合资厂家（西门子、施奈德、欧姆龙等）的产品，性能稳定，运行可靠。处理系统关键的检测控制仪表采用进口的，非关键的检测控制仪表采用国产质量上乘的。

本系统的废水输送泵采用中国产耐腐蚀塑料泵，具有良好的防腐功能，污泥压滤采用隔膜泵。对于本系统的处理效果影响最大的是各种药剂的投加量的控制，计量泵选择目前在国内运行比较好的米顿罗（LMI）计量泵，它具有运行稳定、外形美观、占地小等特点。

废水管路设计以及加药管均采用 UPVC 管道。部分加药管采用增强塑料软管。系统管路分别沿地沟、墙面及管架集中排布，然后分散到各点。

第六节　电气控制系统设计要求

控制方式分为手动和自动控制两种，两种方式可以切换，具有较高的操作灵活性。

1. 处理系统自动控制方式

① 废水处理系统主要设备的运行状态可在主控柜模拟盘上显示。如废水调节反应池内的工作液位与溢流报警液位，各罐体的下限报警液位等。

② 当废水处理系统处于自动待机状态时，废水输水泵可自动启动（当废水贮池液位达到上限后），将废水输入处理槽；当废水贮池液位降至下限时，废水输水泵可自动关闭。当输水泵启动后，需操作人员手动调节流量。

③ 当废水输水泵启动后，处理槽进入自动加药调节控制程序。搅拌器与泵联动，添加 H_2SO_4 药液，自动调节 pH 值；根据所测量的 ORP 值，自动添加 $NaHSO_3$ 药液。

④ 反应槽絮凝段通过 pH 值计控制计量泵自动添加 NaOH、PFS、PAM 等药液。

⑤ 清水池中的六价铬含量超过额定值以后，启动过滤器反冲水泵将不合格水回流至废水调节池，进行再处理。

⑥ 清水池中有 pH 值在线监测仪，当 pH 值不满足要求时，池中搅拌器开启，pH 值调节加药系统自动运行，将处理后的废水调至 pH＝6～9 范围。

2. 废水处理系统手动控制方式

废水处理系统在手动控制状态下，操作人员可在操作现场通过现场操作开关实现上述自动控制全部操作程序。

第七节　处理药剂及药品消耗

1. 处理药剂

NaOH（固体片碱）　　　　工业级

H_2SO_4　　　　　　　　工业级

$NaHSO_3$（固体）　　　　工业级

PFS（固体）　　　　　　工业级

PAM（固体）　　　　　　工业级

2. 药品耗量估算

药品用量结合理论计算和实际经验确定，见表 14-3。

表 14-3　处理药剂消耗量

项　　目	$NaHSO_3$	NaOH	H_2SO_4	PFS	PAM
单位水量耗药量/(g/m³)	1000	40	50	20	3
每天耗药量/(kg/d)	300	12	15	6	0.9

第八节　操作管理注意事项

1. 斜板沉淀池

① 运行前先开动反应槽内的搅拌器，搅拌 3min 后再进水。

② 排泥周期应根据废水含铬浓度及污泥斗容积确定，在不影响沉淀效果的前提下，适当延长排泥周期，可以降低排出污泥的含水率，一般情况下每隔 2h 排泥 1 次。

2. 砂滤器

① 当过滤压力明显增加或出水水质不能满足要求时，应准备冲洗过滤器。

② 冲洗时应减少调节池水量，满足能容纳冲洗排水量的要求，清水池中水要充满，满足冲洗水量要求。

③ 石英砂滤料冲洗时间为 5~10min。先冲洗 3min，中间停几分钟，再冲洗几分钟，可以提高冲洗效果。

④ 过滤器冲洗后，调节池内六价铬浓度会有变化，注意监控处理后水质。

⑤ 每隔半年，应将石英砂滤料彻底清洗一次，并适当补充新滤料。

3. 污泥浓缩池

加入污泥之前，应将浓缩池上清液排至调节池，不许外排。

4. 检测仪表维护

定期校准工业 pH 值计和 ORP 计的数值，保证检测结果的准确和运行状态的良好稳定。

第九节　设　计　图　纸

图 14-8 和图 14-9 分别为含铬废水处理工艺流程图和平面布置图。

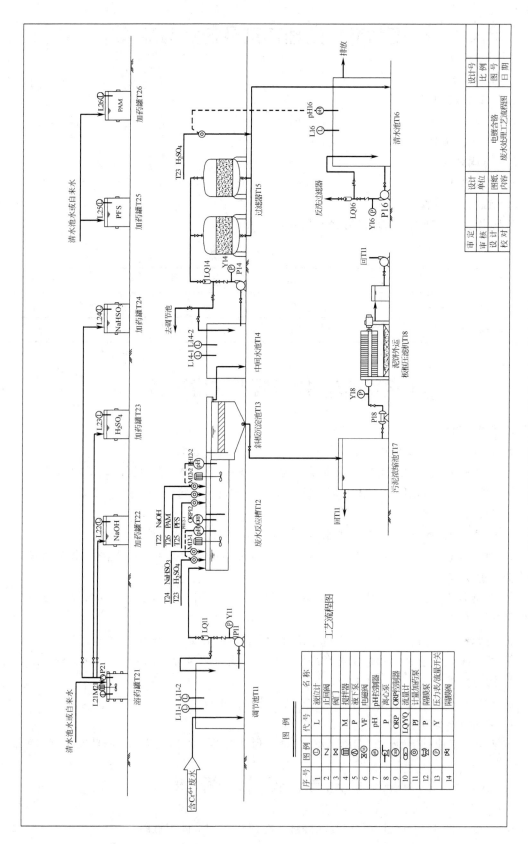

图 14-8 亚硫酸氢钠法处理含铬废水工艺流程图

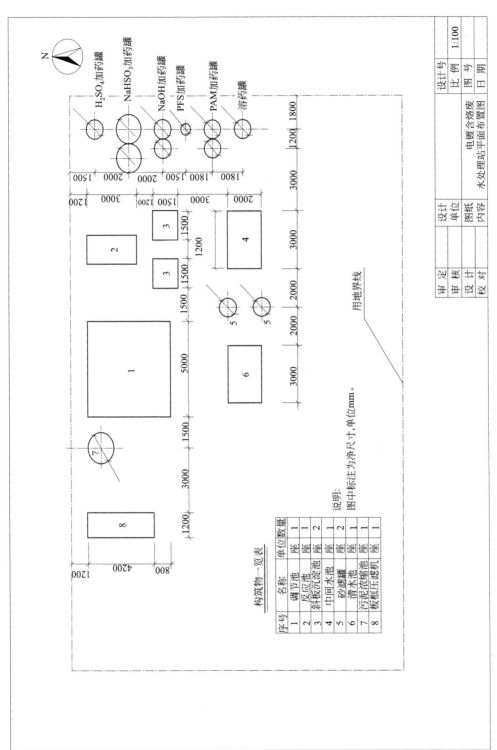

图 14-9　含铬废水处理站平面布置图

第十五章

设计实例 4——某城市污水处理厂二级处理工艺设计

第一节 设计任务书

1. 设计题目

某城市污水处理厂工艺设计。

2. 设计资料

(1) 设计水量 100000m³/d。

(2) 水质 水质水量变化如图 15-1~图 15-5 所示。

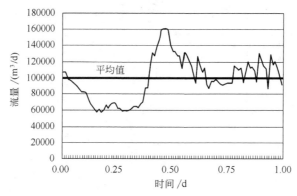

图 15-1 最大日水量随时间变化关系

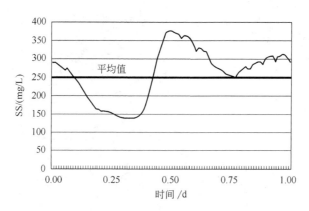

图 15-2 最大日 SS 随时间变化关系

设计水质如下。

COD：300~350mg/L；　　　　　　　N$_{org}$：10~20mg/L；

BOD₅：200mg/L；　　　　　　　TN：30～40mg/L；

SS：200～300mg/L；　　　　　TP：3～4mg/L；

NH₃-N：20～30mg/L；　　　　　pH 值：6～9。

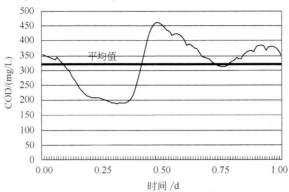

图 15-3　最大日 COD 随时间变化关系

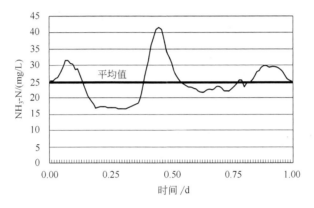

图 15-4　最大日 NH₃-N 随时间变化关系

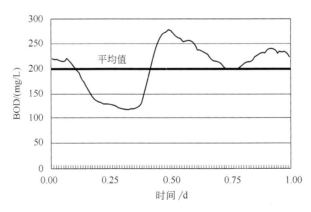

图 15-5　最大日 BOD 随时间变化关系

（3）处理要求　出水水质达到《城镇污水处理厂污染物排放标准》（GB 18918—2002）中的二级标准。

COD：100mg/L；

BOD₅：30mg/L；

SS：30mg/L；

氨氮（以 N 计）：25mg/L；

总磷（以 P 计）：3mg/L。

（4）厂址　如图 15-6 所示。

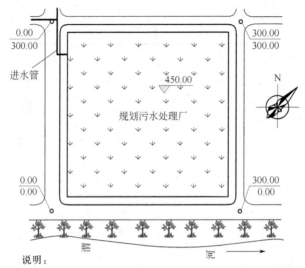

说明：

1. 进水管管底标高 446.00m；

2. 受纳水体位于厂区南侧，50 年一遇最高水位为 448.0m。

图 15-6　预留污水处理厂厂区平面图

（5）气象及工程地质　常年平均气温为 13℃；

厂址周围工程地质良好，适合于修建城市污水处理厂。

3. 设计内容

① 工艺流程选择；

② 构筑物工艺设计计算；

③ 水力计算；

④ 平面及高程布置；

⑤ 附属构筑物设计。

4. 设计成果

① 设计计算说明书（3.0 万字）；

② 工艺设计图（折合 1# 图 6 张）；

③ 采用计算机绘图，文字处理自由选择。

5. 设计要求

① 流程选择合理，设计参数选择正确；

② 计算说明书条理清楚，字迹工整，计算准确，并附设计计算示意图；

③ 图纸表达准确、规范。

6. 设计期限

13 周。

7. 主要参考文献

① 教材《水污染控制工程》；

②《给水排水设计手册》；

③《环境工程设计手册》（水卷）；

④《废水厌氧生物处理工程》；

⑤ 本专业相关杂志。

第二节 工艺流程选择

本节要求结合本书第十三章内容、相关教材以及查阅的各种资料对现有的城市污水各种处理方法进行综述，在此基础上，结合设计任务书下达的污水水质及处理要求，确定污水处理工艺。

本设计示例选用普通活性污泥法。工艺流程如图 15-7 所示。

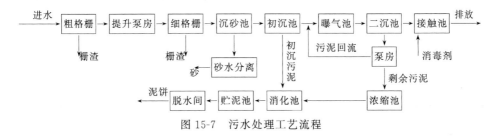

图 15-7 污水处理工艺流程

第三节 构筑物设计及计算

一、粗格栅

泵前设置粗格栅的作用是保护水泵，而明渠格栅的作用则是保证后续处理系统的正常工作。目前普遍的做法是将泵前格栅均做成明渠格栅。采用机械清渣时，由于机械连续工作，格栅余渣较少，阻力损失几乎不变，因此，格栅前后通常不设渐变段。

1. 主要设计参数

设计流量（最大流量） 日平均污水量 Q 为 $10^5 \mathrm{m}^3/\mathrm{d}$；总变化系数 k_z 为 1.2，则设计流量（最大流量）$Q_{\max}$ 为 $12 \times 10^4 \mathrm{m}^3/\mathrm{d}$；

栅条宽度 S：10mm；

栅条间隙宽度 b：20mm；

过栅流速：1.0m/s；

栅前渠道流速：0.55 m/s；

栅前渠道水深：1.2m；

格栅倾角：60°；

数量：2座；

栅渣量：格栅间隙为20mm，栅渣量 W_1 按 $1000\mathrm{m}^3$ 污水产渣 $0.07\mathrm{m}^3$（机械清渣）。

2. 工艺尺寸

（1）格栅尺寸 过栅流量 Q_1

$$Q_1 = Q_{\max}/2 = \frac{120000\mathrm{m}^3/\mathrm{d}}{2} = 0.6945 \ (\mathrm{m}^3/\mathrm{s})。$$

栅条间隙数 n：

$$n=\frac{Q_1\sqrt{\sin\alpha}}{bhv}=\frac{0.6945\times\sqrt{\sin 60°}}{0.02\times 1.2\times 0.9}=29.9，取 n 为 30。$$

有效栅宽 B：

$$B=S(n-1)+bn=0.01\times(30-1)+0.02\times 30=0.89（m）。$$

（2）格栅选择　选择 XQ1000 型机械格栅，技术参数见表 15-1。

表 15-1　XQ1000 型机械格栅技术参数

设备宽度/mm	1000	水流速度/(m/s)	0.3～1
有效栅宽/mm	900	电动机功率/kW	0.75
有效间隙/mm	20	安装角度	60°

实际过流速度为：

$$v=\frac{Q_1\sqrt{\sin\alpha}}{bhn}=\frac{0.6945\times\sqrt{\sin 60°}}{0.02\times 0.6\times 30}=0.898（m/s）。$$

（3）栅渠尺寸

栅渠过水断面 S：

$$S=\frac{Q_1}{v}=\frac{0.6945m^3/s}{0.55m/s}=1.262（m^2）。$$

栅渠尺寸（宽×深）：1050mm×1200mm。

栅渠长度 L：采用机械格栅，栅前和栅后各设置与格栅长度相等的直线段，以保证栅前和栅后水流的均匀性，栅渠总长应为 3 倍格栅长度。

3. 水头损失

格栅断面为锐边矩形断面（$\beta=2.42$），格栅水头损失 h_1：

$$h_1=\beta\left(\frac{S}{b}\right)^{\frac{4}{3}}\frac{v^2}{2g}\sin\alpha\times k=2.42\times\left(\frac{0.01}{0.02}\right)^{\frac{4}{3}}\times\frac{0.898^2}{19.6}\times\sin 60°\times 3=0.099（m）$$

取 h_1 为 0.1m。

4. 渣量计算

栅渣量：

$$W=\frac{86400Q_{max}W_1}{1000K_z}=\frac{86400\times 1.389\times 0.07}{1000\times 1.2}=7.0（m^3/d）。$$

二、提升泵房

1. 水泵选择

设计水量为 120000m³/d，选择用 4 台潜污泵（3 用 1 备），则单台流量为：

$$Q_1=\frac{Q_{max}}{3}=\frac{1.389\times 3600}{3}=1666.8（m^3/h）$$

所需的扬程为 10.76 m（见水力计算和高程布置）。

选择 400QW1700-22 型潜污泵，泵的参数见表 15-2。则泵的基座尺寸 $L\times B=$

888mm×440mm。

表 15-2　400QW1700-22 型潜污泵参数

出水口径/mm	流量/(m³/h)	转速/(r/min)	轴功率/kW	电动机功率/kW	效率/%
400	1700	740	119.4	160	83.36

2. 集水池

（1）容积　按一台泵最大流量时 6min 的出流量设计，则集水池的有效容积 V：

$$V = \frac{1700}{60} \times 6 = 170 \ （m^3）$$

（2）面积　取有效水深 H 为 3m，则面积 $F = \frac{Q_1}{H} = \frac{170}{3} = 56.7 \ （m^2）$；

集水池长度取 10m，则宽度 $B = \frac{F}{l} = \frac{56.7}{10} = 5.67 \ （m）$，取 6m；

集水池平面尺寸：$L \times B = 10m \times 6m$；

保护水深为 1.2m，则实际水深为 4.2m。

3. 泵位及安装

潜污泵直接置于集水池内，经核算集水池面积远大于潜污泵的安装要求。潜污泵检修采用移动吊架。

三、细格栅

1. 主要设计参数

设计流量（最大流量）：日平均污水量 Q 为 $10^5 \ m^3/d$；总变化系数 k_t 为 1.2，则设计流量（最大流量）Q_{max} 为 $12 \times 10^4 \ m^3/d$；

栅条宽度 S：10mm；

栅条间隙宽度 b：10mm；

过栅流速：1.0m/s；

栅前渠道流速：0.6 m/s；

栅前渠道水深：0.8m；

格栅倾角：60°；

数量：2座；

栅渣量：格栅间隙为 10mm，栅渣量 W_1 按 1000m³ 污水产渣 0.1m³（机械清渣）。

2. 工艺尺寸

（1）格栅尺寸

栅条间隙数 n：

$$n = \frac{Q_1 \sqrt{\sin\alpha}}{bhv} = \frac{0.6945 \times \sqrt{\sin 60°}}{0.01 \times 0.8 \times 1.0} = 80.7，取 n 为 81。$$

有效栅宽 B：

$$B = S(n-1) + bn = 0.01 \times (81-1) + 0.01 \times 81 = 1.61 \ （m）。$$

（2）格栅选择　根据有效栅宽，选取 XQ1800 型机械格栅，相关技术参数见表 15-3。

表 15-3　XQ1800 型机械格栅技术参数

设备宽度/mm	1800	水流速度/(m/s)	0.3~1
有效栅宽/mm	1700	电动机功率/kW	2.2
有效间隙/mm	10	安装角度	60°

实际过栅流速为　　$v=\dfrac{Q_1\sqrt{\sin\alpha}}{bhn}=\dfrac{0.6945\times\sqrt{\sin 60°}}{0.01\times 1.2\times 54}=1.0$（m/s）。

（3）栅渠尺寸

栅渠过水断面：$S=\dfrac{Q}{v}=\dfrac{0.6945\text{m}^3/\text{s}}{0.6\text{m/s}}=1.158\text{m}^2$。

栅渠尺寸（宽×深）:1450mm×800mm。

栅渠长度 L：采用机械格栅，栅前和栅后一般各设置与格栅长度相等的直线段，以保证栅前和栅后水流的均匀性，栅渠总长为 3 倍格栅长度。

3. 水头损失

格栅断面为锐边矩形断面（$\beta=2.42$），格栅水头损失 h_1：

$$h_1=\beta\left(\frac{S}{b}\right)^{\frac{4}{3}}\frac{v^2}{2g}\sin\alpha\times k=2.42\times\left(\frac{0.01}{0.01}\right)^{\frac{4}{3}}\times\frac{1^2}{19.6}\times\sin 60°\times 3=0.32\ （\text{m}）。$$

取 h_1 为 0.32m。

4. 渣量计算

栅渣量：$W=\dfrac{86400Q_{\max}W_1}{1000K_z}=\dfrac{86400\times 1.389\times 0.1}{1000\times 1.2}=10.0$（m³/d）。

四、曝气沉砂池

1. 设计参数

设计流量（按最大流量设计）$Q_{\max}=1.389$ m³/s；

停留时间 t：3min；

水平流速 v：0.1m/s；

沉砂量：30m³/10⁶ m³（污水）；

曝气量：0.2m³（空气）/ m³（污水）；

主干管空气流速 v_1：12m/s；

支管空气流速 v_2：4.5m/s。

2. 沉砂池尺寸

（1）有效容积

$$V=Q_{\max}t\times 60=1.389\times 3\times 60=250\ （\text{m}^3）。$$

（2）水流断面积

$$A=Q_{\max}/v=1.389/0.1=13.89\ （\text{m}^2）。$$

取有效水深 h 为 2.315m，则池宽 $B=A/h=6.0$m。

沉砂池分为两格（即 $n=2$），则每格宽度 $b=B/2=3$m。

（3）平面尺寸

池长 $L=V/A=250/13.89=18.0$（m）。

平面尺寸：$B \times L = 6.0 m \times 18.0 m$。

（4）集砂区　集砂斗倾角 $60°$，高为 $0.8 m$。

（5）集油区　集油区宽 $1.2 m$，上部与沉砂区隔断，以便集油；下部与沉砂区相通，以便沉砂返回集砂斗，为了防止曝气干扰，保证油水分离效果，相通区设置栅条。

沉砂池结构如图 13-4 所示。

3. 沉砂量及排砂设备

沉砂量　$V = \dfrac{Q_{\max} x \times 24 \times 3600}{K_z \times 10^6} = \dfrac{1.389 \times 30 \times 24 \times 3600}{1.2 \times 10^6} = 3.0$（$m^3/d$）

采用行车式排砂机，配备一台 40PV-SP 型液下渣浆泵（有关参数见表 15-4），每天排砂一次，每次 10min。

表 15-4　40PV-SP 型液下渣浆泵技术参数

最大功率/kW	流量/(m³/h)	扬程/m	转速/(转/min)	叶轮直径/mm
15	19.44~43.2	4.5~28.5	1000~2200	188

4. 曝气系统

（1）曝气量

$$q = 3600 d Q_{\max} = 3600 \times 0.2 \times 1.389 = 1000 \text{（m^3/h）。}$$

（2）风机选择　选用两台 D30×28-20/2000 型罗茨鼓风机（一备一用），配以 JO_2 71-6 型电动机（功率为 17kW），风机性能见表 15-5。

表 15-5　D30×28-20/3000 型罗茨鼓风机性能

风量/(m³/min)	静压力/mmH₂O	基础尺寸/mm
20	3000	1530×600

注：$1 mmH_2O = 9.8 Pa$。

（3）空气管道计算　按风机实际风量计算。

干管管径：$D_1 = \sqrt{\dfrac{4q}{\pi v_1}} = \sqrt{\dfrac{4 \times 0.33}{3.14 \times 12}} = 0.188$（m），取 D_1 为 200mm。

验算气流速度：$v_1' = \dfrac{4q}{\pi D_1^2} = \dfrac{4 \times 0.33}{3.14 \times 0.2^2} = 10.5$（m/s），符合要求。

每隔 1m 分出两个支管，则支管总数为 $n = 2 \times 18 = 36$ 个，每一支管气量 $q_2 = 0.33/36 = 0.009$（m^3/s）。

取支管气流速度为 $v_2 = 4.5$ m/s，则支管管径：$D_2 = \sqrt{\dfrac{4q_2}{\pi v_2}} = \sqrt{\dfrac{4 \times 0.009}{3.14 \times 4.5}} = 0.05$（m），取 D_2 为 50mm。

验算气流速度：$v_2' = \dfrac{4q}{\pi D_2^2} = \dfrac{4 \times 0.009}{3.14 \times 0.05^2} = 4.58$（m/s），符合要求。

五、初沉池

1. 池型选择

常用的初沉池有平流式、辐流式和竖流式三种，各自的优缺点及适用范围见表 15-6。

表 15-6 平流式、辐流式和竖流式沉淀池比较

池型	优 点	缺 点	适用条件
平流式	(1) 沉淀效果好 (2) 对冲击负荷和温度变化的适应能力强 (3) 施工简易，造价较低	(1) 配水不易均匀 (2) 采用多斗排泥时每个泥斗需单独设排泥管排泥，操作量大	(1) 适用于地下水位高及地质较差地区 (2) 适用于大、中、小型污水处理厂
竖流式	(1) 排泥方便，管理简单 (2) 占地面积小	(1) 池子深度大 (2) 对冲击负荷和温度变化的适应能力较差 (3) 造价较高 (4) 池径不宜过大，否则布水不均	适用于中、小型污水处理厂
辐流式	(1) 多为机械排泥，运行效果好，管理较简单 (2) 排泥设备已趋定型	机械排泥设备复杂，对施工质量要求高	(1) 用于地下水位较高地区 (2) 用于大、中型污水处理厂

本设计采用中心进水周边出水辐流式沉淀池。

2. 设计参数

设计流量（最大流量 Q_{max}）:120000 m^3/d（1.389 m^3/s）;

表面负荷 q': 2.0 $m^3/(m^2 \cdot h)$;

沉淀时间 t': 1.7h;

中心进水管：下部管内流速 v_1 取 1.2m/s；

上部管内流速 v_2 取 1.0m/s；

出管流速 v_3 取 0.8m/s；

出水堰负荷 $<2.9L/(s \cdot m)$;

池底坡度：0.02;

数量 n：2 座；

沉淀池型 圆形辐流式。

3. 初沉池尺寸

(1) 单池面积

$$F = \frac{Q}{nq'} = \frac{1.389 \times 3600}{2 \times 2} = 1250.1 \ (m^2).$$

(2) 沉淀池直径

$$D = \sqrt{\frac{4F}{\pi}} = \sqrt{\frac{4 \times 1250.1}{3.14}} = 39.9 \ (m)，取 D = 40m.$$

(3) 有效水深

$$h_2 = \frac{Qt}{A} = q't = 2.0 m^3/(m^2 \cdot h) \times 1.7h = 3.4 \ (m).$$

(4) 有效容积

$$V' = \frac{Q}{n}t = \frac{1.389 \times 3600}{2} \times 1.7 = 4250.34 \ (m^3).$$

(5) 集泥斗 上部直径为 3.5m，下部直径为 1.5m，倾角为 45°，泥斗高 h_0 为 1m，则泥斗有效容积

$$V_0 = \frac{\pi h_0}{3} \left[\left(\frac{3.5}{2}\right)^2 + \frac{3.5}{2} \times \frac{1.5}{2} + \left(\frac{1.5}{2}\right)^2 \right] = 5.17 \ (m^3).$$

（6）沉淀池池边总高　缓冲层高度 h_3 为 0.5m，超高 h_1 为 0.3m，则总高　$H = h_1 + h_2 + h_3 = 0.3 + 3.4 + 0.5 = 4.2$（m）。

（7）沉淀池中心高度

$$H' = H + h_0 + 0.02 \times (40 - 3.5)/2 = 4.2 + 1.0 + 0.4 = 5.6 \text{（m）}。$$

（8）中心进水管

下部管径　$D_1 = \sqrt{\dfrac{4Q_{\max}}{2\pi v_1}} = 0.858\text{m}$，取 D_1 为 900mm。实际流速为 1.09m/s。

上部管径　$D_2 = \sqrt{\dfrac{4Q_{\max}}{2\pi v_2}} = 0.94\text{m}$，取 D_2 为 1000mm。实际流速为 0.884m/s。

出流面积　$A = \dfrac{Q_{\max}}{2 \times v_3} = 0.868\text{m}^2$，设置 10 个出水孔，孔口尺寸　120mm×80mm。

（9）导流筒　导流筒的深度 h_0' 为池深的一半，即 h_0' 为 1.7m。

导流筒的面积按沉淀面积的 3% 设计，则导流筒的直径　$D_0 = \sqrt{\dfrac{4 \times 3\% F}{\pi}} = 6.9\text{m}$。

（10）出水堰　采用正三角形出水堰。设计堰上水头 H_w 为 5cm，三角堰的角度 θ 为 60°，由三角堰堰上水头（水深）和过流堰宽 B 之间的关系 $\dfrac{B}{2H_w} = \tan\dfrac{\theta}{2}$，可得出水流过堰宽度 B 为 5.77cm。

设计堰宽为 10cm，流量系数 C_d 取 0.62，则单堰过堰流量

$$q = \frac{8}{15}C_d \sqrt{2g}\tan\frac{\theta}{2}H_w^{\frac{5}{2}} = \frac{8}{15} \times 0.62 \times \sqrt{2 \times 9.8} \times \tan\frac{60°}{2} \times 0.05^{\frac{5}{2}} = 0.00047 \text{（m}^3/\text{s）}$$

每个初沉池应该布置的出水堰总数 N

$$N = \frac{0.6945\text{m}^3/\text{s}}{0.00047\text{m}^3/\text{s}} = 1477.6，取 N 为 1478 个。$$

环形集水渠宽 0.6m，沿集水渠壁双侧布置出水堰。

集水渠内、外圆环直径分别为 36m 和 37.2m（集水渠内壁距池壁 2m；外壁距池壁 1.4m），集水渠内、外侧总周长　$L = \pi \times (36 + 37.2) = 230\text{m}$，出水堰总线长　1478×10cm = 147.8m。出水堰总线长小于出水总周长，满足要求。

出水堰布置　内环上布置 1478×(36/73.2) = 726 个，外环上布置 1478×(37.2/73.2) = 752 个。由于出水堰总线长小于出水渠两壁总周长，因此，需间隔布置出水堰，两个出水堰堰顶间距

$$B' = \frac{230 - 147.8}{1478} = 0.056\text{m} \text{ 取 6cm}$$

（11）集水渠　辐流式沉淀池的集水渠大约位于距池壁的 $(1/10)R$ 处，渠宽 b 为 0.6m，集水渠平均进水流量为沉淀池进水流量的一半，即 $0.2\text{m}^3/\text{s}$，则当集水槽末端为自由泄水时，依据下式可确定水槽起始端水深 H 和末端水深 y_c 为

$$y_c = \left[\frac{(qL)^2}{4b^2 g}\right]^{\frac{1}{3}}$$

$$H = \left(y_c^2 + \frac{2q^2 L^2}{gb^2 y_c}\right)^{0.5}$$

经计算 $y_c = 0.18\text{m}$；$H = 0.54\text{m}$，取为 0.6m。

为保证三角堰自由出流，集水槽起始端（水深为 H 处）水面距三角堰堰口高度 h_1 为 0.1m。

三角堰高度　$h_2 = 0.1 \times \cos 30° = 0.087$（m）。

集水渠高度

$$H' = H + h_1 + h_2 = 0.6 + 0.1 + 0.087 = 0.787 (\text{m})，取 0.8\text{m}。$$

最大流量校核　最大流量发生时，$y_c = 0.20$，$H = 0.61$，符合要求。

（12）排泥量　污泥量按初沉池对悬浮物（SS）的去除率计算。

进水 SS 为 250mg/L，初沉池 SS 的去除率按 50％计。

干污泥量　$Q_d = 250 \times 100000 \times 50\% = 12500 \text{kg/d}$。

污泥含水率设计为 95％，污泥密度为 1000kg/m³，则污泥体积　$V = Q_d / (1 - 95\%) = 250 \text{m}^3/\text{d}$。

单池泥量　$Q_s = Q_w / 2 = 125 \text{m}^3/\text{d}$。

采用连续排泥，集泥斗的作用仅为收集污泥。

（13）刮泥设备　选择 ZBX_2-45 型周边传动刮泥机。

六、曝气池

1. 设计参数

设计流量（日平均水量 Q）：100000m³/d；

曝气池：4 座；

池型：廊道式；

进水 BOD_5 浓度 S_0：150mg/L（初沉池 BOD_5 去除率设计为 25％）；

去除率 η：90％，则出水 BOD_5 浓度 S_e 为 15mg/L；

污泥浓度 X_V：2.7kg/m³；

污泥回流比：50％；

污泥负荷 N_S：0.25kg BOD_5/(kgMLSS·d)；

系数：$a' = 0.5$，$b' = 0.15$，$a = 0.6$，$b = 0.08$。

2. 曝气池

（1）容积

$$V = QS_0 / XN_S = 100000 \times 0.15 / (2.7 \times 0.25) = 20000 \ (\text{m}^3)。$$

（2）尺寸　取有效水深 4.5m，则每座曝气池的面积为：

$$F_1 = V / (nH) = 20000 / (4 \times 4.5) = 1111 \ (\text{m}^2)$$

取廊道宽 8m，$B/H = 8/4.5 = 1.78$（在 1～2 之间），满足要求。

廊道总长 $L = F_1 / B = 1111/8 = 138.88$ （m），$L/B = 138.88/8 = 17.4$（>10），符合要求。

每座曝气池采用三廊道，则每个廊道长 $L' = L/3 = 138.88/3 = 46.3$（m），取 48m。

每座曝气池实际面积 $F_1' = 48 \times 3 \times 8 = 1152$（m²）。

单座曝气池平面尺寸 $L \times B = 48 \times 24$（m）。

取曝气池的超高为 1.0m，故曝气池的总高度 $H' = 4.5 + 1.0 = 5.5$（m）。

水力停留时间 $t_m = V/Q_1 = 48 \times 24 \times 4.5 \times 4/100000 = 5$（h）。

（3）曝气系统

日平均需氧量 R_a：

$R_a = a' Q_1 S_r + b' V X_V = 0.5 \times 100000 \times 0.135 + 0.15 \times 20000 \times 2.7$

$= 14850 (\text{kg/d}) = 618.75$（kg/h）

最大时需氧量 R_{amax}：

$$R_{amax} = a'Q_1 S_r K_z + b'VX_V = 1.2 \times 0.5 \times 100000 \times 0.135 + 0.15 \times 17857 \times 2.7$$
$$= 16276(kg/d) = 678.15 \ (kg/h)$$

最大时需氧量与日平均需氧量之比为：$678.15/618.75 = 1.096$。

采用可变微孔曝气器，氧转移效率（E_A）设计为 20%，则空气离开曝气池时的百分比为 18.43%，温度为 20℃时清水中的溶解氧饱和浓度为 10.17mg/L。取 $\alpha = 0.82$，$\beta = 0.95$，$\rho = 1.0$，$C_L = 2.0$（mg/L）。

充氧量 R_o：

$$R_o = R_a C_{sm}(20) / \{\alpha[\beta\rho C_{sm}(30) - C_L] \times 1.024^{(T-20)}\}$$
$$= 618.75 \times 10.17 / [0.82 \times (0.95 \times 1.0 \times 8.46 - 2.0) \times 1.024^{(T-20)}] = 1003 \ (kg/h)$$

日平均供气量 $\quad G_s = R_o/(0.3 E_A) = 1003/(0.3 \times 0.2) = 16717 \ (m^3/h)$

最大时供气量 $\quad G_{smax} = 1.096 G_s = 18321 \ (m^3/h)$

（4）曝气器 曝气器形式采用华北市政院江都水处理设备厂生产的型号为 HWB-3 微孔曝气器，性能见表 15-7。

表 15-7 微孔曝气器的主要技术指标

项　　　目	指　　　标	项　　　目	指　　　标
服务面积/(m²/个)	0.3~0.6	氧利用率/%	18.7~21.7
通气量/[m³/(h·个)]	3	动力效率/[kg/(kW·h)]	5.92~6.72
阻力损失	3.0m		

单个曝气器的曝气量为 3m³/h，则曝气器数量为

$$n = G_{smax}/3 = 18321/3 = 6107 \ (个)$$

每个曝气池设置曝气器数量：2036 个。

曝气器的布置：每个廊道应布置 2036/3 = 679 个，取为 680 个。

校核：每个曝气器服务面积 $S_0 = F_1/(680 \times 3) = 1128/2040 = 0.55m^2/$个，符合要求。

（5）风机选择 采用唐山环保机械工程公司生产的 D-120-61 型多级离心鼓风机四台，单台风量 120m³/min，四用两备。

3. 剩余污泥量

$$Y = aQL_r - bVX_V = 0.6 \times 100000 \times 0.135 - 0.08 \times 20000 \times 2.4$$
$$= 4260 m^3/d \ (177.5 \ m^3/h)$$

七、二沉池

1. 设计参数

设计流量：1.736m³/s（平均水量＋回流污泥量）；

表面负荷：1.25m³/(m²·h)；

沉淀时间：2.5h；

中心进水管：下部管内流速 v_1 取 1.2m/s，上部管内流速 v_2 取 1.0m/s，出管流速 v_3 取 0.8m/s；

出水堰负荷：1.5L/(s·m)；

池底坡度：0.02；

沉淀池数量：4 座；

沉淀池型：圆形辐流式。

2. 尺寸

（1）单池直径

单池面积：$F = Q/nq' = 1.736 \times 3600/(4 \times 1.25) = 1249.9$ （m²）。

单池直径：$D = \sqrt{\dfrac{4F}{\pi}} = 39.9$ （m），取 $D = 40$m。

（2）有效水深

$$h_2 = q' \times t = 1.25 \text{m}^3/(\text{m}^2 \cdot \text{h}) \times 2.5\text{h} = 3.125 \text{ （m）}$$

取 3.1m。

（3）有效容积

$$V' = \frac{Q}{n}t = \frac{1.736 \times 3600}{4} \times 2.5 = 3906 \text{ （m}^3\text{）}$$

（4）集泥斗　集泥斗为上部直径为 3.5m，下部直径为 1.5m，倾角为 45°，集泥斗高 h_0 为 1m，则集泥斗的有效容积 V_0 为：

$$V_0 = \frac{\pi h_0}{3} \left[\left(\frac{3.5}{2}\right)^2 + \left(\frac{3.5}{2}\right) \times \left(\frac{1.5}{2}\right) + \left(\frac{1.5}{2}\right)^2 \right] = 5.17 \text{ （m）}$$

（5）沉淀池池边总高

缓冲层高度：h_3 取 0.5m，超高 h_1 取 0.3m，则总高

$$H = h_1 + h_2 + h_3 = 0.3 + 3.1 + 0.5 = 3.9 \text{ （m）}$$

（6）沉淀池中心高度

$$H' = H + h_0 + 0.05 \times (40 - 3.5)/2 = 3.9 + 1.5 + 0.9 = 6.3 \text{ （m）}$$

（7）中心进水管

下部管径：$D_1 = \sqrt{\dfrac{Q_{max}}{\pi v_1}} = 0.679$m，取 D_1 为 700mm，经核算实际流速为 1.13m/s。

上部管径：$D_2 = \sqrt{\dfrac{Q_{max}}{\pi v_2}} = 0.743$m，取 D_2 为 750mm，经核算实际流速为 0.98m/s。

出流面积：$A = \dfrac{Q_{max}}{4v_3} = 0.5425$m²，设置面积为 0.054m² 的出水孔 10 个，单孔尺寸 540mm×100mm。

（8）导流筒　导流筒的深度 h_0 为池深的一半，即 h_0 为 1.5m；导流筒的面积为沉淀面积的 3%，导流筒直径

$$D_0 = \sqrt{\frac{4 \times 3\% \times F}{\pi}} = 6.9 \text{ （m）}$$

（9）出水堰　采用正三角形出水堰。设计堰上水头 H_w 为 5cm，三角堰的角度 θ 为 60°，由三角堰堰上水头（水深）和过流堰宽 B 之间的关系 $\dfrac{B}{2H_w} = \tan\dfrac{\theta}{2}$，可得出水流过堰宽度 B 为 5.77cm。

设计堰宽为 10cm，流量系数 C_d 取 0.62，则单堰过堰流量

$$q = \frac{8}{15}C_d \sqrt{2g}\tan\frac{\theta}{2}H_w^{\frac{5}{2}} = \frac{8}{15} \times 0.62 \times \sqrt{2 \times 9.8} \times \tan\frac{60°}{2} \times 0.05^{5/2} = 0.00047 \text{ （m}^3/\text{s）}$$

每个二沉池应该布置的出水堰总数 N：

$$N = \frac{0.289\text{m}^3/\text{s}}{0.00047\text{m}^3/\text{s}} = 614.89$$，取 N 为 615 个。

环形集水渠宽 0.6m，沿集水渠壁内侧（单侧）布置出水堰。

集水渠内、外圆环直径分别为 38m 和 39.2m（集水渠内壁距池壁 2m；外壁距池壁 1.4m），出水总周长：$L = \pi \times 38 = 119.32\text{m}$，出水堰总线长：$615 \times 10\text{cm} = 61.5\text{m}$。出水堰总线长小于出水总周长，满足要求。

由于出水堰总线长小于出水渠两壁总周长，因此，需间隔布置出水堰，两个出水堰堰顶间距

$$B' = \frac{119.32 - 61.5}{615} = 0.094 \text{ (m)}，\text{取 9cm}$$

（10）集水渠 辐流式沉淀池的集水渠位于距池壁的 $(1/10)R$ 处，渠宽 b 为 0.6m，集水渠总流量为 $0.289\text{m}^3/\text{s}$。当集水槽末端为自由泄水时，依据下式可确定水槽起始端水深 H 和末端水深 y_c 为：

$$y_c = \left[\frac{(qL)^2}{4b^2 g} \right]^{\frac{1}{3}}$$

$$H = \left(y_c^2 + \frac{2q^2 L^2}{gb^2 y_c} \right)^{0.5}$$

经计算 $y_c = 0.181\text{m}$，取 0.2m；$H = 0.315\text{m}$，取为 0.4m。

为保证三角堰自由出流，集水槽起始端（水深为 H 处）水面距三角堰堰口高度 h_1 为 0.1m。

三角堰高度 $h_2 = 0.1 \times \cos 30° = 0.087$ (m)。

集水渠高度为：

$$H' = H + h_1 + h_2 = 0.4 + 0.1 + 0.087 = 0.587 \text{ (m)}$$

取 0.6m。

最大流速校核：最大流速发生在过流断面最小处（y_c），即

$$V_{\text{max}} = \frac{0.217\text{m}^3/\text{s}}{0.3 \times 0.6\text{m}^2} = 1.20\text{m/s}，\text{符合要求。}$$

（11）排泥量及排泥管 二沉池的排泥量为剩余污泥量与回流污泥量之和。活性污泥系统每天排出的剩余污泥量 Y 为 4260m^3，回流污泥量为 50000m^3，因此，沉淀池每天沉淀的污泥量为 54260m^3，折算为每个沉淀池每天的排泥量为 13565m^3（$565.2\text{m}^3/\text{h}$）。

排泥管设计流速 v 为 1.02m/s，则排泥管面积 $S = q/v = 0.155\text{m}^2$，直径 $D = 0.443\text{m}$。采用 500mm 铸铁管，此时，排泥管实际流速为 0.8m/s，符合要求。

3. 刮泥设备

选择 ZBX_2-37 型周边传动刮泥机四台。

八、消毒

1. 消毒方法的选择

消毒方法分为两类：物理方法和化学方法。物理方法主要有加热、冷冻、辐照、紫外线和微波消毒等方法。化学方法是利用各种化学药剂进行消毒，常用的化学消毒剂有氯及其化合物、各种卤素、臭氧、重金属离子等。

氯价格便宜，消毒可靠且经验成熟，是应用最广的消毒剂，所以本次设计选择液氯消毒。

2. 接触池

设计廊道式接触反应池 1 座，水力停留时间 t 为 30min，廊道水流速度为 0.2m/s。

（1）接触池容积 $V = Qt = 1.158 \times 30 \times 60 = 2084.4$（m³）

（2）接触池表面积 接触池平均水深设计为 2.75m，则接触池面积

$$F = \frac{V}{h} = \frac{2084.4}{2.7} = 772 \text{（m}^2\text{）}$$

（3）廊道宽

$$b = \frac{Q}{hv} = \frac{1.158}{2.75 \times 0.2} = 2.11 \text{（m）} \quad \text{取 2m}$$

实际流速 0.211m/s。

（4）接触池宽（采用 12 个隔板，则有 13 个廊道）

$$B = 13 \times 2 = 26 \text{（m）}$$

（5）接触池长度

$$L = \frac{F}{B} = \frac{772}{27.43} = 28.14 \text{（m），取 30m。}$$

3. 加氯间

（1）加氯量 加氯量按每立方米污水投加 5g 计，则每天需要氯量 $W = 5 \times 100000 \times 10^{-3} = 500$（kg）。

（2）加氯设备 选用 3 台 ZJ-2 型转子加氯机，两用一备，单台加氯量为 10kg/h，加氯机尺寸：550mm×310mm×770mm。

九、计量槽

接触池末端设巴氏计量槽一座，以便对污水处理厂的流量进行监控。

依据设计手册，当测量范围为 0.3～2.1m³/s 时，喉宽 W 取 1m，则喉管长度

$$L_1 = 0.5W + 1.2 = 1.7 \text{（m）}$$

计量槽总长 $B = 0.6 + 0.9 + 1.7 = 3.2$（m）

依据上游水位 H_1，按以下公式求出流量 $Q = 1.777 H_1^{1.556}$（m³/s）

上游水位通过超声液位计自动计量，并转换为相应的流量。

十、污泥泵房

设计污泥回流泵房两座，分别位于两座沉淀池之间，每个泵房承担两座沉淀池的污泥回流和剩余污泥排放。

1. 设计参数

污泥回流比：正常回流比为 50%，泵房回流能力按 100% 计；

设计回流污泥流量：100000m³/d；

剩余污泥流量：4260m³/d。

2. 污泥泵

污泥回流和剩余污泥排放分别独立运行，便于操作。

回流污泥泵：6 台（4 用 2 备），型号 250QW-700-11 型潜污泵。

剩余污泥泵：4 台（2 用 2 备），型号 250QW-100-11 型潜污泵。

3. 集泥池

（1）容积 按一台泵最大流量时 6min 的出流量设计，则集泥池的有效容积

$$V = \frac{700}{60} \times 6 = 70 \ (\text{m}^3)$$

考虑到每个集泥池安装 5 台泵（3 台回流泵，2 台剩余污泥泵），取集泥池容积为 100m³。

（2）面积 有效水深 H 取 2.5m，则集泥池面积

$$F = \frac{Q_1}{H} = \frac{100}{2.5} = 40 \ (\text{m}^2)$$

集泥池长度取 10m，则宽度

$$B = \frac{F}{l} = \frac{40}{10} = 4 \ (\text{m})$$

集泥池平面尺寸：$L \times B = 10\text{m} \times 4\text{m}$。

集泥池底部保护水深为 1.2m，则实际水深为 3.7m。

4. 泵位及安装

潜污泵直接置于集泥池内，经核算集泥池面积远大于潜污泵的安装要求。潜污泵检修采用移动吊架。

十一、污泥浓缩池

由于初沉池污泥含水率大约为 95%，可以不经过浓缩直接进行消化处理，因此，污泥浓缩仅处理剩余活性污泥。

1. 设计参数

设计流量 $Q_w = 4260\text{m}^3/\text{d}$；

污泥浓度 $C = 6\text{g/L}$；

浓缩后含水率为 97%；

浓缩时间 $T = 18\text{h}$；

浓缩池固体通量 $M = 30\text{kg/(m}^2 \cdot \text{d)}$；

浓缩池数量：1 座；

浓缩池池型：圆形辐流式。

2. 浓缩池尺寸

（1）面积

$$A = Q_w C / M = 852\text{m}^2$$

（2）直径

$$D = \sqrt{\frac{4A}{\pi}} = 32\text{m}$$

（3）总高度

工作高度 h_1

$$h_1 = \frac{TQ_w}{24 \times A_1} = \frac{18 \times 4260}{24 \times 1385.4} = 2.31 \ (\text{m})$$

取超高 h_2 为 0.3m，缓冲层高度 h_3 为 0.3m，则总高度为：

$$H = h_1 + h_2 + h_3 = 2.31 + 0.3 + 0.3 = 2.91 \ (\text{m})。$$

3. 浓缩后污泥体积

污泥浓缩前含水率 P_1 为 99.4%，浓缩后含水率 P_2 取 97%，则浓缩后每天产生污泥体积

$$V = \frac{Q_w(1 - P_1)}{1 - P_2} = 852 \ (\text{m}^3)$$

4. 浓缩设备

采用周边驱动单臂旋转式刮泥机，并配置栅条以利于污泥的浓缩。

十二、污泥消化系统

1. 设计参数

污泥量：初沉污泥为 $300m^3/d$，剩余污泥量经浓缩后为 $852m^3/d$，总计 $1152m^3/d$；

污泥投配率：5%；

停留时间：20d；

消化温度：33～35℃（计算温度为35℃）；

新鲜污泥年平均温度：17.3℃；

全年平均气温：11.6℃；

冬季室外计算气温，采用历年平均的日平均温度－9℃；

消化池各部分传热系数　池盖 $K_1=0.81W/(m^2 \cdot K)$；池壁在地面以上部分 $K_2=0.7 \, W/(m^2 \cdot K)$。

2. 消化池

（1）有效容积

$$V=1152 \times \frac{100}{5}=23040 \ （m^3）$$

采用2座消化池，则单池容积 $V_0=V/2=11520m^3$。

（2）消化池尺寸　采用圆筒形消化池，形式见图13-16。

柱体部分直径 D 取为32m，集气罩直径 d_1 取3m，池底下锥体直径 d_2 采用3m。

集气罩高度 h_1 取1.5m，上锥体高度 h_2 取2m，消化池柱体高度 h_3 取15m（$<D/2$），下锥体高度 h_4 取2m。则消化池总高度

$$H=h_1+h_2+h_3+h_4=1.5+2+15+2=20.5 \ （m）$$

（3）消化池容积

集气罩容积

$$V_1=\frac{\pi d_1^2}{4}h_1=\frac{3.14 \times 3^2}{4} \times 1.5=10.6 \ （m^3）$$

弓形部分容积

$$V_2=\frac{\pi}{24}h_2(3D^2+4h_2^2)=\frac{3.14}{24} \times (3 \times 32^2+4 \times 2^2)=404.2 \ （m^3）$$

圆柱部分容积

$$V_3=\frac{\pi D^2}{4}h_3=\frac{3.14 \times 32^2}{4} \times 15=12063.7 \ （m^3）$$

下锥体部分容积

$$V_4=\frac{1}{3}\pi h_4\left[\left(\frac{D}{2}\right)^2+\frac{D}{2} \times \frac{d_2}{2}+\left(\frac{d_2}{2}\right)^2\right]=\frac{1}{3} \times 3.14 \times 2 \times (16^2+16 \times 1.5+1.5^2)$$

$$=591.1 \ （m^3）$$

则消化池有效容积

$$V_0 = V_3 + V_4 = 12063.7 + 591.1 = 12655 \text{ (m}^3) > 11520\text{m}^3$$

（4）消化池表面积

集气罩表面积

$$F_1 = \frac{\pi}{4}d_1^2 + \pi d_1 h_1 = \frac{3.14}{4} \times 3^2 + 3.14 \times 3 \times 1.5 = 21.2 \text{ (m}^2)$$

池顶表面积

$$F_2 = \frac{\pi}{4}(4h_2^2 + D) = \frac{3.14}{4}(4 \times 2^2 + 32) = 37.7 \text{ (m}^2)$$

则池盖总表面积

$$F = F_1 + F_2 = 58.9 \text{ (m}^2)$$

消化池全部在地面以上，则池壁表面积

$$F_3 = 3.14Dh_3 = 3.14 \times 32 \times 15 = 1508 \text{ (m}^2)$$

池底表面积

$$F_5 = \pi l\left(\frac{D}{2} + \frac{d_2}{2}\right)$$

其中

$$l = \sqrt{\left(\frac{D - d_2}{2}\right)^2 + h_4^2} = \sqrt{\left(\frac{32 - 3}{2}\right)^2 + 2^2} = 14.6 \text{ (m)}$$

则

$$F_5 = 802.7 \text{ (m}^2)$$

3．热工计算

（1）新鲜污泥加热耗热量

中温消化温度 T_D：35℃；

新鲜污泥年平均温度：17.3℃；

日平均最低气温 T_S：12℃；

每座消化池投配的最大生污泥量

$$V' = 11520\text{m}^3 \times 5\% = 576 \text{ (m}^3/\text{d)}$$

平均耗热量

$$Q_1 = \frac{V'}{24}(T_D - T_S) \times 1000 = \frac{576}{24}(35 - 17.3) \times 1000 = 425 \text{ (kW)}$$

最大耗热量

$$Q_{1\max} = \frac{576}{24} \times (35 - 12) \times 1000 = 552 \text{ (kW)}$$

（2）消化池体的耗热量

池盖：

平均耗热量 $Q_2 = FK(T_D - T_A) \times 1.2 = 58.9 \times 0.7 \times (35 - 11.6) \times 1.2 = 1158$ （W）

最大耗热量 $Q_{2\max} = 58.9 \times 0.7 \times [35 - (-9)] \times 1.2 = 2177$ （W）

池壁：

平均耗热量 $Q_3 = F_3 K(T_D - T_A) \times 1.2 = 1508 \times 0.7 \times (35 - 11.6) \times 1.2 = 29641$ （W）

最大耗热量 $Q_{3\max} = 1508 \times 0.7 \times [35 - (-9)] \times 1.2 = 55736$ （W）

池底：

平均耗热量 $Q_5 = F_5 K(T_D - T_A) \times 1.2 = 802.7 \times 0.7 \times (35 - 11.6) \times 1.2 = 15778$ （W）

最大耗热量 $Q_{5\max} = 802.7 \times 0.7 \times [35 - (-9)] \times 1.2 = 29668$ （W）

消化池池体:

平均耗热量 $Q_x = 1158 + 29641 + 15778 = 46.6$（kW）

最大耗热量 $Q_{xmax} = 2177 + 55736 + 29668 = 87.6$（kW）

(3) 每座消化池的总耗热量

平均耗热量 $\sum Q = Q_1 + Q_x = 425 + 46.6 = 471.6$（kW）

最大耗热量 $\sum Q_{max} = Q_{1max} + Q_{xmax} = 552 + 87.6 = 638.6$（kW）

4. 搅拌设备

搅拌功率按 $5W/m^3$ 池容，每池设置 20kW 的搅拌机 3 台。

十三、贮泥池

1. 消化污泥量

剩余污泥量：$852 m^3/d$，含水率为 97%；

初沉污泥量：$300 m^3/d$，含水率为 95%；

消化前污泥总量

$$Q = 852 + 300 = 1134.2 \ (m^3/d)$$

消化后污泥的含水率为 92%，则消化后污泥量为：

$$Q = \frac{852(1-97\%) + 300(1-95\%)}{1-92\%} 507 \ (m^3/d)$$

2. 贮泥池容积

设计贮泥池周期：1d，则贮泥池容积

$$V = Qt = 507 \times 1 = 507 \ (m^3)$$

3. 贮泥池尺寸

取池深 H 为 4m，则贮泥池面积：$S = V/H = 126.75 m^2$。

设计圆形贮泥池 1 座，直径：$D = 12.8m$。

4. 搅拌设备

为防止污泥在贮泥池中沉淀，贮泥池内设置搅拌设备。设置液下搅拌机一台，功率 5kW。

十四、脱水机房

1. 压滤机

过滤流量：$507 m^3/d$。

设置 2 台压滤机，每台每天工作 18h，则每台压滤机处理量：

$$Q = 507/(2 \times 18) = 14.1 \ (m^3/h)$$

选择 DY15 型带式压滤脱水机。

2. 加药量计算

设计流量：$507 m^3/d$；

絮凝剂：PAM；

投加量：以干固体的 0.4% 计，即

$$W = 0.4\% \times (852 \times 3\% + 300 \times 5\%) \times 60\% = 0.096 \ (t/d)。$$

十五、附属建筑物

污水处理厂除污水处理和污泥处理所必需的构筑物外，还包括诸如办公楼、维修间、仓库、锅炉房以及其他附属设施和生活服务设施。有关附属建筑物的设计按建设部《城镇污水处理厂附属建筑和附属设备设计标准》（CJJ 31—90）进行。

附属建筑物的建筑面积见污水处理厂平面布置图如图 14-8 所示。

第四节　平面布置

污水处理厂厂区平面布置遵循国家有关标准和规范进行。

本设计将污水处理厂厂区平面按功能区划分，并进行相关布置。厂区分为办公生活服务区、污水处理区、污泥处理区三大部分，各区既相互独立，又有有机联系，既能最大限度地减小占地和管道连接，又便于管理。

厂区工艺平面布置图如图 15-8 所示。

第五节　水力及高程计算

一、水力计算

污水处理厂厂区水力计算包括管道设计和相应的构筑物水头损失及管道阻力计算。

构筑物水头损失在各构筑物设计完成的基础上，根据相关的具体设计可确定相应的水头损失，也可按照有关的设计规范进行估算。本设计采用估算的方法，污水处理构筑物的水头损失选择见水力计算表。

管道设计包括管材的选择、管径及流速确定。为了便于维修，本设计除泵房（提升泵房、污泥泵房）内及相关压力管道选择铸铁管和气体管道选择钢管外，其余管道均采用钢筋混凝土管。

考虑到城市污水处理厂水量变化较大，各管道内的流速设计控制在 1.3～1.5m/s 的范围，以便当水量减小时，管内流速不致过小，形成沉淀；当水量增大时，管内流速又不致过大，增加管道水头损失，造成能量浪费。

在流速和管材确定后，根据各管段负担的流量，依据水力计算表确定各管段的管径、水力坡度，然后根据管段长度（由平面图确定）确定相应的沿程水头损失。

局部水头损失的计算在有关管道附件的形式确定后（在完成管道施工图后进行），按局部阻力计算公式进行计算，也可根据沿程损失进行估算。本设计采用估算法，相应管段的局部水头损失取该管段沿程水头损失的 50%。

水头损失计算结果见表 15-8。

二、高程计算

通过高程计算确定构筑物的水面高程，结合地平面高程确定相应构物的埋深，此外，通过高程计算，同时确定提升泵房水泵的扬程。

提升泵房后的构筑物高程计算方法为沿受纳水体逆推计算；提升泵房前的构筑物高程计算顺推。两者的差值加上泵房集水池最高水位与最低水位的差值即为提升泵的扬程。

本设计的水力及高程计算见表 15-8。

高程图如图 15-9 所示。

污水处理厂厂区最高水位 454.06m，高出地面 4.06m；最低水位 446.30m，低于地面 3.70m。

提升泵房最高水位与最低水位差为 3m，提升泵扬程为

$$H = 4.06 + 3.70 + 2 = 10.76 \text{（m）}。$$

表15-8 水力及高程计算表

构筑物名称	构筑物水头损失/m	构筑物间距/m	流量/(m³/s)	连接管径/mm	连接管道水头损失					总损失/m	水面标高/m	地面标高/m	水面与地面差/m
					流速/(m/s)	坡度	沿程损失/m	局部损失/m	水头损失/m				
进水管			120000	1100	1.46	2	0.00	0.00	0.00	0.00	447	450	−3.00
进水井	0.2	0	120000				0.00	0.00	0.00	0.20	446.80	450	−3.20
粗格栅间	0.3	0	120000				0.00	0.00	0.00	0.30	446.50	450	−3.50
提升泵房	0.2	0	120000				0.00	0.00	0.00	0.20	446.30	450	−3.70
细格栅间	0.3	40	120000	800×2	1.39	2.8	0.11	0.06	0.17	0.47	454.06	450	4.06
沉砂池	0.5	0	120000				0.00	0.00	0.00	0.50	453.59	450	3.59
初沉池	0.6	100	120000	800×2	1.39	2.8	0.28	0.14	0.42	1.02	453.09	450	3.09
配水井	0.4	20	120000	800×2	1.39	2.8	0.06	0.03	0.08	0.48	452.07	450	2.07
曝气池	0.4	20	120000	500×4	1.53	6.4	0.13	0.06	0.19	0.59	451.59	450	1.59
配水井	0.4	100	150000	1300	1.3	1.3	0.13	0.07	0.20	0.60	451.00	450	1.00
二沉池	0.6	35	150000	600×4	1.53	5	0.18	0.09	0.26	0.86	450.40	450	0.40
出水井	0.3	15	100000	500×4	1.28	4.3	0.06	0.03	0.10	0.40	449.54	450	−0.46
接触池	0.3	80	100000	1000	1.3	1.8	0.14	0.07	0.22	0.52	449.14	450	−0.86
巴氏计量槽	0.3	5	100000	1000	1.3	1.8	0.01	0.00	0.01	0.31	448.63	450	−1.37
出水井	0.3	5	100000	1000	1.3	1.8	0.01	0.00	0.01	0.31	448.31	450	1.69
受纳水体		80	100000	1000	1.3	1.8	0.14	0.07	0.22	0.22	448	450	−2.00

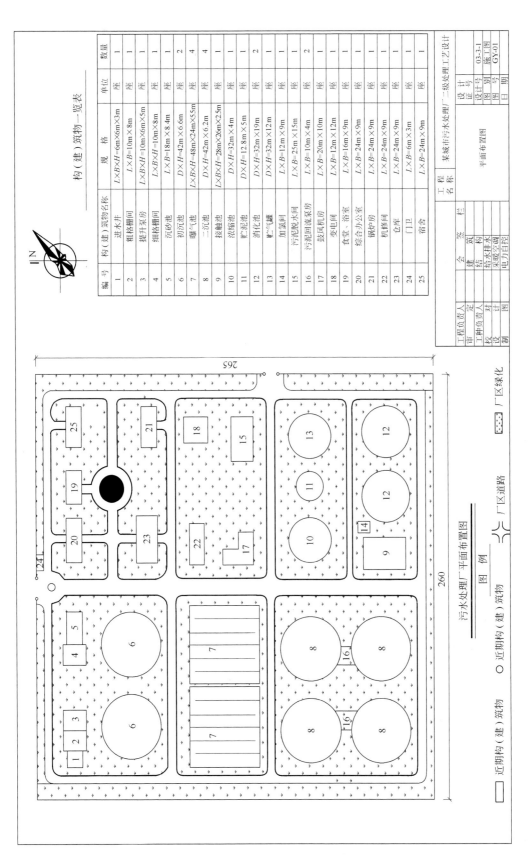

构（建）筑物一览表

编号	构（建）筑物名称	规 格	单位	数量
1	进水井	$L×B×H=6m×6m×3m$	座	1
2	粗格栅间	$L×B×H=10m×8m$	座	1
3	提升泵房	$L×B×H=10m×6m×5m$	座	1
4	细格栅间	$L×B×H=10m×8m$	座	1
5	沉砂池	$L×B×H=18m×8.4m$	座	1
6	初沉池	$L×B=42m×6.6m$	座	2
7	曝气池	$L×B×H=48m×24m×5m$	座	4
8	二沉池	$D×H=42m×6.2m$	座	4
9	接触池	$L×B×H=28m×26m×2.5m$	座	1
10	浓缩池	$D×H=32m×4m$	座	1
11	贮泥池	$D×H=12.8m×5m$	座	2
12	消化池	$D×H=32m×19m$	座	1
13	贮气罐	$D×H=32m×12m$	座	1
14	加氯间	$L×B=12m×9m$	座	1
15	污泥脱水间	$L×B=25m×15m$	座	1
16	污泥回流泵房	$L×B=10m×4m$	座	2
17	鼓风机房	$L×B=20m×10m$	座	1
18	变电间	$L×B=12m×12m$	座	1
19	食堂 浴室	$L×B=16m×9m$	座	1
20	综合办公室	$L×B=24m×9m$	座	1
21	锅炉房	$L×B=24m×9m$	座	1
22	机修间	$L×B=24m×9m$	座	1
23	仓库	$L×B=24m×9m$	座	1
24	门卫	$L×B=6m×3m$	座	1
25	宿舍	$L×B=24m×9m$	座	1

会	建 筑	签
	结 构	
	给水排水	
	采暖空调	
	电力自控	

工程名称	某城市污水处理厂二级处理工艺设计		设计证号	03-3-1
	平面布置图		设计号	施工图
			图 别	GY-01
			图 号	
			日 期	

工程负责人		定	
审		工种负责人		校 对
		设 计	
制		图	

污水处理厂平面布置图

图 例

□ 近期构（建）筑物　　○ 近期构（建）筑物

━━ 厂区道路　　▦ 厂区绿化

图 15-8　污水处理厂平面布置图

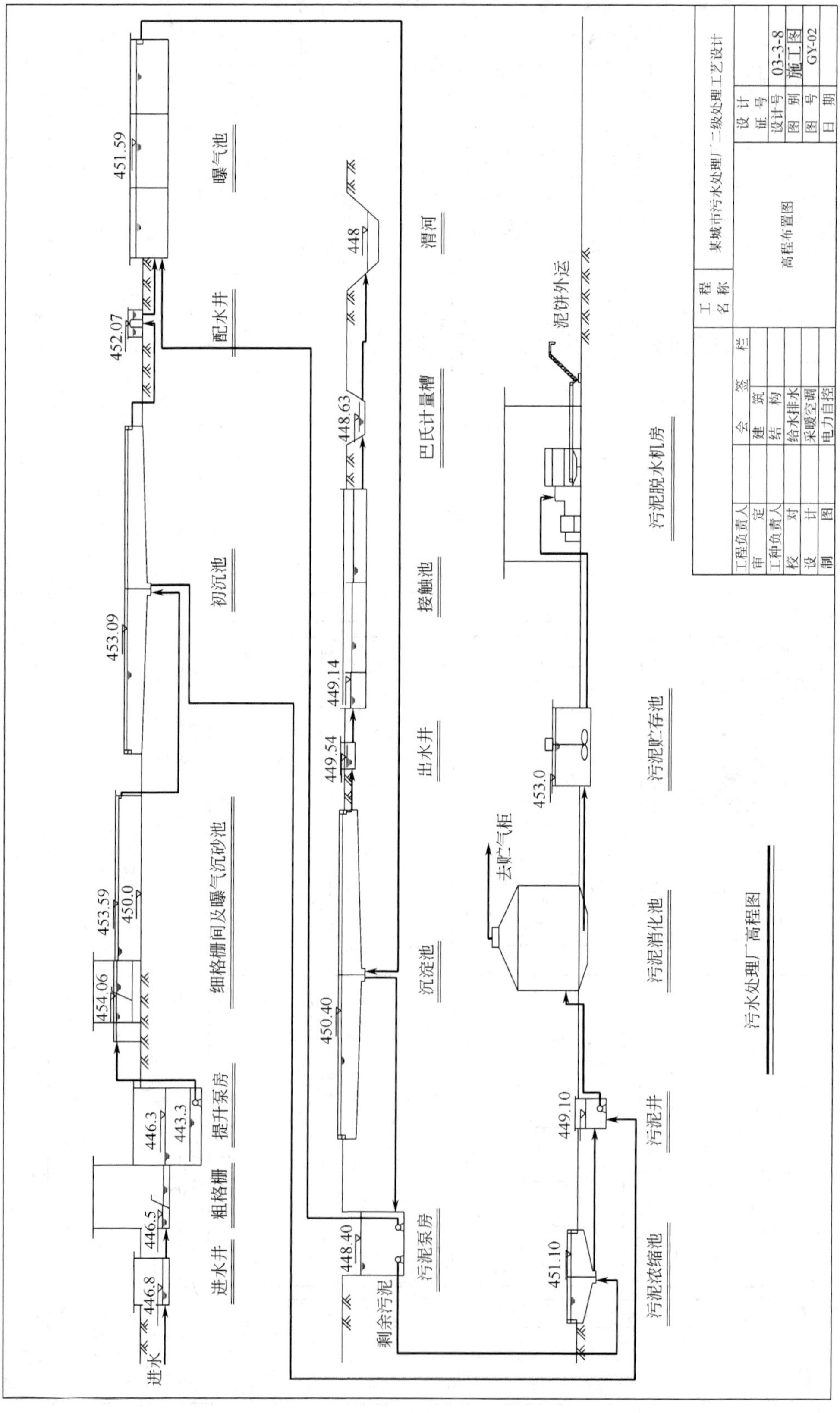

图 15-9 污水处理厂高程图

附录

附录一 城镇污水处理厂污染物排放标准 (GB 18918—2002)
(目次,前言略)

1 范围

本标准规定了城镇污水处理厂出水、废气排放和污泥处置(控制)的污染物限值。

本标准适用于城镇污水处理厂出水、废气排放和污泥处置(控制)的管理。

居民小区和工业企业内独立的生活污水处理设施污染物的排放管理,也按本标准执行。

2 规范性引用文件

下列标准中的条文通过本标准的引用即成为本标准的条文,与本标准同效。

GB 3838 地表水环境质量标准

GB 3097 海水水质标准

GB 3095 环境空气质量标准

GB 4284 农用污泥中污染物控制标准

GB 8978 污水综合排放标准

GB 12348 工业企业厂界噪声标准

GB 16297 大气污染物综合排放标准

HJ/T 55 大气污染物无组织排放监测技术导则

当上述标准被修订时,应使用其最新版本。

3 术语和定义

3.1 城镇污水 (municipal wastewater)

指城镇居民生活污水,机关、学校、医院、商业服务机构及各种公共设施排水,以及允许排入城镇污水收集系统的工业废水和初期雨水等。

3.2 城镇污水处理厂 (municipal wastewater treatment plant)

指对进入城镇污水收集系统的污水进行净化处理的污水处理厂。

3.3 一级强化处理 (enhanced primary treatment)

在常规一级处理(重力沉降)基础上,增加化学混凝处理、机械过滤或不完全生物处理等,以提高一级处理效果的处理工艺。

4 技术内容

4.1 水污染物排放标准

4.1.1 控制项目及分类

4.1.1.1 根据污染物的来源及性质，将污染物控制项目分为基本控制项目和选择控制项目两类。基本控制项目主要包括影响水环境和城镇污水处理厂一般处理工艺可以去除的常规污染物，以及部分一类污染物，共 19 项。选择控制项目包括对环境有较长期影响或毒性较大的污染物，共计 43 项。

4.1.1.2 基本控制项目必须执行。选择控制项目，由地方环境保护行政主管部门根据污水处理厂接纳的工业污染物的类别和水环境质量要求选择控制。

4.1.2 标准分级

根据城镇污水处理厂排入地表水域环境功能和保护目标，以及污水处理厂的处理工艺，将基本控制项目的常规污染物标准值分为一级标准、二级标准、三级标准。一级标准分为 A 标准和 B 标准。一类重金属污染物和选择控制项目不分级。

4.1.2.1 一级标准的 A 标准是城镇污水处理厂出水作为回用水的基本要求。当污水处理厂出水引入稀释能力较小的河湖作为城镇景观用水和一般回用水等用途时，执行一级标准的 A 标准。

4.1.2.2 城镇污水处理厂出水排入 GB 3838 地表水Ⅲ类功能水域（划定的饮用水水源保护区和游泳区除外），GB 3097 海水二类功能水域和湖、库等封闭或半封闭水域时，执行一级标准的 B 标准。

4.1.2.3 城镇污水处理厂出水排入 GB 3838 地表水Ⅳ、Ⅴ类功能水域或 GB 3097 海水三、四类功能海域，执行二级标准。

4.1.2.4 非重点控制流域和非水源保护区的建制镇的污水处理厂，根据当地经济条件和水污染控制要求，采用一级强化处理工艺时，执行三级标准。但必须预留二级处理设施的位置，分期达到二级标准。

4.1.3 标准值

4.1.3.1 城镇污水处理厂水污染物排放基本控制项目，执行表 1 和表 2 的规定。

4.1.3.2 选择控制项目按表 3 的规定执行。

表 1　基本控制项目最高允许排放浓度（日均值）　　　　单位　mg/L

序号	基本控制项目		一级标准		二级标准	三级标准
			A 标准	B 标准		
1	化学需氧量（COD）		50	60	100	120①
2	生化需氧量（BOD₅）		10	20	30	60①
3	悬浮物（SS）		10	20	30	50
4	动植物油		1	3	5	20
5	石油类		1	3	5	15
6	阴离子表面活性剂		0.5	1	2	5
7	总氮（以 N 计）		15	20	—	—
8	氨氮（以 N 计）②		5(8)	8(15)	25(30)	—
9	总磷（以 P 计）	2005 年 12 月 31 日前建设的	1	1.5	3	5
		2006 年 1 月 1 日起建设的	0.5	1	3	5

序号	基本控制项目	一级标准		二级标准	三级标准
		A 标准	B 标准		
10	色度(稀释倍数)	30	30	40	50
11	pH 值	6~9			
12	粪大肠菌群数/(个/L)	10^3	10^4	10^4	—

① 下列情况下按去除率指标执行：当进水 COD 大于 350mg/L 时，去除率应大于 60%；BOD 大于 160mg/L 时，去除率应大于 50%。

② 括号外数值为水温＞12℃时的控制指标，括号内数值为水温≤12℃时的控制指标。

表 2　部分一类污染物最高允许排放浓度（日均值）　　　单位　mg/L

序号	项　目	标准值	序号	项　目	标准值
1	总汞	0.001	5	六价铬	0.05
2	烷基汞	不得检出	6	总砷	0.1
3	总镉	0.01	7	总铅	0.1
4	总铬	0.1			

表 3　选择控制项目最高允许排放浓度（日均值）　　　单位　mg/L

序号	选择控制项目	标准值	序号	选择控制项目	标准值
1	总镍	0.05	23	三氯乙烯	0.3
2	总铍	0.002	24	四氯乙烯	0.1
3	总银	0.1	25	苯	0.1
4	总铜	0.5	26	甲苯	0.1
5	总锌	1.0	27	邻-二甲苯	0.4
6	总锰	2.0	28	对-二甲苯	0.4
7	总硒	0.1	29	间-二甲苯	0.4
8	苯并[a]芘	0.00003	30	乙苯	0.4
9	挥发酚	0.5	31	氯苯	0.3
10	总氰化物	0.5	32	1,4-二氯苯	0.4
11	硫化物	1.0	33	1,2-二氯苯	1.0
12	甲醛	1.0	34	对硝基氯苯	0.5
13	苯胺类	0.5	35	2,4-二硝基氯苯	0.5
14	总硝基化合物	2.0	36	苯酚	0.3
15	有机磷农药(以 P 计)	0.5	37	间-甲酚	0.1
16	马拉硫磷	1.0	38	2,4-二氯酚	0.6
17	乐果	0.5	39	2,4,6-三氯酚	0.6
18	对硫磷	0.05	40	邻苯二甲酸二丁酯	0.1
19	甲基对硫磷	0.2	41	邻苯二甲酸二辛酯	0.1
20	五氯酚	0.5	42	丙烯腈	2.0
21	三氯甲烷	0.3	43	可吸附有机卤化物(AOX 以 Cl 计)	1.0
22	四氯化碳	0.03			

4.1.4 取样与监测

4.1.4.1 水质取样在污水处理厂处理工艺末端排放口。在排放口应设污水水量自动计量装置、自动比例采样装置，pH值、水温、COD等主要水质指标应安装在线监测装置。

4.1.4.2 取样频率为至少每2h一次，取24h混合样，以日均值计。

4.1.4.3 监测分析方法按表7或国家环境保护总局认定的替代方法，等效方法执行。

4.2 大气污染物排放标准

4.2.1 标准分级

根据城镇污水处理厂所在地区的大气环境质量要求和大气污染物治理技术和设施条件，将标准分为三级。

4.2.1.1 位于GB 3095一类区的所有（包括现有和新建、改建、扩建）城镇污水处理厂，自本标准实施之日起，执行一级标准。

4.2.1.2 位于GB 3095二类区和三类区的城镇污水处理厂，分别执行二级标准和三级标准。其中2003年6月30日之前建设（包括改、扩建）的城镇污水处理厂，实施标准的时间为2006年1月1日；2003年7月1日起新建（包括改、扩建）的城镇污水处理厂，自本标准实施之日起开始执行。

4.2.1.3 新建（包括改、扩建）城镇污水处理厂周围应建设绿化带，并设有一定的防护距离，防护距离的大小由环境影响评价确定。

4.2.2 标准值

城镇污水处理厂废气的排放标准值按表4的规定执行。

表4 厂界（防护带边缘）废气排放最高允许浓度 单位 mg/m³

序号	控制项目	一级标准	二级标准	三级标准
1	氨	1.0	1.5	4.0
2	硫化氢	0.03	0.06	0.32
3	臭气浓度(无量纲)	10	20	60
4	甲烷(厂区最高体积浓度)/%	0.5	1	1

4.2.3 取样与监测

4.2.3.1 氨、硫化氢、臭气浓度监测点设于城镇污水处理厂厂界或防护带边缘的浓度最高点；甲烷监测点设于厂区内浓度最高点。

4.2.3.2 监测点的布置方法与采样方法按GB 16297中附录C和HJ/T 55的有关规定执行。

4.2.3.3 采样频率，每2h采样一次，共采集4次，取其最大测定值。

4.2.3.4 监测分析方法按表8执行。

4.3 污泥控制标准

4.3.1 城镇污水处理厂的污泥应进行稳定化处理，稳定化处理后应达到表5的规定。

表5 污泥稳定化控制指标

稳定化方法	控制项目	控制指标	稳定化方法	控制项目	控制指标
厌氧消化	有机物降解率/%	>40	好氧堆肥	有机物降解率/%	>50
好氧消化	有机物降解率/%	>40		蠕虫卵死亡率/%	>95
好氧堆肥	含水率/%	<65		粪大肠菌群菌值	>0.01

4.3.2 城镇污水处理厂的污泥应进行污泥脱水处理，脱水后污泥含水率应小于80%。

4.3.3 处理后的污泥进行填埋处理时，应达到安全填埋的相关环境保护要求。

4.3.4 处理后的污泥农用时，其污染物控制标准限值应满足表6的要求。其施用条件须符合 GB 4284 的有关规定。

表6 污泥农用时污染物控制标准限值

序号	控制项目	最高允许含量/(mg/kg 干污泥)	
		在酸性土壤上(pH<6.5)	在中性和碱性土壤上(pH≥6.5)
1	总镉	5	20
2	总汞	5	15
3	总铅	300	1000
4	总铬	600	1000
5	总砷	75	75
6	总镍	100	200
7	总锌	2000	3000
8	总铜	800	1500
9	硼	150	150
10	石油类	3000	3000
11	苯并[a]芘	3	3
12	多氯代二苯并二噁英/多氯代二苯并呋喃(PCDD/PCDF 单位:ng 毒性单位/kg 干污泥)	100	100
13	可吸附有机卤化物(AOX)(以 Cl 计)	500	500
14	多氯联苯(PCB)	0.2	0.2

4.3.5 取样与监测

4.3.5.1 取样方法，采用多点取样，样品应有代表性，样品质量不小于 1kg。

4.3.5.2 监测分析方法按表7执行。

4.4 城镇污水处理厂噪声控制按 GB 12348 执行。

4.5 城镇污水处理厂的建设（包括改、扩建）时间以环境影响评价报告书批准的时间为准。

5. 其他规定

城镇污水处理厂出水作为水资源用于农业、工业、市政，地下水回灌等方面不同用途时，还应达到相应的用水水质要求，不得对人体健康和生态环境造成不利影响。

6. 标准的实施与监督

6.1 本标准由县级以上人民政府环境保护行政主管部门负责监督实施。

6.2 省、自治区、直辖市人民政府对执行国家污染物排放标准不能达到本地区环境功能要求时，可以根据总量控制要求和环境影响评价结果制定严于本标准的地方污染物排放标准，并报国家环境保护行政主管部门备案。

表 7 水污染物监测分析方法

序号	控制项目	测定方法	测定下限/(mg/L)	方法来源
1	化学需氧量(COD)	重铬酸盐法	30	GB 11914—89
2	生化需氧量(BOD)	稀释与接种法	2	GB 7488—87
3	悬浮物(SS)	重量法		GB 11901—89
4	动植物油	红外光度法	0.1	GB/T 16488—1996
5	石油类	红外光度法	0.1	GB/T 16488—1996
6	阴离子表面活性剂	亚甲蓝分光光度法	0.05	GB 7494—87
7	总氮	碱性过硫酸钾-消解紫外分光光度法	0.05	GB 11894—89
8	氨氮	蒸馏和滴定法	0.2	GB 7478—87
9	总磷	钼酸铵分光光度法	0.01	GB 11893—89
10	色度	稀释倍数法		GB 11903—89
11	pH值	玻璃电极法		GB 6920—86
12	粪大肠菌群数	多管发酵法		①
13	总汞	冷原子吸收分光光度法	0.0001	GB 7468—87
		双硫腙分光光度法	0.002	GB 7469—87
14	烷基汞	气相色谱法	10ng/L	GB/T 14204—93
15	总镉	原子吸收分光光度法(螯合萃取法)	0.001	GB 7475—87
		双硫腙分光光度法	0.001	GB 7471—87
16	总铬	高锰酸钾氧化-二苯碳酰二肼分光光度法	0.004	GB 7466—87
17	六价铬	二苯碳酰二肼分光光度法	0.004	GB 7467—87
18	总砷	二乙基二硫代氨基甲酸银分光光度法	0.007	GB 7485—87
19	总铅	原子吸收分光光度法(螯合萃取法)	0.01	GB 7475—87
		双硫腙分光光度法	0.01	GB 7470—87
20	总镍	火焰原子吸收分光光度法	0.05	GB 11912—89
		丁二酮肟分光光度法	0.25	GB 11910—89
21	总铍	活性炭吸附-铬天菁S光度法		①
22	总银	火焰原子吸收分光光度法	0.03	GB 11907—89
		镉试剂2B分光光度法	0.01	GB 11908—89
23	总铜	原子吸收分光光度法	0.01	GB 7475—87
		二乙基二硫氨基甲酸钠分光光度法	0.01	GB 7474—87
24	总锌	原子吸收分光光度法	0.05	GB 7475—87
		双硫腙分光光度法	0.005	GB 7472—87
25	总锰	火焰原子吸收分光光度法	0.01	GB 11911—89
		高碘酸钾分光光度法	0.02	GB 11906—89
26	总硒	2,3-二氨基萘荧光法	0.25μg/L	GB 11902—89
27	苯并[a]芘	高压液相色谱法	0.001μg/L	GB 13198—91
		乙酰化滤纸层析荧光分光光度法	0.004μg/L	GB 11895—89
28	挥发酚	蒸馏后4-氨基安替比林分光光度法	0.002	GB 7490—87
29	总氰化物	硝酸银滴定法	0.25	GB 7486—87
		异烟酸-吡唑啉酮比色法	0.004	GB 7486—87
		吡啶-巴比妥酸比色法	0.002	GB 7486—87
30	硫化物	亚甲基蓝分光光度法	0.005	GB/T 16489—1996
		直接显色分光光度法	0.004	GB/T 17133—1997
31	甲醛	乙酰丙酮分光光度法	0.05	GB 13197—91
32	苯胺类	N-(1-萘基)乙二胺偶氮分光光度法	0.03	GB 11889—89
33	总硝基化合物	气相色谱法	5μg/L	GB 4919—85
34	有机磷农药(以P计)	气相色谱法	0.5μg/L	GB 13192—91
35	马拉硫磷	气相色谱法	0.64μg/L	GB 13192—91
36	乐果	气相色谱法	0.57μg/L	GB 13192—91

序号	控制项目	测定方法	测定下限/(mg/L)	方法来源
37	对硫磷	气相色谱法	0.54μg/L	GB 13192—91
38	甲基对硫磷	气相色谱法	0.42μg/L	GB 13192—91
39	五氯酚	气相色谱法	0.04μg/L	GB 8972—88
		藏红 T 分光光度法	0.01	GB 9803—88
40	三氯甲烷	顶空气相色谱法	0.30μg/L	GB/T 17130—1997
41	四氯化碳	顶空气相色谱法	0.05μg/L	GB/T 17130—1997
42	三氯乙烯	顶空气相色谱法	0.50μg/L	GB/T 17130—1997
43	四氯乙烯	顶空气相色谱法	0.2μg/L	GB/T 17130—1997
44	苯	气相色谱法	0.05	GB 11890—89
45	甲苯	气相色谱法	0.05	GB 11890—89
46	邻-二甲苯	气相色谱法	0.05	GB 11890—89
47	对-二甲苯	气相色谱法	0.05	GB 11890—89
48	间-二甲苯	气相色谱法	0.05	GB 11890—89
49	乙苯	气相色谱法	0.05	GB 11890—89
50	氯苯	气相色谱法		HJ/T 74—2001
51	1,4-二氯苯	气相色谱法	0.005	GB/T 17131—1997
52	1,2-二氯苯	气相色谱法	0.002	GB/T 17131—1997
53	对硝基氯苯	气相色谱法		GB 13194—91
54	2,4-二硝基氯苯	气相色谱法		GB 13194—91
55	苯酚	液相色谱法	1.0μg/L	①
56	间-甲酚	液相色谱法	0.8μg/L	①
57	2,4-二氯酚	液相色谱法	1.1μg/L	①
58	2,4,6-三氯酚	液相色谱法	0.8μg/L	①
59	邻苯二甲酸二丁酯	气相、液相色谱法		HJ/T 72—2001
60	邻苯二甲酸二辛酯	气相、液相色谱法		HJ/T 72—2001
61	丙烯腈	气相色谱法		HJ/T 73—2001
62	可吸附有机卤化物	微库仑法	10μg/L	GB/T 15959—1995
	(AOX)(以 Cl 计)	离子色谱法		HJ/T 83—2001

注：①表示暂采用下列方法，待国家方法标准发布后，执行国家标准：《水和废水监测分析方法（第三版、第四版)》，中国环境科学出版社。

表8　大气污染物监测分析方法

序号	控制项目	测定方法	方法来源
1	氨	次氯酸钠-水杨酸分光光度法	GB/T 14679-93
2	硫化氢	气相色谱法	GB/T 14678-93
3	臭气浓度	三点比较式臭袋法	GB/T 14675-93
4	甲烷	气相色谱法	CJ/T 3037-95

表9　污泥特性及污染物监测分析方法

序号	控制项目	测定方法	方法来源
1	污泥含水率	烘干法	①
2	有机质	重铬酸钾法	①
3	蛔虫卵死亡率	显微镜法	GB 7959—87
4	粪大肠菌群菌值	发酵法	GB 7959—87

序号	控制项目	测定方法	方法来源
5	总镉	石墨炉原子吸收分光光度法	GB/T 17141—1997
6	总汞	冷原子吸收分光光度法	GB/T 17136—1997
7	总铅	石墨炉原子吸收分光光度法	GB/T 17141—1997
8	总铬	火焰原子吸收分光光度法	GB/T 17137—1997
9	总砷	硼氢化钾-硝酸银分光光度法	GB/T 17135—1997
10	硼	姜黄素比色法	②
11	矿物油	红外分光光度法	②
12	苯并[a]芘	气相色谱法	②
13	总铜	火焰原子吸收分光光度法	GB/T 17138—1997
14	总锌	火焰原子吸收分光光度法	GB/T 17138—1997
15	总镍	火焰原子吸收分光光度法	GB/T 17139—1997
16	多氯代二苯并二噁英/多氯代二苯并呋喃(PCDD/PCDF)	同位素稀释高分辨毛细管气相色谱/高分辨质谱法	HJ/T 77—2001
17	可吸附有机卤化物(AOX)		待定
18	多氯联苯(PCB)	气相色谱法	待定

注：①和②表示暂采用下列方法，待国家方法标准发布后，执行国家标准：

① 《城镇垃圾农用监测分析方法》；

② 《农用污泥监测分析方法》。

附录二　污水综合排放标准

GB 8978—1996

代替 GB 8978—88

（国家环境保护局 1996 年 10 月 4 日批准 1998 年 1 月 1 日实施）

前　言

本标准是对 GB 8978—88《污水综合排放标准》的修订。

修订的主要内容是：提出年限制标准，用年限制代替原标准以现有企业和新扩改企业分类。以本标准实施之日为界限划分为两个时间段。1997 年 12 月 31 日前建设的单位，执行第一时间段规定的标准值；1998 年 1 月 1 日起建设的单位，执行第二时间段规定的标准值。

在标准适用范围上明确综合排放标准与行业排放标准不交叉执行的原则，造纸工业、船舶、船舶工业、海洋石油开发工业、纺织染整工业、肉类加工工业、合成氨工业、钢铁工业、航天推进剂使用、兵器工业、磷肥工业、烧碱、聚氯乙烯工业所排放的废水执行相应的国家行业标准，其他一切排放污水的单位一律执行本标准。除上述 12 个行业外，已颁布的下列 17 个行业水污染物排放标准均纳入本次修订内容。

本标准与原标准相比，第一时间段的标准值基本维持原标准的新扩改水平，为控制纳入本次修订的 17 个行业水污染物排放标准中的特征污染物及其他有毒有害污染物，增加控制项目 10 项；第二时间段，比原标准增加控制项目 40 项，COD、BOD_5 等项目的最高允许排放浓度适当从严。

本标准从生效之日起，代替 GB 8978—88，同时代替以下标准：

GBJ 48—83　医院污水排放标准（试行）

GB 3545—83　甜菜制糖工业水污染物排放标准

GB 3546—83　甘蔗制糖工业水污染物排放标准

GB 3547—83　合成脂肪酸工业污染物排放标准

GB 3548—83　合成洗涤剂工业污染物排放标准

GB 3549—83　制革工业水污染物排放标准

GB 3550—83　石油开发工业水污染物排放标准

GB 3551—83　石油炼制工业污染物排放标准

GB 3553—83　电影洗片水污染物排放标准

GB 4280—84　铬盐工业污染物排放标准

GB 4281—84　石油化工水污染物排放标准

GB 4282—84　硫酸工业污染物排放标准

GB 4283—84　黄磷工业污染物排放标准

GB 4912—85　轻金属工业污染物排放标准

GB 4913—85　重有色金属工业污染物排放标准

GB 4916—85　沥青工业污染物排放标准

GB 5469—85　铁路货车洗刷废水排放标准

本标准附录 A、附录 B、附录 C、附录 D 都是标准的附录。

本标准首次发布为 1973 年，1988 年第一次修订。

本标准由国家环境保护局科技标准司提出。

本标准由国家环境保护局负责解释。

为贯彻《中华人民共和国环境保护法》、《中华人民共和国水污染防治法》和《中华人民共和国海洋环境保护法》，控制水污染，保护江河、湖泊、运河、渠道、水库和海洋等地面水以及地下水水质的良好状态，保障人体健康、维护生态平衡，促进国民经济和城乡建设的发展，特制定本标准。

1　主题内容与适用范围

1.1　主题内容

本标准按照污水排放去向，分年限规定了 69 种水污染物最高允许排放浓度及部分行业最高允许排水量。

1.2　适用范围

本标准适用于现有单位水污染物的排放管理，以及建设项目的环境影响评价、建设项目环境保护设施设计、竣工验收及其投产后的排放管理。

按照国家综合排放标准与国家行业排放标准不交叉执行的原则，造纸工业执行《造纸工业水污染物排放标准 GB 3544—92》、船舶执行《船舶污染物排放标准 GB 3552—83》，船舶工业执行《船舶工业污染物排放标准 GB 4286—84》，海洋石油开发工业执行《海洋石油开发工业含油污水排放标准 GB 4914—85》，纺织染整工业执行《纺织染整工业水污染物排放标准 GB 4287—92》，肉类加工工业执行《肉类加工工业水污染物排放标准 GB 13457—92》，合成氨工业执行《合成氨工业水污染物排放标准 GB 13458—92》，钢铁工业执行《钢铁工业水污染物排放标准 GB 13456—92》，航天推进剂使用执行《航天推进剂水污染物排放标准 GB 14374—93》，兵器工业执行《兵器工业水污染物排放标准 GB 14470.1～14470.3—93 和 GB 4274～4279—84》，磷肥工业执行《磷肥工业水污染物排放标准 GB 15580—95》，烧碱、聚氯乙烯工业执行《烧碱、聚氯乙烯工业水污染物排放标准 GB 15581—95》，其他水污染物排放均执行本标准。

1.3 本标准颁布后，新增加国家行业水污染物排放标准的行业，其适用范围执行相应的国家水污染物行业标准，不再执行本标准。

2 引用标准

下列标准所包含的条文，通过在本标准中引用而构成为本标准的条文。

GB 3097—82 海水水质标准

GB 3838—88 地面水环境质量标准

GB 8703—88 辐射防护规定

3 定义

3.1 污水

指在生产与生活活动中排放的水的总称。

3.2 排水量

指在生产过程中直接用于工艺生产的水的排放量。不包括间接冷却水、厂区锅炉、电站排水。

3.3 一切排污单位

指本标准适用范围所包括的一切排污单位。

3.4 其他排污单位

指在某一控制项目中，除所列行业外的一切排污单位。

4 技术内容

4.1 标准分级

4.1.1 排入 GB 3838 Ⅲ类水域（划定的保护区和游泳区除外）和排入 GB 3097 中二类海域的污水，执行一级标准。

4.1.2 排入 GB 3838 中Ⅳ、Ⅴ类水域和排入 GB 3097 中三类海域的污水，执行二级标准。

4.1.3 排入设置二级污水处理厂的城镇排水系统的污水，执行三级标准。

4.1.4 排入未设置二级污水处理厂的城镇排水系统的污水，必须根据排水系统出水受纳水域的功能要求，分别执行 4.1.1 条和 4.1.2 条的规定。

4.1.5 GB 3838 中Ⅰ、Ⅱ类水域和Ⅲ类水域中划定的保护区和游泳区，GB 3097 中一类海域，禁止新建排污口，现有排污口应按水体功能要求，实行污染物总量控制，以保证受纳水体水质符合规定用途的水质标准。

4.2 标准值

4.2.1 本标准将排放的污染物按其性质及控制方式分为二类。

4.2.1.1 第一类污染物，不分行业和污水排放方式，也不分受纳水体的功能类别，一律在车间或车间处理设施排放口采样，其最高允许排放浓度必须达到本标准要求（采矿行业的尾矿坝出水口不得视为车间排放口）。

4.2.1.2 第二类污染物，在排污单位排放口采样，其最高允许排放浓度必须达到本标准要求。

4.2.2 本标准按年限规定了第一类污染物和第二类污染物最高允许排放浓度及部分行业最高允许排水量，分别为：

4.2.2.1 1997年12月31日之前建设（包括改、扩建）的单位，水污染物的排放必须同时执行表1、表2、表3的规定。

4.2.2.2 1998年1月1日起建设（包括改、扩建）的单位，水污染物的排放必须同时执行表1、表4、表5的规定。

4.2.2.3 建设（包括改、扩建）单位的建设时间，以环境影响评价报告书（表）批准日期为准划分。

4.3 其他规定

4.3.1 同一排放口排放两种或两种以上不同类别的污水，且每种污水的排放标准又不同时，其混合污水的排放标准按附录A计算。

4.3.2 工业污水污染物的最高允许排放负荷量按附录B计算。

4.3.3 污染物最高允许年排放总量按附录C计算。

4.3.4 对于排放含有放射性物质的污水，除执行本标准外，还须符合GB 8703—88（辐射防护规定）。

5 监测

5.1 采样点

采样点应按4.2.1.1及4.2.1.2第一、二类污染物排放口的规定设置，在排放口必须设置排放口标志、污水水量计量装置和污水比例采样装置。

5.2 采样频率

工业污水按生产周期确定监测频率。生产周期在8h以内的，每2h采样一次；生产周期大于8h的，每4h采样一次。其他污水采样，24h不少于2次。最高允许排放浓度按日均值计算。

5.3 排水量

以最高允许排水量或最低允许水重复利用率来控制，均以月均值计。

5.4 统计

企业的原材料使用量、产品产量等，以法定月报表或年报表为准。

5.5 测定方法

本标准采用的测定方法见表6。

6 标准实施监督

6.1 本标准由县级以上人民政府环境保护行政主管部门负责监督实施。

6.2 省、自治区、直辖市人民政府对执行国家水污染物排放标准不能保证达到水环境功能要求时，可以制定严于国家水污染物排放标准的地方水污染物排放标准，并报国家环境保护行政主管部门备案。

表1　第一类污染物最高允许排放浓度/(mg/L)

序　号	污　　染　　物	最高允许排放浓度
1	总　汞	0.05
2	烷基汞	不得检出
3	总　镉	0.1
4	总　铬	1.5
5	六价铬	0.5
6	总　砷	0.5
7	总　铅	1.0
8	总　镍	1.0
9	苯并[a]芘	0.00003
10	总　铍	0.005
11	总　银	0.5
12	总 α 放射性	1Bq/L
13	总 β 放射性	10Bq/L

表2　第二类污染物最高允许排放浓度/(mg/L)
(1997 年 12 月 31 日之前建设的单位)

序号	污染物	适　用　范　围	一级标准	二级标准	三级标准
1	pH 值	一切排污单位	6～9	6～9	6～9
2	色度 (稀释倍数)	染料工业	50	180	—
		其他排污单位	50	80	—
3	悬浮物 (SS)	采矿、选矿、选煤工业	100	300	—
		脉金选矿	100	500	—
		边远地区沙金选矿	100	800	—
		城镇二级污水处理厂	20	30	—
		其他排污单位	70	200	400
4	五日生化需氧量 (BOD$_5$)	甘蔗制糖、苎麻脱胶、湿法纤维板工业	30	100	600
		甜菜制糖、酒精、味精、皮革、化纤浆粕工业	30	150	600
		城镇二级污水处理厂	20	30	—
		其他排污单位	30	60	300

序 号	污染物	适 用 范 围	一级标准	二级标准	三级标准
5	化学需氧量（COD）	甜菜制糖、焦化、合成脂肪酸、湿法纤维板、染料、洗毛、有机磷农药工业	100	200	1000
		味精、酒精、医药原料药、生物制药、苎麻脱胶、皮革、化纤浆粕工业	100	300	1000
		石油化工工业（包括石油炼制）	100	150	500
		城镇二级污水处理厂	60	120	—
		其他排污单位	100	150	500
6	石油类	一切排污单位	10	10	30
7	动植物油	一切排污单位	20	20	100
8	挥发酚	一切排污单位	0.5	0.5	2.0
9	总氰化合物	电影洗片（铁氰化合物）	0.5	5.0	5.0
		其他排污单位	0.5	0.5	1.0
10	硫化物	一切排污单位	1.0	1.0	2.0
11	氨氮	医药原料药、染料、石油化工工业	15	50	—
		其他排污单位	15	25	—
12	氟化物	黄磷工业	10	20	20
		低氟地区（水体含氟量＜0.5mg/L）	10	20	30
		其他排污单位	10	10	20
13	磷酸盐（以 P 计）	一切排污单位	0.5	1.0	—
14	甲醛	一切排污单位	1.0	2.0	5.0
15	苯胺类	一切排污单位	1.0	2.0	5.0
16	硝基苯类	一切排污单位	2.0	3.0	5.0
17	阴离子表面活性剂（LAS）	合成洗涤剂工业	5.0	15	20
		其他排污单位	5.0	10	20
18	总铜	一切排污单位	0.5	1.0	2.0
19	总锌	一切排污单位	2.0	5.0	5.0
20	总锰	合成脂肪酸工业	2.0	5.0	5.0
		其他排污单位	2.0	2.0	5.0
21	彩色显影剂	电影洗片	2.0	3.0	5.0
22	显影剂及氧化物总量	电影洗片	3.0	6.0	6.0
23	元素磷	一切排污单位	0.1	0.3	0.3
24	有机磷农药（以 P 计）	一切排污单位	不得检出	0.5	0.5
25	粪大肠菌群数	医院[1]、兽医院及医疗机构含病原体污水	500 个/L	1000 个/L	5000 个/L
		传染病、结核病医院污水	100 个/L	500 个/L	1000 个/L
26	总余氯（采用氯化消毒的医院污水）	医院[1]、兽医院及医疗机构含病原体污水	＜0.5[2]	≥3（接触时间≥1h）	＞2（接触时间≥1h）
		传染病、结核病医院污水	＜0.5[2]	≥6.5（接触时间≥1.5h）	＞5（接触时间≥1.5h）

① 指 50 个床位以上的医院。

② 加氯消毒后须进行脱氯处理，达到本标准。

表3 部分行业最高允许排水量

(1997年12月31日之前建设的单位)

序号	行 业 类 别			最高允许排水量或最低允许水重复利用率	
1	矿山工业	有色金属系统选矿		水重复利用率75%	
		其他矿山工业采矿、选矿、选煤等		水重复利用率90%(选煤)	
		脉金选矿	重选	16.0m³/t(矿石)	
			浮选	9.0m³/t(矿石)	
			氰化	8.0m³/t(矿石)	
			碳浆	8.0m³/t(矿石)	
2	焦化企业(煤气厂)			1.2m³/t(焦炭)	
3	有色金属冶炼及金属加工			水重复利用率80%	
4	石油炼制工业(不包括直排水炼油厂) 加工深度分类： A. 燃料型炼油厂 B. 燃料+润滑油型炼油厂 C. 燃料+润滑油型+炼油化工型炼油厂 (包括加工高含硫原油页岩油和石油添加剂生产基地的炼油厂)		A	>500万吨，1.0m³/t(原油) 250万～500万吨，1.2m³/t(原油) <250万吨，1.5m³/t(原油)	
			B	>500万吨，1.5m³/t(原油) 250万～500万吨，2.0m³/t(原油) <250万吨，2.0m³/t(原油)	
			C	>500万吨，2.0m³/t(原油) 250万～500万吨，2.5m³/t(原油) <250万吨，2.5m³/t(原油)	
5	合成洗涤剂工业	氯化法生产烷基苯		200.0m³/t(烷基苯)	
		裂解法生产烷基苯		70.0m³/t(烷基苯)	
		烷基苯生产合成洗涤剂		10.0m³/t(产品)	
6	合成脂肪酸工业			200.0m³/t(产品)	
7	湿法生产纤维板工业			30.0m³/t(板)	
8	制糖工业	甘蔗制糖		10.0m³/t(甘蔗)	
		甜菜制糖		4.0m³/t(甜菜)	
9	皮革工业	猪盐湿皮		60.0m³/t(原皮)	
		牛干皮		100.0m³/t(原皮)	
		羊干皮		150.0m³/t(原皮)	
10	发酵酿造工业	酒精工业	以玉米为原料	100.0m³/t(酒精)	
			以薯类为原料	80.0m³/t(酒精)	
			以糖蜜为原料	70.0m³/t(酒精)	
		味精工业		600.0m³/t(味精)	
		啤酒工业(排水量不包括麦芽水部分)		16.0m³/t(啤酒)	
11	铬盐工业			5.0m³/t(产品)	
12	硫酸工业(水洗法)			15.0m³/t(硫酸)	
13	苎麻脱胶工业			500m³/t(原麻)或750m³/t(精干麻)	
14	化纤浆粕			本色:150m³/t(浆) 漂白:240m³/t(浆)	
15	黏胶纤维工业(单纯纤维)	短纤维(棉型中长纤维、毛型中长纤维)		300m³/t(纤维)	
		长纤维		800m³/t(纤维)	

序号	行 业 类 别	最高允许排水量或最低允许水重复利用率
16	铁路货车洗刷	5.0m³/辆
17	电影洗片	5m³/1000m(35mm 的胶片)
18	石油沥青工业	冷却池的水循环利用率 95%

表 4　第二类污染物最高允许排放浓度/(mg/L)

(1998 年 1 月 1 日后建设的单位)

序号	污染物	适 用 范 围	一级标准	二级标准	三级标准
1	pH 值	一切排污单位	6～9	6～9	6～9
2	色度(稀释倍数)	一切排污单位	50	80	—
3	悬浮物(SS)	采矿、选矿、选煤工业	70	300	
		脉金选矿	70	400	
		边远地区沙金选矿	70	800	
		城镇二级污水处理厂	20	30	
		其他排污单位	70	150	400
4	五日生化需氧量 (BOD₅)	甘蔗制糖、苎麻脱胶、湿法纤维板、染料、洗毛工业	20	60	600
		甜菜制糖、酒精、味精、皮革、化纤浆粕工业	20	100	600
		城镇二级污水处理厂	20	30	
		其他排污单位	20	30	300
5	化学需氧量 (COD)	甜菜制糖、合成脂肪酸、湿法纤维板、染料、洗毛、有机磷农药工业	100	200	1000
		味精、酒精、医药原料药、生物化工、苎麻脱胶、皮革、化纤浆粕工业	100	300	1000
		石油化工工业(包括石油炼制)	60	120	500
		城镇二级污水处理厂	60	120	—
		其他排污单位	100	150	500
6	石油类	一切排污单位	5	10	20
7	动植物油	一切排污单位	10	15	100
8	挥发酚	一切排污单位	0.5	0.5	2.0
9	总氰化合物	一切排污单位	0.5	0.5	1.0
10	硫化物	一切排污单位	1.0	1.0	1.0
11	氨氮	医药原料药、染料、石油化工工业	15	50	—
		其他排污单位	15	25	
12	氟化物	黄磷工业	10	15	20
		低氟地区(水体含氟量<0.5mg/L)	10	20	30
		其他排污单位	10	10	20
13	磷酸盐(以 P 计)	一切排污单位	0.5	1.0	—
14	甲醛	一切排污单位	1.0	2.0	5.0

序号	污染物	适用范围	一级标准	二级标准	三级标准
15	苯胺类	一切排污单位	1.0	2.0	5.0
16	硝基苯类	一切排污单位	2.0	3.0	5.0
17	阴离子表面活性剂（LAS）	一切排污单位	5.0	10	20
18	总铜	一切排污单位	0.5	1.0	2.0
19	总锌	一切排污单位	2.0	5.0	5.0
20	总锰	合成脂肪酸工业	2.0	5.0	5.0
		其他排污单位	2.0	2.0	5.0
21	彩色显影剂	电影洗片	1.0	2.0	3.0
22	显影剂及氧化物总量	电影洗片	3.0	3.0	6.0
23	元素磷	一切排污单位	0.1	0.1	0.3
24	有机磷农药（以 P 计）	一切排污单位	不得检出	0.5	0.5
25	乐果	一切排污单位	不得检出	1.0	2.0
26	对硫磷	一切排污单位	不得检出	1.0	2.0
27	甲基对硫磷	一切排污单位	不得检出	1.0	2.0
28	马拉硫磷	一切排污单位	不得检出	5.0	10
29	五氯酚及五氯酚钠(以五氯酚计)	一切排污单位	5.0	8.0	10
30	可吸附有机卤化物（AOX 以 Cl 计）	一切排污单位	1.0	5.0	8.0
31	三氯甲烷	一切排污单位	0.3	0.6	1.0
32	四氯化碳	一切排污单位	0.03	0.06	0.5
33	三氯乙烯	一切排污单位	0.3	0.6	1.0
34	四氯乙烯	一切排污单位	0.1	0.2	0.5
35	苯	一切排污单位	0.1	0.2	0.5
36	甲苯	一切排污单位	0.1	0.2	0.5
37	乙苯	一切排污单位	0.4	0.6	1.0
38	邻-二甲苯	一切排污单位	0.4	0.6	1.0
39	对-二甲苯	一切排污单位	0.4	0.6	1.0
40	间-二甲苯	一切排污单位	0.4	0.6	1.0
41	氯苯	一切排污单位	0.2	0.4	1.0
42	邻-二氯苯	一切排污单位	0.4	0.6	1.0
43	对-二氯苯	一切排污单位	0.4	0.6	1.0
44	对硝基氯苯	一切排污单位	0.5	1.0	5.0
45	2,4-二硝基氯苯	一切排污单位	0.5	1.0	5.0

序号	污染物	适 用 范 围	一级标准	二级标准	三级标准
46	苯酚	一切排污单位	0.3	0.4	1.0
47	间-甲酚	一切排污单位	0.1	0.2	0.5
48	2,4-二氯酚	一切排污单位	0.6	0.8	1.0
49	2,4,6-三氯酚	一切排污单位	0.6	0.8	1.0
50	邻苯二甲酸二丁酯	一切排污单位	0.2	0.4	2.0
51	邻苯二甲酸二辛酯	一切排污单位	0.3	0.6	2.0
52	丙烯腈	一切排污单位	2.0	5.0	5.0
53	总硒	一切排污单位	0.1	0.2	0.5
54	粪大肠菌群数	医院[1]、兽医院及医疗机构含病原体污水	500 个/L	1000 个/L	5000 个/L
		传染病、结核病医院污水	100 个/L	500 个/L	1000 个/L
55	总余氯(采用氯化消毒的医院污水)	医院[1]、兽医院及医疗机构含病原体污水	<0.5[2]	>3(接触时间≥1h)	>2(接触时间≥1h)
		传染病、结核病医院污水	<0.5[2]	>6.5(接触时间≥1.5h)	>5(接触时间≥1.5h)
56	总有机碳(TOC)	合成脂肪酸工业	20	40	—
		芒麻脱胶工业	20	60	—
		其他排污单位	20	30	—

[1] 指 50 个床位以上的医院。

[2] 加氯消毒后须进行脱氯处理,达到本标准。

注: 其他排污单位指除在该控制项目中所列行业以外的一切排污单位。

表 5 部分行业最高允许排水量

(1998 年 1 月 1 日后建设的单位)

序号	行 业 类 别		最高允许排水量或最低允许水重复利用率
1	矿山工业	有色金属系统选矿	水重复利用率,75%
		其他矿山工业采矿、选矿、选煤等	水重复利用率,90%(选煤)
		脉金选矿 重选	16.0m³/t(矿石)
		脉金选矿 浮选	9.0m³/t(矿石)
		脉金选矿 氰化	8.0m³/t(矿石)
		脉金选矿 碳浆	8.0m³/t(矿石)
2	焦化企业(煤气厂)		1.2m³/t(焦炭)
3	有色金属冶炼及金属加工		水重复利用率,80%
4	石油炼制工业(不包括直排水炼油厂) 加工深度分类: A. 燃料型炼油厂 B. 燃料+润滑油型炼油厂 C. 燃料+润滑油型+炼油化工型炼油厂 (包括加工高含硫原油页岩油和石油添加剂生产基地的炼油厂)	A	>500 万吨,1.0m³/t(原油) 250 万~500 万吨,1.2m³/t(原油) <250 万吨,1.5m³/t(原油)
		B	>500 万吨,1.5m³/t(原油) 250 万~500 万吨,2.0m³/t(原油) <250 万吨,2.0m³/t(原油)
		C	>500 万吨,2.0m³/t(原油) 250 万~500 万吨,2.5m³/t(原油) <250 万吨,2.5m³/t(原油)

序号	行　业　类　别		最高允许排水量或最低允许水重复利用率
5	合成洗涤剂工业	氯化法生产烷基苯	200.0m³/t(烷基苯)
		裂解法生产烷基苯	70.0 m³/t(烷基苯)
		烷基苯生产合成洗涤剂	10.0m³/t(产品)
6	合成脂肪酸工业		200.0m³/t(产品)
7	湿法生产纤维板工业		30.0m³/t(板)
8	制糖工业	甘蔗制糖	10.0m³/t(甘蔗)
		甜菜制糖	4.0m³/t(甜菜)
9	皮革工业	猪盐湿皮	60.0m³/t(原皮)
		牛干皮	100.0m³/t(原皮)
		羊干皮	150.0m³/t(原皮)
10	发酵酿造工业	酒精工业 以玉米为原料	100.0m³/t(酒精)
		以薯类为原料	80.0m³/t(酒精)
		以糖蜜为原料	70.0m³/t(酒精)
		味精工业	600.0m³/t(味精)
		啤酒行业(排水量不包括麦芽水部分)	16.0m³/t(啤酒)
11	铬盐工业		5.0m³/t(产品)
12	硫酸工业(水洗法)		15.0m³/t(硫酸)
13	苎麻脱胶工业		500m³/t(原麻),750m³/t(精干麻)
14	黏胶纤维工业单纯纤维	短纤维(棉型中长纤维、毛型中长纤维)	300.0m³/t(纤维)
		长纤维	800.0m³/t(纤维)
15	化纤浆粕		本色:150m³/t(浆),漂白:240m³/t(浆)
16	制药工业医药原料药	青霉素	4700m³/t(青霉素)
		链霉素	1450m³/t(链霉素)
		土霉素	1300m³/t(土霉素)
		四环素	1900m³/t(四环素)
		洁霉素	9200m³/t(洁霉素)
		金霉素	3000m³/t(金霉素)
		庆大霉素	20400m³/t(庆大霉素)
		维生素 C	1200m³/t(维生素 C)
		氯霉素	2700m³/t(氯霉素)
		新诺明	2000m³/t(新诺明)
		维生素 B₁	3400m³/t(维生素 B₁)
		安乃近	180m³/t(安乃近)
		非那西汀	750m³/t(非那西汀)
		呋喃唑酮	2400m³/t(呋喃唑酮)
		咖啡因	1200m³/t(咖啡因)

序号	行 业 类 别		最高允许排水量或最低允许水重复利用率
17	有[①]机磷农药工业	乐果[②]	700m³/t(产品)
		甲基对硫磷(水相法)[②]	300m³/t(产品)
		对硫磷(P₂S₅法)[②]	500m³/t(产品)
		对硫磷(PSCl₃法)[②]	550m³/t(产品)
		敌敌畏(敌百虫碱解法)	200m³/t(产品)
		敌百虫	40m³/t(产品)(不包括三氯乙醛生产废水)
		马拉硫磷	70m³/t(产品)
18	除[①]草剂工业	除草醚	5m³/t(产品)
		五氯酚钠	2m³/t(产品)
		五氯酚	4m³/t(产品)
		丁草胺	4.5m³/t(产品)
		绿麦隆(以Fe粉还原)	2m³/t(产品)
		绿麦隆(以Na₂S还原)	3m³/t(产品)
19	火力发电工业		3.5m³/(MW·h)
20	铁路货车洗刷		5.0m³/辆
21	电影洗片		5m³/1000m(35mm 的胶片)
22	石油沥青工业		冷却池的水循环利用率95%

① 产品按100%浓度计。

② 不包括 P₂S₅、PSCl₃、PCl₃ 原料生产废水。

表6 测定方法

序号	项 目	测 定 方 法	方法来源
1	总汞	冷原子吸收光度法	GB 7468—87
2	烷基汞	气相色谱法	GB/T 1420—93
3	总镉	原子吸收分光光度法	GB 7475—87
4	总铬	高锰酸钾氧化-二苯碳酰二肼分光光度法	GB 7466—87
5	六价铬	二苯碳酰二肼分光光度法	GB 7467—87
6	总砷	二乙基二硫代氨基甲酸银分光光度法	GB 7485—37
7	总铅	原子吸收分光光度法	GB 7485—87
8	总镍	火焰原子吸收分光光度法	GB 11912—89
		丁二酮肟分光光度法	GB 19910—89
9	苯并[a]芘	乙酰化滤纸层析荧光分光光度法	GB 11895—89
10	总铍	活性炭吸附-铬天菁 S 光度法	①
11	总银	火焰原子吸收分光光度法	GB 11907—89
12	总 α	物理法	②
13	总 β	物理法	②
14	pH 值	玻璃电极法	GB 6920—86
15	色度	稀释倍数法	GB 11903—89
16	悬浮物	重量法	GB 11901—89
17	生化需氧量(BOD₅)	稀释与接种法	GB 7488—87

序号	项 目	测 定 方 法	方法来源
		重铬酸钾紫外光度法	待颁布
18	化学需氧量（COD）	重铬酸钾法	GB 11914—89
19	石油类	红外光度法	GB/T 16488—1996
20	动植物油	红外光度法	GB/T 16488—1996
21	挥发酚	蒸馏后用 4-氨基安替吡啉分光光度法	GB 7490—87
22	总氰化物	硝酸银滴定法	GB 7486—87
23	硫化物	亚甲基蓝分光光度法	GB/T 16489—1996
24	氨氮	蒸馏和滴定法	GB 7478—87
25	氟化物	离子选择电极法	GB 7484—87
26	磷酸盐	钼蓝比色法	①
27	甲醛	乙酰丙酮分光光度法	GB 13197—91
28	苯胺类	N-(1-萘基)乙二胺偶氮分光光度法	GB 11889—89
29	硝基苯类	还原-偶氮比色法或分光光度法	①
30	阴离子表面活性剂	亚甲基蓝分光光度法	GB 7494—87
31	总铜	原子吸收分光光度法	GB 7475—87
		二乙基二硫化氨基甲酸钠分光光度法	GB 7474—87
32	总锌	原子吸收分光光度法	GB 7475—87
		双硫腙分光光度法	GB 7472—87
33	总锰	火焰原子吸收分光光度法	GB 11911—89
		高碘酸钾分光光度法	GB 11906—89
34	彩色显影剂	169 成色剂法	③
35	显影剂及氧化物总量	碘-淀粉比色法	③
36	元素磷	磷钼蓝比色法	③
37	有机磷农药(以 P 计)	有机磷农药的测定	GB 13192—91
38	乐果	气相色谱法	GB 13192—91
39	对硫磷	气相色谱法	GB 13192—91
40	甲基对硫磷	气相色谱法	GB 13192—91
41	马拉硫磷	气相色谱法	GB 13192—91
42	五氯酚及五氯酚钠	气相色谱法	GB 8972—88
	(以五氯酚计)	藏红 T 分光光度法	GB 9803—88
43	可吸附有机卤化物	微库仑法	GB/T 15959—95
	(AOX 以 Cl 计)		
44	三氯甲烷	气相色谱法	待颁布
45	四氯化碳	气相色谱法	待颁布
46	三氯乙烯	气相色谱法	待颁布
47	四氯乙烯	气相色谱法	待颁布
48	苯	气相色谱法	GB 11890—89
49	甲苯	气相色谱法	GB 11890—89
50	乙苯	气相色谱法	GB 11890—89
51	邻-二甲苯	气相色谱法	GB 11890—89
52	对-二甲苯	气相色谱法	GB 11890—89
53	间-二甲苯	气相色谱法	GB 11890—89
54	氯苯	气相色谱法	待颁布
55	邻-二氯苯	气相色谱法	待颁布
56	对-二氯苯	气相色谱法	待颁布
57	对-硝基氯苯	气相色谱法	GB 13194—91
58	2,4-二硝基氯苯	气相色谱法	GB 13194—91
59	苯酚	气相色谱法	待颁布

序号	项　　目	测　定　方　法	方法来源
60	间-甲酚	气相色谱法	待颁布
61	2,4-二氯酚	气相色谱法	待颁布
62	2,4,6-三氯酚	气相色谱法	待颁布
63	邻苯二甲酸二丁酯	气相、液相色谱法	待制定
64	邻苯二甲酸二辛酯	气相、液相色谱法	待制定
65	丙烯腈	气相色谱法	待制定
66	总硒	2,3-二氨基萘荧光法	GB 11902—89
67	粪大肠菌群数	多管发酵法	①
68	余氯量	N,N-二乙基-1,4-苯二胺分光光度法	GB 11898—89
		N,N-二乙基-1,4-苯二胺滴定法	GB 11897—89
69	总有机碳（TOC）	非色散红外吸收法	待制定
		直接紫外荧光法	待制定

注：①、②和③表示暂采用下列方法，待国家方法标准发布后，执行国家标准：

① 《水和废水监测分析方法（第三版）》，中国环境科学出版社，1989 年。

② 《环境监测技术规范（放射性部分）》，国家环境保护局。

③ 详见附录 D。

附录 A （标准的附录）

关于排放单位在同一个排污口排放两种或两种以上工业废水，且每种工业废水中同一污染物的排放标准又不同时，可采用如下方法计算混合排放时该污染物的最高允许排放浓度（$C_{混合}$）。

$$C_{混合} = \frac{\sum\limits_{i=1}^{n} C_i Q_i Y_i}{\sum\limits_{i=1}^{n} Q_i Y_i} \tag{A1}$$

式中　$C_{混合}$——混合废水某污染物最高允许排放浓度，mg/L；

　　　C_i——不同工业废水某污染物最高允许排放浓度，mg/L；

　　　Q_i——不同工业的最高允许排水量，m³/t（产品）（本标准未作规定的行业，其最高允许排水量由地方环保部门与有关部门协商确定）；

　　　Y_i——某种工业产品产量，t/d，以月平均计。

附录 B （标准的附录）

工业污水污染物最高允许排放负荷计算

$$L_{负} = CQ \times 10^{-3} \tag{B1}$$

式中　$L_{负}$——工业废水污染物最高允许排放负荷，kg/t（产品）；

　　　C——某污染物最高允许排放浓度，mg/L；

　　　Q——某工业的最高允许排水量，m³/t（产品）。

附录 C （标准的附录）

某污染物最高允许年排放总量的计算

$$L_{总} = L_{负} Y \times 10^{-3} \tag{C1}$$

式中　$L_{总}$——某污染物最高允许年排放量，t/a；

　　　$L_{负}$——某污染物最高允许排放负荷，kg/t（产品）；

　　　Y——核定的产品年产量，t（产品）/a。

附录三　GBJ 136—90《电镀废水治理设计规范》（节选）

GBJ 136—90《电镀废水治理设计规范》中对电镀废水治理工程的设计做了规定（以下所列为其中部分内容）。

1　化学处理法

1.1　一般规定

①　电镀废水采用化学法处理时应设置废水调节池。调节池宜设计成两格，其总有效容积可按 2~4h 平均小时废水量计算，并应设置除油、清除沉淀物等的设施。

②　废水与投加的化学药剂混合、反应时应进行搅拌，可采用机械搅拌、水力搅拌或压缩空气搅拌。当废水含有氰化物或所投加的药剂易挥发有害气体时，不宜采用压缩空气搅拌。

③　当废水需要进行过滤时，可采用重力式滤池，也可采用压力式滤池。滤池的冲洗排水应排入调节池或沉淀池，不得直接排放。

④　当废水处理采用连续式处理工艺流程时，宜设置废水水质的自动检测和投药的自动控制装置。

1.2　亚硫酸氢钠法处理含铬废水

①　亚硫酸氢钠法宜用于处理电镀生产过程中所产生的各种含铬废水。

②　采用亚硫酸氢钠法处理含铬废水，一般宜采用间歇式处理，当设置两格絮凝沉淀池交替使用时，可不设废水调节池，其沉淀方式宜采用静止沉淀。当废水量大，含六价铬离子浓度变化幅度不大时，可采用连续式处理，沉淀方式宜采用斜板沉淀池、溶气气浮等设施。

③　采用亚硫酸氢钠法处理含铬废水，应符合下列要求。

a. 废水应先进行酸化，其 pH 值应小于或等于 3。

b. 亚硫酸氢钠的投药量宜按实际情况确定，一般可按六价铬离子与亚硫酸氢钠的质量比为（1∶3.5）~（1∶5）投加。

c. 亚硫酸氢钠与废水混合反应均匀后，应加碱调整 pH 值至 7~8。

d. 亚硫酸氢钠与废水混合反应时间和碱与废水混合絮凝时间都不宜小于 15~30min。

④　当采用间歇式处理时，絮凝沉淀池宜加盖封闭，其有效容积可按 3~4h 平均小时废水量计算，絮凝后的沉淀时间宜为 1.0~1.5h。

1.3　混合废水

①　本节规定宜用于处理电镀混合废水。电镀混合废水，系指含多种金属离子的电镀废水，也可以包括酸、碱废水在内。

②　下列废水不应排入混合废水处理系统内。

a. 未经氧化处理的含氰废水和未经除镉处理的含镉废水。

b. 含各种配合剂超过允许浓度的废水，其允许浓度应通过试验确定。

c. 含各种表面活性剂超过允许浓度的废水，其允许浓度应通过试验确定。

d. 含有能回收利用物料的废水。

③ 电镀混合废水可先用化学法（或电解法）处理，将废水中有害的重金属离子转化为金属的氢氧化物，然后可用沉淀、溶气气浮、过滤等固液分离措施将金属氢氧化物从废水中分离出来，使废水符合排放标准。

④ 采用化学法处理电镀混合废水时，一般情况下宜采用连续式处理。

⑤ 经化学法处理后废水中悬浮物含量可按下式计算

$$C_{js} = KC_1 + 2C_2 + 1.7C_3 + C_4$$

式中 C_{js}——计算求得的废水中悬浮物含量，称为计算悬浮物含量，mg/L；

K——系数。当废水中六价铬离子含量等于或大于 5mg/L 时，K 值宜为 14，当废水中六价铬离子含量小于 5mg/L 时，K 值宜为 16；

C_1——废水中六价铬离子含量，mg/L，当含量小于 5mg/L 时，应以 5mg/L 计算；

C_2——废水中含铁离子总量，mg/L；

C_3——废水中除铬和铁离子以外的金属离子含量总和，mg/L；

C_4——废水进水中悬浮物含量，mg/L。

当混合废水中含六价铬离子时，一般可采用硫酸亚铁作还原剂，当悬浮物浓度过高时，还原剂可改用亚硫酸氢钠或焦亚硫酸钠。

⑥ 当混合废水中计算悬浮物含量小于 500mg/L 时，可采用溶气气浮设备；当超过 500mg/L 时，宜采用其他固液分离措施。

⑦ 在混合废水化学处理过程中，可根据需要投加凝聚剂和助凝剂，其品种和投药量应通过试验确定。

2 离子交换处理法

2.1 一般规定

① 采用离子交换法处理某一镀种的清洗废水时，不应混入其他镀种或地面散水等废水。当离子交换树脂的洗脱回收液要求回用于镀槽时，则虽属同一镀种，但镀液配方不同的清洗废水亦不应混入。

② 进入离子交换柱的电镀清洗废水的悬浮物含量不应超过 15mg/L，当超过时应进行预处理。

③ 清洗废水的调节池和循环水池的设置，可根据电镀生产情况、废水处理流程和现场条件等具体情况确定，其有效容积可按 2～4h 的平均小时废水量计算。

④ 离子交换柱的设计数据。

a. 单柱体积 $$V = \frac{Q}{u} \times 1000$$

b. 空间流速 $$u = \frac{E}{C_0 T} \times 1000$$

c. 流速 $$v = uH$$

d. 交换柱直径 $$D = 2\sqrt{\frac{Q}{\pi v}}$$

式中 V——阴（阳）离子交换树脂单柱体积，L；

Q——废水设计流量，m³/h；

u——空间流速，$L/[L(R)\cdot h]$；

v——流速，m/h；

E——树脂饱和工作交换容量，$g/L(R)$；

C_0——废水中金属离子含量，mg/L；

T——树脂饱和工作周期，h；

H——树脂层高度，m；

D——交换柱直径，m。

⑤ 废水通过树脂层阻力损失计算公式见下表。

废水通过树脂层阻力计算公式

废水性质	适用的树脂型号	采用公式	备　　注
含铬废水	710,370,732,小白球	$\Delta p = 7\dfrac{\gamma v H}{d_{cp}^2}$	Δp——树脂层的水头损失，m v——废水通过树脂层流速，m/h H——树脂层高度，m d_{cp}——树脂平均直径，mm γ——水最低温度时的运动黏度系数，cm^2/s
含镍废水	732(Ni 型)	$\Delta p = 7\dfrac{\gamma v H}{d_{cp}^2}$	
	110(Ni 型)	$\Delta p = 9\dfrac{\gamma v H}{d_{cp}^2}$	
含铜废水	732(Cu 型)	$\Delta p = 7\dfrac{\gamma v H}{d_{cp}^2}$	
	110(Cu 型)	$\Delta p = 9\dfrac{\gamma v H}{d_{cp}^2}$	

2.2　镀铬废水

① 本节规定不宜用于镀黑铬和镀含氟铬的清洗废水。

② 用离子交换法处理的镀铬清洗废水，六价铬离子含量不宜大于 $200mg/L$。

③ 用离子交换法处理镀铬清洗废水，必须做到水的循环利用和铬酸的回收利用，并宜做到铬酸回用于镀槽。

④ 用离子交换法处理镀铬清洗废水，宜采用三阴柱串联、全饱和及除盐水循环的基本工艺流程。

⑤ 阳离子交换剂宜采用强酸性阳离子交换树脂；阴离子交换剂宜采用大孔型弱碱性阴离子交换树脂。当大孔型弱碱性阴离子交换树脂的供应等有困难时，可采用凝胶型强碱性阴离子交换树脂。

⑥ 离子交换树脂再生时的淋洗水，含六价铬离子部分应返回调节池；含酸、碱和重金属离子部分应经处理符合排放标准后排放。

⑦ 阴、阳离子交换树脂运行中受到污染时，应及时进行活化处理。

⑧ 除铬阴柱的设计可采用下列数据，并按前节所列公式计算。

a. 树脂饱和工作交换容量（E）

大孔型弱碱性阴离子交换树脂(如型号为 710、D370、D301 树脂)为 $60\sim70gCr^{6+}/L(R)$；

凝胶型强碱性阴离子交换树脂（如型号为 717、201 树脂）为 $40\sim45gCr^{6+}/L(R)$。

b. 树脂饱和工作周期（T）

当废水中六价铬离子含量为 $100\sim200mg/L$ 时，T 值宜为 $36h$。其树脂层高度宜采用上限；

当废水中六价铬离子含量为 $100\sim50mg/L$ 时，T 值宜为 $36\sim48h$；

当废水中六价铬离子含量小于 50mg/L 时，应取 u 值为 $30L/[L(R) \cdot h]$，计算 T 值。其树脂层高度宜采用下限。

c. 树脂层高度（H）应为 $0.6 \sim 1.0m$。

d. 流速（v）不宜大于 $20m/h$。

⑨ 除酸阴柱的直径和树脂层高度，可与除铬阴柱相同。

⑩ 除铬阴柱的饱和交换终点应按进、出水含六价铬浓度基本相等进行控制。除酸阴柱的交换终点应按出水 pH 值接近 5 进行控制。

⑪ 除铬阴柱和除酸阴柱的再生和淋洗宜符合下列要求：

a. 再生剂　宜采用含氯离子低的工业用氢氧化钠；

b. 再生液浓度　当采用大孔型弱碱性阴离子交换树脂时宜为 $2.0 \sim 2.5mol/L$，当采用凝胶型强碱性阴离子交换树脂时宜为 $2.5 \sim 3.0mol/L$。再生液应采用除盐水配制；

c. 再生液用量　宜为树脂体积的 2 倍，再生液应复用，先用 $0.5 \sim 1.0$ 倍上周期后期的再生洗脱液，再用 $1.5 \sim 1.0$ 倍的新配再生液；

d. 再生液流速　宜为 $0.6 \sim 1.0m/h$；

e. 淋洗水质　宜采用除盐水；

f. 淋洗水量　当采用大孔型弱碱性阴离子交换树脂时宜为树脂体积的 $6 \sim 9$ 倍；当采用凝胶型强碱性阴离子交换树脂时宜为树脂体积的 $4 \sim 5$ 倍；

g. 淋洗流速　开始时应与再生流速相等，逐渐增大到运行时流速；

h. 淋洗终点　pH 值应为 $8 \sim 10$；

i. 反冲洗树脂层膨胀率　宜为 50%。

⑫ 酸性阳柱的直径和树脂层高度宜与除铬阴柱相同。

⑬ 强酸阳离子交换树脂的工作交换容量，可采用 $60 \sim 65g$（以 $CaCO_3$ 表示）/L(R)。

⑭ 酸性阳柱的交换终点，必须按出水的 pH 值 $3.0 \sim 3.5$ 进行控制。

⑮ 阳离子交换树脂的再生和淋洗宜符合下列要求：

a. 再生剂　宜采用工业用盐酸；

b. 再生液浓度　宜为 $1.5 \sim 2.0mol/L$，可采用生活饮用水配制；

c. 再生液用量　宜为树脂体积的 2 倍；

d. 再生液流速　宜为 $1.2 \sim 4.0m/h$；

e. 淋洗水质　可采用生活饮用水；

f. 淋洗水量　宜为树脂体积的 $4 \sim 5$ 倍；

g. 淋洗流速　开始时宜与再生流速相等，逐渐增大到运行时流速；

h. 淋洗终点　pH 值宜为 $2 \sim 3$；

i. 反冲时树脂层膨胀率　宜为 30% $\sim$ 50%。

⑯ 阳离子交换树脂的淋洗水和洗脱液中含有各种金属离子及酸，应经处理符合排放标准后排放。

⑰ 脱钠阳柱的设计宜符合下列规定：

a. 树脂体积可按下式计算

$$V_{Na} = \frac{Q_{Cr}}{E_{Na} \cdot n}$$

式中　V_{Na}——阳离子交换树脂体积，L；

Q_{Cr}——每周期回收的饱和除铬阴柱洗脱液量，L，可为阴离子交换树脂体积的 1.0～1.5 倍；

E_{Na}——每升阳离子交换树脂每次可回收的稀铬酸量，当回收的稀铬酸含量（以 CrO_3 计）为 40～60g/L 时，可采用 0.7～0.9L；

n——每周期脱钠阳柱的操作次数，可采用 1～2 次。

b. 树脂层高度（H）宜为 0.8～1.2m。

c. 流速（v）宜为 2.4～4.0m/h。

⑱ 脱钠阳柱的再生和淋洗，宜符合下列要求：

a. 再生剂　宜采用工业用盐酸；

b. 再生液浓度　宜为 1.0～1.5mol/L；应采用除盐水配制；

c. 再生液用量　宜为树脂体积的 2 倍；

d. 再生液流速　宜为 1.2～4.0m/h；

e. 淋洗水质　应采用除盐水；

f. 淋洗水量　宜为村脂体积的 10 倍；

g. 淋洗流速　开始时宜与再生流速相等，逐渐增大到运行时流速；

h. 淋洗终点　应以出水中基本上无氯离子进行控制。

⑲ 当回收的稀铬酸中含氯离子量过高而影响回用时，可采用无隔膜电解法或其他方法脱氯。

⑳ 当回收的稀铬酸量超过镀铬槽所需补给量时，可采取浓缩措施后回用。

2.3　钝化含铬废水

① 本节规定宜用于处理铜钝化、锌钝化等的含铬清洗废水。

② 用离子交换法处理钝化含铬清洗废水除应符合本节规定外，也应符合其余有关部分的规定。

③ 用离子交换法处理的钝化含铬清洗废水，必须做到水的循环利用和铬酸的回收利用，并宜做到铬酸经浓缩后回用于钝化槽。

④ 应采用与处理镀铬废水相同的三阴柱串联、全饱和及除盐水循环的基本工艺流程。但酸性阳柱和除铬阴柱均应设计为两个，交替使用。

⑤ 进入酸性阳柱前废水的 pH 值宜大于 4。

⑥ 酸性阳柱和除酸阴柱的树脂用量均应为除铬阴柱（单柱）树脂用量的 2 倍。

⑦ 酸性阳柱的交换终点，必须按出水 pH 值为 3.0～3.5 和按除酸阴柱出水的电阻率小于或等于 $2 \times 10^4 \Omega \cdot cm$ 进行控制。

⑧ 酸性阳柱的再生液（工业用盐酸）浓度，宜为 2～3mol/L。

参　考　文　献

[1]　张希衡. 水污染控制工程. 修订版. 北京：冶金工业出版社，1994.

[2]　陈泽堂. 水污染控制工程实验. 北京：化学工业出版社，2009.

[3]　孙丽欣. 水处理工程实用实验. 哈尔滨：哈尔滨工业大学出版社，2002.

[4]　李军，王淑莹. 水科学与工程实验技术. 北京：化学工业出版社，2002.

[5]　孙成. 环境监测实验. 北京：科学出版社，2002.

[6]　张自杰. 废水处理理论与设计. 北京：中国建筑工业出版社，2003.

[7]　胡纪萃. 废水厌氧生物处理理论与技术. 北京：中国建筑工业出版社，2002.

[8]　王建龙. 生物固定化技术与水污染控制. 北京：科学出版社，2002.

[9]　王凯军，左剑恶等. UABS 工艺的理论与工程实践. 北京：中国环境科学出版社，2000.

[10]　室外排水设计规范 GB 14—87. 北京：中国计划出版社，1997.

[11]　李春华. 离子交换法处理电镀废水. 北京：轻工业出版社，1989.

[12]　（原）机械部第七设计研究院. 电镀废水治理设计规范 GBJ 136—90. 北京：中国计划出版社，1991.

[13]　涂锦葆等. 电镀废水治理手册. 北京：机械工业出版社，1989.

[14]　唐受印，汪大翚. 废水处理工程. 北京：化学工业出版社，2004.

[15]　汪大翚等. 工业废水中专项污染物处理手册. 北京：化学工业出版社，2001.

[16]　黄渭澄. 电镀三废处理. 重庆：四川科学技术出版社，1983.

[17]　上海市轻工业研究所. 离子交换树脂处理含六价铬废水. 上海：上海人民出版社，1976.

[18]　北京市政设计院. 给水排水设计手册. 北京：中国建筑工业出版社，2002.

[19]　北京市环境科学院等. 三废处理工程技术手册：废水卷. 北京：化学工业出版社，2002.